乡村振兴战略与规划建设实践研究

冉茂梅◎著

吉林科学技术出版社

图书在版编目(CIP)数据

乡村振兴战略与规划建设实践研究 / 冉茂梅著. --
长春 : 吉林科学技术出版社, 2022.8
ISBN 978-7-5578-9363-7

Ⅰ. ①乡… Ⅱ. ①冉… Ⅲ. ①乡村规划—研究—中国
Ⅳ. ①TU982.29

中国版本图书馆 CIP 数据核字(2022)第 113562 号

乡村振兴战略与规划建设实践研究

著　　冉茂梅
出 版 人　宛　霞
责任编辑　赵维春
封面设计　北京万瑞铭图文化传媒有限公司
制　　版　北京万瑞铭图文化传媒有限公司
幅面尺寸　185mm × 260mm
开　　本　16
字　　数　250 千字
印　　张　15.25
印　　数　1-1500 册
版　　次　2022年8月第1版
印　　次　2022年8月第1次印刷

出　　版　吉林科学技术出版社
发　　行　吉林科学技术出版社
地　　址　长春市南关区福祉大路5788号出版大厦A座
邮　　编　130118
发行部电话/传真　0431-81629529　81629530　81629531
81629532　81629533　81629534
储运部电话　0431-86059116
编辑部电话　0431-81629510
印　　刷　廊坊市印艺阁数字科技有限公司

书　　号　ISBN 978-7-5578-9363-7
定　　价　48.00 元

前 言

农业、农村、农民问题是关系国计民生的根本性问题，必须始终把解决好“三农”问题作为全党工作重中之重。党的十九大提出，实施乡村振兴战略。要坚持农业、农村优先发展，按照产业兴旺、生态宜居、乡风文明、治理有效、生活富裕的总要求，建立健全城乡融合发展体制机制和政策体系，加快推进农业农村现代化。巩固和完善农村基本经营制度，深化农村土地制度改革，完善承包地“三权”分置制度。保持土地承包关系稳定并长久不变，第二轮土地承包到期后再延长三十年。深化农村集体产权制度改革，保障农民财产权益，壮大集体经济。确保国家粮食安全，把中国人的饭碗牢牢端在自己手中。构建现代农业产业体系、生产体系、经营体系，完善农业支持保护制度，发展多种形式适度规模经营，培育新型农业经营主体，健全农业社会化服务体系，实现小农户与现代农业发展的有机衔接。促进农村第一、二、三产业融合发展，支持和鼓励农民就业创业，拓宽增收渠道。加强农村基层基础工作，健全自治、法治、德治相结合的乡村治理体系。培养、造就一支懂农业、爱农村、爱农民的“三农”工作队伍。

农业丰则基础强，农民富则国家盛，农村稳则社会安。我们党历来重视“三农”问题，中华人民共和国成立后，党和政府为解决“三农”问题，采取了一系列措施，取得了巨大成就。改革开放以来，党中央非常重视“三农”问题，重视推进农村综合改革，持续把增加农民收入作为重点，切实减轻农民负担，从而推动农业和农村经济的快速发展，不仅解决了14亿中国人的吃饭问题，而且对世界农业也做出了积极贡献，取得了举世瞩目的辉煌成就。尤其是党的十八大以来，以习近平同志为核心的党中央坚持把解决好“三农”问题作为全党工作重中之重，贯彻新发展理念，勇于推动“三农”工作理论创新、实践创新、制度创新，农业、农村发生了历史性变革、取得了历史性成就，为党和国家事业全面开创新局面提供了有力支撑。

前言

目 录

第一章　乡村振兴战略的提出和定位

第一节　乡村振兴战略的提出

乡村振兴就是实现“产业兴旺、生态宜居、乡风文明、治理有效、生活富裕”，这是我国当前以及未来较长一段时间内需要贯彻落实的重要战略。

一、我国城乡关系的历史变迁轨迹

我国城乡关系与社会发展之间存在密不可分的关系，二者相互影响、共同发展。大体上，我们可以将中华人民共和国成立以来的城乡关系变化划分为四个阶段，即改革开放前的城乡分割、改革开放到20世纪末的城乡联通、进入21世纪的城乡统筹和党的十八大以来的城乡融合。

（一）城乡分割发展时期

综观世界各国的发展史，可以看到很多国家在工业化建设初期，都会采取牺牲农民利益的方式推动经济增长、社会发展。中华人民共和国成立之初，作为一个有4亿多人口的农业大国，中国面对的是国民党反动政府遗留下来的“一穷二白”的烂摊子，加上西方国家对我国实行政治敌对和经济封锁，要建设中国的工业化体系显然是难上加难。

对于当时的中国而言，想要实现经济的快速增长，促进工业化建设，就必须借鉴外国工业化发展的一般规律，这就导致我国在很长一段时间内采取了重工业、轻农业，城乡分割的二元体制，国家对农产品实行严格的计划生产、计划供应即统购派购制度，统一定价收购农产品和供应工业品，形成价格上的“剪刀差”，从中获得国家工业化所需的原料，提取发展资金。同时，实行严密的、城乡阻隔的户籍管理制度，对粮、棉、油和生活必需品实行凭票供应，严格阻止农业人口向城镇转移。在改革开放以前，农民进城销售农产品是要割除的“资本主义尾巴”，城乡物资的个体交流是要被打击的“投机倒把”。除了少量在自留地种养的蔬菜、家禽和从生产队分的、省吃俭用留下来的一些东西可在集市上叫卖外，农民不可以带大宗农产品进城自由买卖，更不能进城做工经商；城里人也不能私自去农村收购农产品和出售工业品，形成严格的二元分割局面。

将发展重点倾向于工业，呈现城乡分割的二元社会结构，是一个国家实现工业化的必经之路，可以说这是符合社会发展的客观规律的、难以逾越的特定阶段。在我国工业化发展进程中，农业、农村、农民为之提供了原始积累，创造了物质基础，做出了巨大贡献。尽管国家加大对农业的物资和信贷投入，发展农机农资生产和农村工业，为推进农业现代化创造条件，但受限于当时经济实力制约等原因，仍显得力不从心，留下不少欠账。我们要结合历史阶段与客观实际来认识和把握问题，彻底破除城乡分割带来的弊端，扎实推进“三农”新发展，使之朝着现代化的目标不断前进。

（二）城乡联通发展时期

20世纪五六十年代，为了更好地开展社会主义建设，我国在一段时间内实行了城镇青年支援农村的政策，还有一些农村青年通过升学、当兵或招工等方式到城镇发展，农村人口和城镇人口有了一定流动。但从总体上看，全国城镇与广大农村是区隔的，20世纪70年代后期，国家支持发展地方“五小”工业和社队企业，促进了城乡生产要素直接交流。特别是上千万城镇知识青年上山下乡和回城就业，既带来知青家人和亲朋好友下乡走访，也促使农民到城里走亲访友见世面，为城乡联通创造了契机。

随着改革开放的实行，我国很多地区的乡镇企业迅速崛起，还有很多马路市场得到发展，这有力推动了我国城镇和农村逐渐的生产要素流通，在一定程度上打破了城乡二元分割的限制与壁垒。国家实施对外开放政策，创办经济特区，开放沿海港口城市，扩大经济开放区，带动了大批农民到沿海城市和开放地区就业创业。国家逐步放宽农副产品统购统销政策，允许完成派购任务的农副产品可以自由上市和自主运销，提倡队店挂钩、产销对接。

同时，工业化、城镇化发展需要大量新生劳动力，农民工进城不仅是打工经商，而且也在城镇中生活定居。城乡间人口、商品、资金、技术、信息和观念交流日益拓展，极大地冲击了城乡二元结构。

随着改革开放的不断深入，计划经济已经无法适应我国当时的市场需求，我国开始从根本上摆脱实行多年的计划经济制度的束缚，开拓了更广阔的市场空间。在坚持以公有制为主体、多种经济成分共同发展的基础上，建立现代企业制度、全国统一开放的市场体系、完善的宏观调控体系、合理的收入分配制度和多层次的社会保障制度。这就为彻底打破城乡分割的二元结构、进一步解放社会生产力创造了条件，也为统筹推进城乡改革发展、更好地解决农业这个国民经济的薄弱环节夯实了基础。

（三）城乡统筹发展时期

随着时间推移至21世纪，我国的工业化建设已经进入全新阶段，此时我国社会发展的主要诉求是实现城乡联动、一体化发展。党的十六大报告提出统筹城乡发展方略，强调解决好“三农”问题是全党工作的重中之重，城乡发展一体化是解决“三农”问题的根本途径。要求加大统筹城乡发展力度，增强农村发展活力，逐步缩小城乡差距，促进城乡共同繁荣。坚持工业反哺农业、城市支持农村和“多予、少取、放活”的方针，加大强农、惠农、富农政策力度，保持农民收入持续较快增长，让广大农民平等参与现代化进程、共同分享现代化成果。加快完善城乡发展一体化体制机制，着力在城乡规划、基础设施、公共服务等方面推进一体化，促进城乡要素平等交换和公共资源均衡配置。

推动城乡统筹发展，重点在于正确认识并处理城市和农村的关系，必须坚持以工促农、以城带乡、工农互惠、城乡一体为指导原则，构建新型城乡工农关系。要采取切实的政策和措施，打破城乡二元体制，消除制约农业农村发展的体制性障碍，调整公共资源配置，增加农业和农村的投入。要在城乡产业政策、劳动就业、要素流动、公共事业建设、社会保障等方面加大统筹协调力度，不断缩小城乡发展差距，实现城市与农村共同进步、工业与农业协调发展。

国家重视提高农业综合生产能力，发展现代农业，加强农业基础设施建设，加快农业科技创新，促进农业稳定发展、农民持续增收、农村不断进步。

以农村最低生活保障、新型农村合作医疗、新型农村社会养老保障、农村“五保”供养等为重要内容的社会保障体系逐步形成，被征地农民社会保障、农民工工伤和医疗等社会保险不断完善。包括乡镇机构、农村义务教育、县乡财政管理体制等内容的农村综合改革和集体林权制度改革取得积极进展。

我国进一步强调农业农村发展的重要性，强调应该在社会建设中适当地向农业倾斜。国家强调农业农村发展对于中国特色社会主义建设顺利推进的重要意义，对坚持农业农村优先发展、建立健全城乡融合发展的体制机制和政策体系做出一系列重要指示，要求加强党对“三农”工作的领导，统筹推进农村经济建设、政治建设、文化建设、社会建设、生态文明建设和党的建设，加快推进乡村治理体系和治理能力现代化建设，加快农业农村现代化，走中国特色社会主义乡村振兴道路，让农业成为有奔头的产业，让农民成为有吸引力的职业，让农村成为安居乐业的家园。

我们必须清晰地认识城镇和乡村之间的关系，二者的发展并不应该是相互阻碍的，而应该是互促互进、共生共存的。推进乡村振兴、重塑城乡关系，要坚持工业化、信息化、城镇化、农业现代化同步发展，走城乡融合发展之路。注重城乡规划共绘，把城乡一体、区域协调、均衡发展的理念落实到规划的编制和实施之中，加强城乡经济社会发展与空间布局、产业提升、建设用地等规划的衔接。注重城乡产业共兴，统筹考虑资源要素、发展基础、产业布局、重大项目，促进城乡劳动力有序流动，城乡居民在就业创业中增加收入。注重城乡设施共建，加快农村交通道路、供水排污、农田水利、文化教育、医疗卫生、全民健身等公共设施建设，推进城乡基础设施互联互通、共建共享。注重城乡生态共保，加强生态文明建设和环境保护，落实绿色发展方式和生活方式，坚持人与自然和谐共生，让天蓝地绿、山清水秀的美丽画卷更好地呈现在城乡大地。注重城乡要素共享，促进人才、资金、科技等要素更多更好地转向“三农”。让农村的机会吸引人，让农村的环境留住人，推动形成工农互惠、城乡互补、全面融合、共同繁荣的新型工农、城乡关系。

当前，我国正在大力推进乡村振兴战略的实施，随着这一战略的贯彻落实，我国现代农业会加快发展，广大农民的获得感、幸福感、安全感会更加充实、更有保障、更可持续，优质、生态、绿色的农产品会更加丰富多彩，农村基础设施和公共服务会进一步得到提升，农村社会更加和谐，神州大地一定会更生动地展示出城乡全面繁荣、融合发展的壮美场景。

二、乡村振兴概念的提出

习近平总书记在党的十九大报告中首次提出了乡村振兴战略，并在报告中强调其重要性，将其作为我国决胜全面建成小康社会的重要战略。报告指出，农业、农村、农民问题是关系国计民生的根本性问题，必须始终把解决好“三农”问题作为全党工作的重中之重。按照产业兴旺、生态宜居、乡风文明、治理有效、生活富裕的总要求，建立健全城乡融合发展体制机制和政策体系，加快推进农业农村现代化。在具体策略方面，报告强调，保持土地承包关系稳定并长久不变，第二轮土地承包到期后再延长 30 年。构建现代农业产业体系、生产体系、经营体系，完善农业支持保护制度，发展多种形式适度规模经营，培育新型农业经营主体，健全农业社会化服务体系，实现小农户和现代农业发展有机衔接。促进农村一、二、三产业融合发展，支持和鼓励农民就业创业，拓宽增收渠道。加强农村基层基础工作，健全自治、法治、德治相结合的乡村治理体系。培养造就一支懂农业、爱农村、爱农民的“三农”工作队伍。

习近平总书记在提出乡村振兴这一概念后，多次陈述关于这一战略的重要性，这也在社会各个领域激起了热烈讨论。在 2017 年 12 月召开的中央农村工作会议上，习近平总书记提出了一系列新理念新思想新战略：一是坚持加强和改善党对农村工作的领导，为“三农”发展提供坚强政治保障；二是坚持重中之重的战略地位，切实把农业农村优先发展落到实处；三是坚持把推进农业供给侧结构性改革作为主线，加快推进农业农村现代化；四是坚持立足国内保障自给的方针，牢牢把握国家粮食安全主动权；五是坚持不断深化农村改革，激发农村发展新活力；六是坚持绿色生态导向，推动农业农村可持续发展；七是坚持保障和改善民生，让广大农民有更多的获得感；八是坚持遵循乡村发展规律，扎实推进美丽宜居乡村建设。

乡村振兴战略是对我国过去的农业农村发展战略的继承和发展，是基于我国当前社会发展实际和“三农”发展需要的先进战略，它响应了我国亿万农民的殷切期盼。必须抓住机遇，迎接挑战，发挥优势，顺势而为，努力开创农业农村发展新局面，推动农业全面升级、农村全面进步、农民全面发展，谱写新时代乡村全面振兴新篇章。

三、乡村振兴指导思想

我党和人民将全面贯彻落实党的十九大精神，以习近平新时代中国特色社会主义思想为指导，加强党对“三农”工作高度的领导，坚持稳中求进的工作总基调，牢固树立新时代先进发展理念，落实高质量发展的要求，并紧紧围绕“五位一体”的总布局和持续协调推进“四个全面”战略布局，坚持把解决好“三农”问题作为全党工作的重中之重，坚持农业农村优先发展的原则，按照产业兴旺、生态宜居、乡风文明、治理有效、生活富裕的总要求，建立且健全城乡融合发展体制机制和政策体系，统筹推进农村经济建设、政治建设、文化建设、生态文明建设、社会建设和党的建设等，加快推进乡村治理体系和治理能力现代化，加快推进农业农村现代化，走中国特色社会主义乡村振兴道路，让农业成为有奔头的产业，让农民成为有吸引力的职业，把农村打造成安居乐业、美丽和谐的新家园。

四、乡村振兴“七条之路”

（一）必须重塑城乡关系，走城乡融合发展之路

重塑城乡关系，城市要带动乡村共同发展，城乡资源优势互补，把公共基础设施建设的重点放在农村，优先完善农村的公共基础设备，推动农村基础设施建设提档升级，优先发展农村的教育事业，优先配备农村教师，提高农村教师的师资；圆广大农村孩子的读书梦，促进农村劳动力的转型就业和农民增收，保证村民过上幸福的生活。再者加强农村社会保障体系建设，保证农民“病有可医”，推进健康文明和谐乡村建设，持续改善农村人民的居住环境，逐步建立健全农村人民覆盖、普惠共享，完全建立城乡一体的基本公共服务体系，让符合条件的农业转移人口在城市落户定居，发展新型产业，推动新型工业化、信息化、城镇化、农业现代化等同步且稳步发展，加快形成工农互促、城乡互补、全面融合、共同繁荣的新型工农城乡关系，以便更好地融合城乡发展。

（二）必须巩固和完善农村基本经营制度，走共同富裕之路

巩固和完善农村基本经营制度体系，要坚持农村土地集体所有，坚持家庭经营基础性地位，坚持稳定土地承包关系，壮大集体经济，建立符合市场经济要求的集体经济运行机制，确保集体资产保值、增值，确保农民受益，走共同富裕之路。

（三）必须深化农业供给侧结构性改革，走质量兴农之路

深化农业供给侧结构性改革，坚持质量兴农、绿色产业兴农，实施质量兴农等战略，加快推进农业由增产导向转向提质导向的转变，夯实我国农业总体生产水平，确保国家粮食安全卫生，构建农村一、二、三产业全面融合发展，积极培育新型农业经营主体，促进当地农民和现代农业发展的有机衔接，推动“互联网＋现代农业”等新型发展模式，加速构建现代农业产业体系、生产体系、经营体系等等，从而不断明确农民的发展方向，提高农民发展创新力、竞争力和全要素生产率，加快实现由农业大国向农业强国的转变。

（四）必须坚持人与自然和谐共生，走乡村绿色发展之路

在发展中必须保障人和自然的和谐共生，不能单拎一方，以绿色发展之道引领生态振兴、乡村振兴，统筹山水林田湖草系统治理，加强农村突出的环境问题综合治理，畅通农村突出环境问题的治理渠道，引入相应设备，从而建立起市场化多元化生态补偿机制，增加农业生态产品和服务供给，实现百姓富、生态美的统一，绿色发展之道一路前行。

（五）必须传承发展提升农耕文明，走乡村文化兴盛之路

乡村发展坚持物质文明和精神文明一同抓，传承和发展农耕文明，形成当代乡村文化，弘扬和践行社会主义核心价值观，提升农村思想道德建设，保证优秀的传统文化树立于中华民族的国土之上，强化农村公共文化建设，为农村普及生活常识，强化教育事业，开展移风易俗活动，提升广大农民的精神风貌和知识文化水平，培育乡风文明、家风文明、淳朴民风，不断提升乡村社会文明，提升农耕文明，走乡村文化兴盛之路。

（六）必须创新乡村治理体系，走乡村善治之路

创新乡村治理体系，建立及健全党委领导、政府负责、社会协同、公众参与、法治保障的现代乡村社会治理体制，健全自治、法治、德治相结合的乡村治理体系，加强农村基层基础工作，加强农村基层党组织建设，深化村民自治实践，严肃查处侵犯农民利益的腐败分子，建设平安乡村，确保乡村社会充满活力、和谐有序、文明前行。

（七）必须打好精准脱贫攻坚战，走中国特色减贫之路

打好精准脱贫攻坚战，要坚持精准扶贫、精准脱贫，走中国特色减贫

之路，把提高脱贫质量放在首位，注重扶贫同扶志、扶智相结合，瞄准贫困人口的特点及自身优势，精准帮扶，聚焦深度贫困地区集中发力，激发贫困人口内生动力，外感冲劲儿，同时要强化脱贫攻坚的责任和监督部署，对扶贫领域腐败和作风问题进行严肃治理，提高人民重视力度，并采取更加有力的举措、更加集中的支持、更加精细的工作，坚决打好精准脱贫这场对全面建成小康社会具有决定意义的攻坚战，让减贫之路畅行。

五、乡村振兴“六个推动”

“农业强不强、农村美不美、农民富不富，决定着全面小康社会的成色和社会主义现代化的质量。”要深刻认识实施乡村振兴战略的重要性和必要性，扎扎实实地把乡村振兴战略实施好。习近平总书记强调实施乡村振兴战略要统筹谋划，科学推进。“六个推动”，即“推动乡村产业振兴”“推动乡村人才振兴”“推动乡村文化振兴”“推动乡村生态振兴”“推动乡村组织振兴”“推动乡村振兴健康有序进行”。

（一）推动乡村产业振兴

要紧紧围绕发展现代农业，围绕农村一、二、三产业融合发展，构建乡村产业体系，实现产业兴旺，把产业发展落实到促进农民增收上来，全力以赴消除农村贫困，推动乡村生活富裕。要发展现代农业，确保国家粮食安全，调整优化农业结构，加快构建现代农业产业体系、生产体系、经营体系、推进农业由增产导向转向提质导向，提高农业创新力、竞争力、全要素生产率，提高农业质量、效益、整体素质。

（二）推动乡村人才振兴

丰富人力资源（人才）是乡村发展的重要前提之一，把人力资本开发放在首要位置，提高乡村教育水平，加强乡村优秀人员培养，加快培育新型农业经营主体才能推动乡村人才振兴，让愿意留在乡村、建设家乡的人留得安心，让愿意上山下乡、回报乡村的人更有信心，激励各类有志青年和想创造天地的人才来到农村施展自己的才能、显示自己的身手。为乡村创造出一支属于乡村自己的人才队伍，在乡村中实现人力、资金、产业汇聚的良好循环，进一步推动乡村发展。

（三）推动乡村文化振兴

乡村振兴离不开文化的引领，文化振兴是乡村振兴的题中之意。为推动乡村文化振兴，必先加强农村思想道德建设和公共文化建设，以社会主义核心价值观为引领，深入挖掘优秀传统农耕文化蕴含的思想观念、人文精神、道德规范，培育挖掘乡土文化人才，弘扬主旋律和社会正气，培育文明乡风、良好家风、淳朴民风，改善农民精神风貌，提高乡村社会文明程度，焕发乡村文明新气象。

（四）推动乡村生态振兴

生态振兴是乡村振兴的载体，村民没有一个良好的生活环境，美丽就无从谈起，产业发展也会没有依托。习近平提出“坚持绿色发展，加强农村突出环境问题综合治理，扎实实施农村人居环境整治三年行动计划，推进农村‘厕所革命’，完善农村生活设施，打造农民安居乐业的美丽家园，让良好生态成为乡村振兴支撑点”。推进乡村生态更要农村居民共同努力维护，让乡村一直美丽。

（五）推动乡村组织振兴

乡村振兴离不开组织振兴，在农村打造培养一批批农村基层党组织，培育一批批优秀的农村基层党组织书记，把农村基层党组织建成坚强的战斗堡垒，切实以抓党建促乡村振兴，这是一项“衣领子”工程。深化村民自治实践，发展农民合作经济组织，建立一个政府负责、社会齐心、公民参与、法治保障的现代乡村社会治理体制，共建乡村。

（六）推动乡村振兴健康有序进行

科学掌握各个地区的差异和特点，注重地方特色，体现风土人情，在发展过程中，将乡村文化精华保存，保护好当地传统部落、传统建筑，不搞一刀切、不搞统一模式，要一步一步落实。精确规划、分步实施、分类推进，杜绝只在口头讲大话或只做表面形象工程，要实实在在落实、真真切切实施。

六、乡村振兴“四个优先”

（一）在干部配备上优先考虑

在乡村干部配备中要优先解决尚未配备大专以上学历的村班子成员优先接受在职教育，同时，动员各村加大对具有大专以上学历人员的摸排，通过引导、带动、示范等在各村吸收一批具有高学历的后备干部，加大对他们的培养力度，适时把他们充实到村两委班子中来。其次注重对年轻干部的发掘与培养，利用年末外出务工青年返乡过年、节假日返乡探亲以及部分退伍军人转业返乡等有利机会，同他们沟通交流、深入了解他们现今对农村的看法和他们的思想动机。介绍留在农村的好处，积极引导他们留在农村，为农村经济社会发展贡献出自己的力量。对于具有村级事务处理能力的，有意识地加以引导与培养，尽可能多地给他们提供参政议政的平台。再者加大对致富带头人的思想动员。在各村动员一批致富带头人，特别是具备党员身份、有带领群众发家致富意愿的农村致富带头人，在他们发表自己的意见时充分听取，并赞同他们对的意见，引导他们多多参与到村务、政务上来，做好他们的思想工作，努力把他们吸收到村两委班子中来。

实施乡村振兴战略，必须破解人才瓶颈制约。要在干部配备上优先考虑乡村，要把人力资本开发放在首要位置，畅通智力、技术、管理下乡通道，造就更多乡土人才，从而加快推进乡村治理体系和治理能力现代化，加快推进农业农村现代化，走中国特色社会主义乡村振兴道路，谋划新时代乡村振兴的顶层设计，聚天下人才而用之。

（二）在要素配置上优先满足

党政一把手是第一责任人。要以完善产权制度和要素市场化配置为重点，习近平总书记在会议中指出，加强农村公共文化建设，要建立实施乡村振兴战略领导责任制，加快推进农业农村现代化；坚持立足国内保障自给的方针，在要素配置上优先满足。农村人居环境整治全面展开，开展移风易俗行动，深化村民自治实践，确保农民受益，会议深入贯彻党的十九大精神、习近平新时代中国特色社会主义思想。

在要素配置上优先满足乡村，资源要素与人要同步。管资源就是对人、机、料、法、环、信息流等管理要素实现合理配置，给人的工作行为规划路径，从而提高管理效率；管人就是对人的工作行为进行约束，使人在资源有效配置的路径中发挥更大的能动性，激发人的行为潜力，不断创新，实现企业最大效益。管资源与管人不能割裂开来，主观的进行对立，而是需要步调一致，共同作用、共同发力，在满足乡村要素优先配置后达到实现同一个管理的目标。

构建农村一、二、三产业融合发展体系，是中国特色社会主义进入新时代做好“三农”工作的总抓手，在有强大的经济实力支撑及各要素的支撑下，实施质量兴农战略。乡村是一个可以大有作为的广阔天地，它可以为我们再创机遇，要加强“三农”工作干部队伍的培养、配备、管理、使用，形成人才向农村基层一线流动的用人导向，培育文明乡风、良好家风、淳朴民风，加强农村基层党组织建设，有旺盛的市场需求，走乡村文化兴盛之路。

（三）在公共财政投入上优先保障

坚持将“三农”作为公共财政支出的优先保障领域，建立健全实施乡村振兴战略财政投入保障制度，公共财政更大力度向“三农”倾斜，切实做到力度不减弱、总量有增加、结构更优化，确保财政投入与乡村振兴目标任务相适应。

1. 加大涉农资金整合

出台探索建立涉农资金统筹整合长效机制的实施意见，分财政涉农专项转移支付资金和涉农基建投资资金两类。按照“放管服”的工作要求，进一步下放涉农项目审批权限，充分赋予县级政府统筹使用财政涉农资金的权力，支持县级政府以乡村振兴战略规划等为引领，统筹使用财政涉农资金，切实提高财政涉农资金使用合力和使用绩效，且拓宽资金投入渠道。积极配合相关部门，调整完善土地出让收入使用范围，进一步提高用于乡村振兴等农业农村的比例；对新增耕地指标调剂和流转所得收益，通过支出预算全部用于巩固脱贫攻坚成果和支持实施乡村振兴战略。积极盘活财政存量资金，按规定比例用于脱贫攻坚。

2. 同时撬动金融资本投入

充分发挥财政资金的杠杆作用，通过“资金改基金、拨款改股权、无偿改有偿”等方式，撬动金融和社会资本投入乡村振兴。继续统筹安排资金支持农业产业化发展基金，通过股权投资的方式引导金融资本支持农业产业化发展。持续推动全省农业信贷担保体系建设，农业担保业务向基层一线延伸，确保 2018 年实现农业县全覆盖，着力解决好新型农业经营主体融资难、融资贵的问题。抓好政策性农业保险实施，积极争取扩大农业大灾保险试点范围，重点抓好“政策险 + 大灾险 + 商业险”三级保险试点实施，及时总结推广试点经验，支持各地探索开展商业性农业保险。

提升财政资金绩效。按照党的十九大报告提出的全面实施绩效管理的要求，牢固树立“提升绩效就是增加投入”的理念，推进财政涉农资金绩效管理全覆盖。完善涉农资金绩效评价制度，强化绩效评价结果运用，推动绩效评价结果与预算安排和资金分配双挂钩，优先保障乡村公共财政，实施乡村振兴。

（四）在公共服务上优先安排

公共服务设施建设通过作用于生产成本、生产效率和组织形式，直接推动农村产业发展，为农村非农产业发展提供良好的物质条件，从而促进农民增收，提高农村地区的福利水平。此外，西方发达国家关于农村基础设施建设的成功案例也充分表明，加强农村地区的公共服务设施建设，在公共服务上优先安排，能够促进传统农业向现代农业转型，构建农村产业链，优化农村的生存环境。

统筹城乡发展、规划合理布局，对乡村空间布局进行考虑分析，在村民居住集聚处布置相应的公共服务设施，为了提供服务设施的功能，需要对公共服务设施之间的互补性进行考虑，在一定程度上集中布置各类设施，进而发挥公共服务设施的集聚效应。另外，政府作为一个服务机构，需不断加强对农村公共服务设施的投入力度，保障农村公共服务设施，省级政府在公共设施方面给予一定的财政支持，在一定程度上解决基层政府的财政困难，提高当地政府的公共服务的水平和服务质量。在渠道方面，实现服务主体的多元化。拓宽农村公共服务供给的渠道，逐渐从单一的政府直接供给转变为民间资本参与农村公共服务的建设。在公共服务建设中，逐步形成以政府为主体，各种社会公共机构、非营利组织，以及其他社会组织和农户广泛参与的方式，进而形成多渠道、多元化的服务农村公共体系的新格局。

不仅如此，还要构建多元化的供给模式。通常情况下，主要是通过政府和村集体供给农村的公共服务设施，在一定程度上缺乏相应的市场竞争机制。在今后的工作中，要发挥市场经济调节的作用，对企业、组织或个人进行积极的引导，逐步对公共服务设施的供给主体通过法律规范等进行统一的管理，进而形成对公共服务设施进行多中心的配置模式，不断扩大公共服务设施使用者的选择范围和选择途径，也可以吸引资金投入，创新投融资机制，在建设公共服务设施过程中，不断吸引信贷资金和社会资金的广泛投入，不断遵循市场经济规律，构建一个吸引民间资金进入的融资平台，在一定程度上为农村公共服务设施筹集更多的资金。一是有效利用财政政策工具，不断吸纳信贷资金的投入；二是对财政支农方式进行创新，随社会资金进行引导和鼓励，进而增大投入的力度；三是建议财政应花大力气安排财政资金，加大对纯公益性农村公共产品建设的支持力度。继续采用政策激励的办法，鼓励金融机构进入农村公共服务建设领域，利用财政资金引导社会资金投入公共服务设施建设和运营，开拓农村公共服务设施建设融资渠道，丰富农村吸纳社会资金的手段。同时鼓励工商企业主担任村经济顾问与村进行结对帮扶，解决村集体经济不足的难题；由村集体组织农民群众自愿投工投劳，参加村道整治、河道保洁、村庄美化等以投劳为主的建设任务。

农村公共服务设施建设工作是一项庞大而重要的工程，不能杂乱无章，要保证农村和农民受益，就要建立农村公共服务设施管护的机制，同时注重环境问题，最大限度地发挥农村公共服务设施的使用效率。

优先安排农村基础设施和公共服务用地，做好农业产业园、科技园、创业园用地安排。规划建设用地指标，用于零星分散的单独选址农业设施、乡村设施等建设。统筹农业农村各项土地利用活动，优化耕地保护、村庄建设、产业发展、生态保护等用地布局，细化土地用途管制规则，加大土地利用综合整治力度，引导农田集中连片、建设用地集约紧凑，推进农业农村绿色发展。

第二节　乡村振兴战略的战略定位和总体要求

一、乡村振兴战略的战略定位

乡村振兴战略的基本原则

原则是对行为的有效约束，是保证行为不脱离既定轨道的重要指引，因此，贯彻落实乡村振兴战略必须遵循以下几项基本原则。

第一，实施乡村振兴战略，必须坚持因地制宜、循序渐进。科学把握乡村的差异性和发展走势分化特征，做好顶层设计，注重规划先行、因势利导，分类施策、突出重点，体现特色、丰富多彩。既尽力而为，亦量力而行，不搞层层加码，不搞一刀切，不搞形式主义和形象工程，久久为功，扎实推进。

第二，实施乡村振兴战略，必须坚持城乡融合发展。坚决破除体制机制弊端，使市场在资源配置中起决定性作用，更好发挥政府作用，推动城乡要素自由流动、平等交换，推动新型工业化、信息化、城镇化、农业现代化同步发展，加快形成工农互促、城乡互补、全面融合、共同繁荣的新型工农城乡关系。

第三，实施乡村振兴战略，必须坚持党管农村工作。毫不动摇地坚持和加强党对农村工作的领导，健全党管农村工作方面的领导体制机制和党内法规。确保党在农村工作中始终总揽全局、协调各方，为乡村振兴提供坚强有力的政治保障。

第四，实施乡村振兴战略，必须坚持乡村全面振兴。准确把握乡村振兴的科学内涵，挖掘乡村多种功能和价值，统筹谋划农村经济建设、政治建设、文化建设、社会建设、生态文明建设和党的建设，注重协同性、关联性，整体部署，协调推进。

第五，实施乡村振兴战略，必须坚持农业农村优先发展。把实现乡村振兴作为全党的共同意志，共同行动，做到认识统一、步调一致，在干部配备上优先考虑，在要素配置上优先满足，在资金投入上优先保障，在公共服务上优先安排，加快补齐农业农村短板。

第六，实施乡村振兴战略，必须坚持改革创新、激发活力。不断深化农村改革，扩大农业对外开放，激活主体、激活要素、激活市场，调动各方力量投身乡村振兴。以科技创新引领和支撑乡村振兴，以人才汇聚推动和保障乡村振兴，增强农业农村向前发展动力。

第七，实施乡村振兴战略，必须坚持农民主体地位。充分尊重农民意愿，切实发挥农民在乡村振兴中的主体作用，调动亿万农民的积极性、主动性、创造性。把维护农民群众根本利益、促进农民共同富裕作为出发点和落脚点，促进农民持续增收，不断提升农民的获得感、幸福感、安全感。

第八，实施乡村振兴战略，必须坚持人与自然和谐共生，牢固树立和践行“绿水青山就是金山银山”的理念，落实节约优先、保护优先、自然恢复为主的方针，统筹山水林田湖草系统治理，严守生态保护红线，以绿色发展引领乡村振兴。

乡村振兴战略符合我国具体国情和实际发展需求，战略实施分步进行，乡村振兴的制度框架和政策体系基本形成，各地区各部门乡村振兴的思路举措得以确立，全面建成小康社会的目标如期实现。国家粮食安全保障水平进一步提高，现代农业体系初步构建，农业绿色发展全面推进；农村一、二、三产业融合发展格局初步形成，乡村产业加快发展。农民收入水平进一步提高，脱贫攻坚成果得到进一步巩固：农村基础设施条件持续改善，城乡统一的社会保障制度体系基本建立；农村人居环境显著改善，生态宜居的美丽乡村建设扎实推进。城乡融合发展体制机制初步建立，农村基本公共服务水平进一步提升：乡村优秀传统文化得以传承和发展，农民精神文化生活需求基本得到满足；以党组织为核心的农村基层组织建设明显加强，乡村治理能力进一步提升，现代乡村治理体系初步构建。探索形成一批各具特色的乡村振兴模式和经验，乡村振兴取得阶段性成果。

二、乡村振兴战略的总体要求

（一）坚持中国共产党领导“三农”工作，贯彻落实优先发展农业农村的战略

农业是一个国家生存和发展的基础，是实现农业农村发展，实现农民共同富裕的重要产业，是为居民提供食物、为工业提供原料的基础产业，是关系国家经济安全和社会稳定的战略产业。在有 14 亿多人口的中国，吃饭问题始终是事关国计民生的大事，必须把中国人的饭碗牢牢端在自己手上，坚持粮食基本供给、口粮立足国内。农业是保证和支持国民经济正常运行的基础，为工业和服务业发展提供资金、原材料、劳动力资源和广阔的市场空间。

农业是国民经济的基础部门，农村是农业发展的基础，因此，只有保障农村稳定，才能保障国家稳定，当前有一些发展中国家由于走了畸形的工业化、城镇化道路，形成规模庞大的贫民窟，严重影响社会安定。忽视农业农村，造成工农业比例失调、城乡二元分割差距扩大，给经济和社会发展带来重大损失，给人民生活造成严重影响。

从我国发展实际来看，虽然整体上经济社会发展取得了巨大进步，但存在城市与农村、东部与西部发展差距较大的问题，因此，想要实现全面建成小康社会、全面建设社会主义现代化的目标，重点在“三农”，最突出的短板也在“三农”。农业农村农民问题是关系国计民生的根本性问题，必须始终把解决好“三农”问题作为全党工作的重中之重。把农业农村优先发展落到实处，做到干部配备上优先考虑，要素保障上优先满足，资金投入上优先保障，公共服务上优先安排。充分发挥新型工业化、城镇化、信息化对乡村振兴的辐射带动作用，加快农业农村现代化。深入推进以人为核心的新型城镇化，促进农村劳动力的转移和转移人口的市民化。积极引导和支持资源

要素向“三农”流动，在继续加大财政投入的同时，鼓励更多的企业“上山下乡”，推动更多的金融资源向农业农村倾斜，支持更多人才到农村广阔天地创业创新。进一步统筹城乡基础设施和公共服务，加大对农村道路、水利、电力、通信等设施的建设力度，加快发展农村社会事业，推进城乡基本公共服务均等化。

我国始终坚持党对“三农”工作的领导，我们应该进一步加强和改善这种领导，提高新时代全面推进乡村振兴的能力和水平。完善党委统一领导、政府负责、党委农村工作部门统筹协调的领导体制，实行中央统筹、省负总责、市县抓落实、乡村组织实施的工作机制。坚持党政“一把手”是第一责任人，五级书记抓乡村振兴，其中，县委书记尤其要当好乡村振兴的“一线总指挥”，各有关部门要结合自身职能定位，确定工作重点，细化政策举措，分解落实责任，切实改进作风，不断提升服务“三农”的本领。

习近平总书记在党的十九大上提出了实施乡村振兴战略这一重要决策部署，这是我国现阶段和未来较长一段时间内的建设重点，如期实施第一个百年奋斗目标并向第二个百年奋斗目标迈进，最艰巨、最繁重的任务在农村，最广泛、最深厚的基础在农村，最大的潜力和后劲也在农村。要从国情农情出发，顺应亿万农民对美好生活的向往，坚持把农村的经济建设、政治建设、文化建设、社会建设、生态文明建设作为一个有机整体，统筹协调推进，促进农业全面升级、农村全面进步、农民全面发展。坚持以产业兴旺为重点、生态宜居为关键、乡风文明为保障、治理有效为基础、生活富裕为根本，书写好实施乡村振兴这篇大文章。

1. 加强农村组织建设

加强以党组织为核心的村级组织建设，打造坚强的农村基层党组织，培养优秀的农村党组织书记，深化村民自治、法治、德治，发展农民合作经济组织，增强村级集体经济实力，为实施乡村振兴战略提供保障。

2. 加强农村人才培养

加快培育新型农业经营主体，激励各类人才到农村广阔天地施展才华、大显身手，让愿意留在乡村搞建设的人留得安心，让愿意“上山下乡”到农村创业创新的人更有信心，打造强大的人才队伍，强化乡村振兴人才支撑。

3. 推进农村产业发展

紧紧围绕建设现代农业和农村一、二、三产业融合发展，深化农业供给侧结构性改革，坚持质量兴农、绿色发展，确保国家粮食安全，调整优化农业结构，构建乡村产业体系，提高农业的创新力和竞争力，实现乡村产业兴旺、生活富裕。

4. 完善农村生态建设

加强农村生态文明建设和环境保护，综合治理农村突出的环境问题，扎实推进农村“厕所革命”和垃圾分类，完善农业生活设施，倡导绿色生产和生活方式，以优良生态支撑乡村振兴，让农村成为安居乐业的美丽家园。

5. 推进农村文化发展

以社会主义核心价值观为引领，加强农村思想道德建设和公共文化建设，深入挖掘优秀农耕文化内涵，培育乡土文化人才，推动形成文明乡风、良好家风、淳朴民风，更好地展示农民的良好精神风貌，提高乡村社会文明程度，焕发乡村文明新气象。

（二）调动农民积极性，培育农民的创新精神和创造能力

我国自古是农业大国，我国农民具备勤劳、聪慧的特点，农民的智慧点亮了中国的历史发展长河。中华人民共和国成立以来，我国农民在实践中探索了“大包干”、发展乡镇企业、建农民新城、农家乐旅游等成功做法，经党和政府总结、提升、扶持、推广，转化为促进生产力发展和农民增收致富的巨大能量。尊重农民首创精神，鼓励农民大胆探索，是党的群众路线的生动体现，也是实践证明行之有效、理当继续坚持的原则要求。在推进乡村振兴的过程中，必须认清农民主体地位，尊重农民创造，鼓励基层创新，充分调动各个方面特别是广大农民的积极性、创造性，汇聚支农助农兴农的力量。

1. 保障并维护农民的合法物质利益和民主权利

在经济上切实维护农民的物质利益，在政治上充分保障农民的民主权利，是保护和调动农民积极性的两个方面。要坚持“多予、少取、放活”的方针，加快发展现代农业和农村经济，大力提升农村基础设施和公共服务水平，推进农村基层民主建设和村务公开，不断增强乡村治理能力，从而让农民真正得到实惠，激发其作为主体投身乡村振兴的积极性和创造性。

2. 制定并实施长期稳定的农村基本政策

稳定农村政策，就能稳定农民人心。坚持以家庭承包经营为基础、统

分结合的双层经营制度，长期稳定土地承包关系，实行土地所有权、承包权、经营权“三权”分置，促进土地合理流转，发展适度规模经营。坚持劳动所得为主和按生产要素分配相结合，鼓励农民通过诚实劳动、合法经营和加大资本、技术投入等方式富起来，倡导先富帮助和带动后富，实现共同富裕。在保护粮食生产能力的同时，积极发展多种经营，推动农业农村经济结构调整等。这些基本政策符合农民的利益和愿望，有利于调动亿万农民的积极性，保护和发展农村生产力。

3. 充分尊重农民的生产经营自主权

市场经济与计划经济存在本质区别，在市场经济条件下，农户作为独立的经营主体和自负盈亏的风险承担者，其生产经营的自主权理当受到尊重。支持农民根据市场需要和个人意愿，选择生产项目和经营方式，实现生产要素跨区域的合理流动；政府侧重于规划引导、政策指导和提供信息、科技、营销等服务，创造良好的生产条件和公平有序的市场环境。

4. 鼓励农民在实践中积极创造创新

农村搞家庭联产承包，这个发明权是农民的。乡镇企业也是基层农业单位和农民自己创造的。普通农民变为农业生产者、农民打工者、进城经商者、经营管理者、民营企业家，魔术般的角色转换中蕴含着农民的智慧和创造。尊重农民、支持探索、鼓励创造，就能找到解决“三农”问题的有效办法，就会更好地加强和改进党对“三农”工作的领导。

第三节 乡村振兴战略的意义及重点

一、实施乡村振兴战略的重大意义

（一）有利于实现社会主义现代化建设战略目标

社会主义现代化建设是我国现阶段的重要任务，这一建设目标的实现需要各方努力，其中就包括乡村振兴战略的贯彻实施。农业农村现代化是国民经济的基础支撑，是国家现代化的重要体现。中国要强，农业必须强；中国要美，农村必须美；中国要富，农民必须富。任何一个国家尤其是大国要实现现代化，唯有城乡区域统筹协调，才能为整个国家的持续发展打实基础、提供支撑。农业落后、农村萧条、农民贫困，是不可能建成现代化国家的。

中国共产党始终把解决14亿人的吃饭问题当作头等大事，着力保障主要农产品的生产和供给；始终坚持农业是工业和服务业的重要基础，保护和发展农业，以兴农业来兴百业；始终坚持农村社会稳定是整个国家稳定的基础，积极调整农村的生产关系和经济结构，促进农村社会事业发展，以稳农村来稳天下；始终坚持没有农民的小康就没有全国的小康，千方百计增加农民收入，改善农村生产生活条件，增进农民福祉。

从我国经济社会发展实际来看，农业农村发展自改革开放以来获取了巨大进步，现代化水平也在很大程度上有所提高。但要清醒地看到，我国仍处于社会主义初级阶段，农业农村是国家全面小康和现代化建设中尤其需要补齐的短板；农业受资源和市场双重约束的现象日趋明显，市场竞争力亟待提升；城乡发展差距依然很大，农民收入稳定增长尤其是农村现代文明水平提高的任务十分艰巨。我们必须切实把农业农村优先发展落到实处，深入实施乡村振兴战略，积极推进农业供给侧结构性改革，培育壮大农村发展新动能，加强农业基础设施建设和公共服务，让美丽乡村成为现代化强国的标志，不断促进农业发展、农民富裕、农村繁荣，保障国家现代化建设进程更协调、更顺利、更富成效。

（二）有利于解决我国社会存在的主要矛盾

改革开放推动了我国经济、政治、社会、文化等各个方面的发展，人们的生活质量显著提高，当前我国社会主要矛盾已经转化为人民日益增长的美好生活需要和不平衡不充分的发展之间的矛盾。当前，城乡发展不平衡是我国最大的发展不平衡，农村发展不充分是最大的发展不充分。加快农业农村发展，缩小城乡差别和区域差距，是乡村振兴的应有之义，也是解决社会主要矛盾的重中之重。习近平总书记强调，任何时候都不能忽视农业，不能忘记农民，不能淡漠农村。我国是一个有着960多万平方千米土地、14亿多人口的大国，城市不可能无边际扩大，城市人口也不可能无节制增长。不论城镇化如何发展，农村人口仍会占较大比重，几亿人生活在乡村。即使是城里人，也会向往农村的自然生态，享受不同于都市喧闹的乡村宁静，体验田野农事劳作，品赏生态有机的美味佳肴。当前我国经济比较发达的城市，已经达到了与欧洲、美国不相上下的发达程度，但是很多农村地区与发达国家的差距十分巨大。很难想象，衰败萧条的乡村与日益提升的人民对美好生活的需要可以并存。农宅残垣断壁，庭院杂草丛生、老弱妇孺留守、陈规陋习盛行，显然是我们发展不平衡不充分的具体体现，必须下大决心、花大力气尽快予以改变。要协调推进农村经济、政治、文化、社会、生态文明建设和党的建设，全面推进乡村振兴，让乡村尤其是那些欠发达的农村尽快跟上全国的发展步伐，确保在全面建成小康社会、全面建设社会主义现代化国家的征程中不掉队。

（三）有利于广大农民对美好生活的期待

我们党始终重视农业农村的建设与发展，时代发展对“三农”工作提出了新要求，以习近平同志为核心的党中央着眼党和国家事业全局，把握城乡关系变化特征和现代化建设规律，对“三农”工作做出了进一步指示，充分体现了以人民为中心的发展思路，科学回答了农村发展为了谁、发展依靠谁、发展成果由谁享有的根本问题。习近平总书记多次指出，小康不小康，关键看老乡；强调农民强不强、农村美不美、农民富不富，决定着亿万农民的获得感和幸福感，决定着我国全面小康社会的成色和社会主义现代化的质量；明确要求全面建成小康社会，一个不能少，共同富裕道路上，一个不能掉队。中国共产党一直以来把依靠农民、为亿万农民谋幸福作为重要使命。这些年来，农业供给侧结构性改革有了新进展，新农村建设取得新成效，深化农村改革实现新突破，城乡发展一体化迈出新步伐，脱贫攻坚开创新局面，农村社会焕发新气象，广大农民得到了实实在在的实惠，实施乡村振兴战略、推进农业农村现代化建设的干劲和热情空前高涨。只要我们坚持以习近平新时代中国特色社会主义思想为引领，立足国情农情，走中国特色的乡村振兴道路，就一定能更好地推动形成工农互促、城乡互补、全面融合、共同繁荣的新型城乡工农关系，让亿万农民有更多的获得感，全体中国人民在共同富裕的大道上昂首阔步、不断迈进。

（四）有利于中国智慧服务于全球发展

不断思考、不断创新是我们党的光荣传统，我们党在革命、建设和改革发展进程中，以中国具体实际和现实需要为基础，积极开展实践探索，在国家富强和人民幸福上取得了巨大成就，同时，还为全球进步、发展提供了有益的借鉴。中国围绕构建人类命运共同体、维护世界贸易公平规则、实施“一带一路”建设、推进全球经济复苏和一体化发展等诸多方面，提出了自己的主张并付诸行动，得到了国际社会的普遍赞赏。同样，多年来，在有效应对和解决农业农村农民问题上，中国创造的乡镇企业、小城镇发展、城乡统筹、精准扶贫等方面的成功范例，成为全球的样板。在现代化进程中，乡村必然会经历艰难的蜕变和重生，有效解决乡村衰落和城市贫民窟现象是世界上许多国家尤其是发展中国家面临的难题。习近平总书记在党的十九大提出实施乡村振兴战略，既是对中国更好地解决“三农”问题发出号召，又是对国际社会的昭示和引领。在拥有14亿多人口且城乡区域差异明显的大国推进乡村振兴，实现产业兴旺、生态宜居、乡风文明、治理有效、生活富裕，实现新型工业化、城镇化、信息化与农业农村现代化同步发展，不仅是惠及中国人民尤其是惠及亿万农民的伟大创举，而且必定能为全球解决乡村问题贡献中国智慧和中国方案。

二、实施乡村振兴战略的整体思路

（一）把握乡村振兴战略实施的关键环节

1. 进一步推进城乡公共服务均等化

当前，我国农村发展与城市发展的差距较大，农村基础设施落后是造成这一局面的重要原因之一，严重制约了农村的产业发展与进步。基本公共服务均等化水平稳步提高的目标，包括就业、教育、文化体育、社保、医疗、住房、农村道路等基础设施。农村公共服务供给取得了明显进展，但仍然存在总体水平低、城乡接续难和城乡不均衡等问题。因此，要按照国家纲要的要求，坚持普惠性、保基本、均等化、可持续方向，围绕“标准化、均等化、法制化”，尽快建立国家基本公共服务清单，列出哪些服务应该由政府供给、哪些应该由市场供给，分清政府和市场的职责，促进城乡基本公共服务项目和标准的有机衔接。要借鉴国外经验，推动多元化供给方式，广泛吸引社会资本参与，引入竞争机制，推行特许经营、定向委托、战略合作、竞争性评审等方式。对于一些具有一定营利性的公共服务项目，建议采取政府和社会资本合作（PPP）模式，政府用少量资金以补贴的方式推动项目的开展，由企业负责运行，减轻政府的财政压力，确保公共服务项目的可持续性。公共服务均衡化，财政实力很重要，但关键在于政府的施政理念。实现城乡基本服务均等化，既需要中央的大政方针，更需要一批有能力、对“三农”有感情的基层干部队伍。

2. 加强人才培养，解决资金短缺问题

乡村振兴战略可以大致上划分为两大部分，即乡村治理和产业发展，而人才和资金则是支持这些工作顺利开展的基础条件，同时，我国农业农村发展受到制约的主要因素就是人才稀缺和资金短缺。因此，推进乡村振兴战略，必须抓好人才和资金这两个核心，我们应该积极借鉴发达国家的实践经验，结合我国农业农村发展实际情况，建立健全职业农民制度，加强农业农村人才培养，加强农村专业人才队伍建设，为了鼓励人才参与乡村建设，应该建立科学合理的激励机制。同时，还应该以乡情乡愁为纽带，吸引各个领域的人才积极投身乡村建设和改革事业，充分挖掘人才力量，确保乡村振兴人才稀缺问题得以改善。此外，解决资金紧缺也是一个重要课题，我国财政部门应该进一步加强对乡村建设的财政投入，并且确保专款专用，确保财政投入切实作用于乡村振兴事业，尤其是作用于那些关键领域。加强金融制度的改革和完善，尽可能引导有效金融资源进入农村发挥作用，从而满足农业农村发展提出的多样化需要。除此以外，还应该加强社区性农村资金的建设和发展，充分发挥民间金融组织对乡村振兴的促进作用。

3. 制定并贯彻农村金融支持政策

前面已经提到，资金短缺是限制农村发展的一个重要因素，因此有必要制定农村金融支持政策，以此为农村产业发展提供有效资金支持。因为产业兴旺的外在表现形式就是各类经营主体大发展，这决定了强有力的金融政策支持的必要性。首先，正规金融机构要加大对农业产业化、农村中小企业的支持力度，有针对性地支持一批竞争能力强、带动农户面广、经济效益好的龙头企业和较大型农民专业合作社，稳步增加贷款投放规模，不断创新金融产品和服务，强化对“三农”和县域小微企业的服务能力。

其次，支持符合条件的农民专业合作社从事信用合作。在管理民主、运行规范、带动力强的农民合作社和供销合作社基础上，培育发展农村合作金融，丰富农村地区金融机构类型。坚持社员制、封闭性原则，不对外吸储放贷、不支付固定回报，推动社区性农村资金互助组织发展。在目前相关法律法规不健全的情况下，要不断完善地方农村金融管理体制，加强对农村合作金融的监管，有效防范金融风险。

最后，加大对农业保险产品的供给。农业农村产业风险大、利润薄，必须有一个完善的保险体系承担托底功能。政策性保险机构、商业保险机构要改革当前的保险制度，提供更多的保险产品，满足农业农村产业发展的需要。鼓励农民专业合作社依法开展互助保险，有利于小规模农户和家庭农场等新型经营主体在保险领域开展合作，也有利于商业保险机构在农民合作的基础上推广保险产品。

（二）充分发挥村“两委”在乡村振兴中的作用

村“两委”是指村中国共产党支部委员会和村民自治委员会。乡村振兴需要落实于乡村，这就决定了村“两委”发挥作用必然是战略实施的一个关键环节。在新时代，村“两委”的工作重点，就是要按照十九大报告提出的实施乡村振兴战略“产业兴旺、生态宜居、乡风文明、治理有效、生活富裕”的总要求把农村工作做好。

1. 推进农村集体产权制度改革

目前，开展集体产权制度改革试点的县（市、区）已经超过 1 000 个，超过全国县级单位总数的三分之一。从试点村的改革实践情况可以看出，集体产权制度改革在很大程度上推动了村集体经济收入增长和经济发展。村“两委”的同志要按照中央的要求，积极推进集体产权制度改革，并在改革中找到进一步发展农村集体经济的途径。尤其是对于那些集体经济家底比较薄弱的村，要充分挖掘现有资源、资金、资产的潜力，该入股的入股，该变现的变现，该出租的出租，通过各种途径增加集体收入，提升村“两委”为人民服务的能力。

2. 强化乡村文明建设，开展科学有效的乡村治理

改革开放带来了经济发展，但计划经济体制向市场经济体制的转变对农村发展造成了一定冲击，很多农村地方舍弃了维系其凝聚力的传统文化，导致人心涣散，有的地方甚至犯罪率上升，更谈不上经济发展。在新的历史时期，要把全体村民凝聚到十九大精神上来，就要重新找回传统文化中精华的东西，在现代村民自治加法治的框架内植入中国传统文化的德治的内容，实现“自治、法治、德治”有机结合，用中国传统文化中“德”这一要素来沁润、感化引导村民，使其自觉遵纪守法，不断提高村民自治水平，这是实现十九大提出的“农业农村现代化”和“乡村振兴战略”的先决条件。乡村治理中实施“三治”相结合，党员干部必须带头孝敬老人，遵纪守法，团结

友爱，树立新风尚、新气象；对于村中出现的好人好事要及时予以表彰，对于失德现象要及时予以批评教育；要形成乡村抑恶扬善的机制，使想恶者不敢恶、不能恶，并逐渐戒掉恶习，养成善习。

3. 加强农民专业合作社的培育和发展

习近平总书记在党的十九大报告中指出，我国应该“培育新型农业经营主体，健全农业社会化服务体系，实现小农户和现代农业发展有机衔接”。其中，农民专业合作社是最重要的经营主体，并且在整个农业经营体系中居于中坚环节。实践证明，无论是新办还是加入合作社，村“两委”的带头示范都会起到意想不到的作用。对于已有合作社的村，可以尝试用集体资产（如房屋、设备等）和资源（如仍由集体统一经营的水面、池塘、果园、荒山黄坡等）入股，一方面有利于合作社的经营活动，另一方面也可以为农村集体获取一部分收益。此外，村“两委”还要指导合作社的规范发展，即按照修改后的《农民专业合作社法》的要求，定期召开成员大会或成员代表大会，在决策中贯彻以基本表决权为主、附加表决权为辅的原则，在盈余分配中贯彻以按交易量（额）分配为主的原则。实践证明，只有规范的合作社才能调动广大成员的积极性。

三、乡村振兴的实施要点

（一）明确村民的主体性，保证战略实施的根本目的是实现人的幸福

村民是乡村生活的主体，这里的村民是指原有村民、产业新村民和消费新村民（具有阶段性或短时性），我国大力推进乡村振兴战略的实施，根本目的在于实现乡村主体的幸福生活愿望。因此，乡村振兴的发起、研究、实施，都要突出主体的参与性、能动性。

发起乡村振兴需要有的内生动因提供支撑，这可以是自发的也可以是外部激发的，只有村民自身有发展的意愿、有对更加幸福生活的追求，乡村振兴才有了真正的土壤。内生动因的形成，一方面靠村民自身的需求，另一方面也靠有意识、有组织的引导和激发。乡村强则中国强，乡村美则中国美。

在制订乡村振兴方案时，必须尊重村民的主体性，要使全体村民参与方案制订的全过程，也就是说从调研、初步方案、方案论证到模拟实验等环节，实现全体村民的全程参与。不同阶段，参与人群不同，参与方式也不同，总体要做到公开、透明、动态化。尊重主体的发展意愿，尽量满足主体的发

展诉求。

乡村振兴的实施，更需要村民的全力参与。乡村振兴，就是村民振兴，村民要从意识、理念、土地、房屋、精力、财力等各方面参与到集体的振兴行动中，形成统筹共建、和谐共享的格局。

乡村生活主体是乡村振兴的主要服务对象，是战略实施的核心，但除此以外，战略实施过程中，还应该正确处理政府、第三方服务机构、外来投资运营主体的关系。在全面乡村振兴的开始阶段，政府是乡村振兴的主导力量，承担着整体谋划、顶层设计、政策支持、改革创新、分类组织、个体指导、实施评估等任务。第三方服务机构，一般是政府或者村集体聘请进行乡村振兴规划设计、公共建设、产业运营的机构，承担着专业化咨询建设运营工作，是乡村振兴中的外部智囊、专业助手，也是保障乡村振兴科学、可持续进行的重要力量。同时，在乡村进行传统文化传承创新、现代产业发展构建的过程中，外来专业的投资运营力量也是振兴发展的机遇和重要推力。根据乡村的产业构建方向，进行针对性的招商引资，由投资方通过规模性投资加快产业力量形成、提升产业规范化、增加产能，由运营方通过专业化的运营管理，进一步推动乡村产业专业化、杠杆化发展。

制定并实施贯彻乡村振兴战略，根本目的在于满足村民对美好生活的愿望，根本在于乡村生活主体自身的幸福。对于大部分村庄来说，尤其要关注儿童、老人、妇女等特殊人群的需求。因此，在乡村振兴的顶层设计、方案制订、系统实施过程中，教育、养老、医疗、乡村文化活动都是必须要重点考虑的内容。乡村振兴，要让儿童在乡村里能够得到良好的教育，有适宜的游戏，活动空间，儿童的成长状况有人关心，有科学体验和儿童保健。乡村振兴，要让老人在乡村有适宜的休闲、群体活动场所，老人的健康检查和病理看护有良好的安顿，高龄老人有所陪伴、有人照料。让老人与儿童有安全的、保障的传承空间、温情的家庭生活。乡村振兴，要让妇女在乡村得到足够的尊重，有同等的教育权、决策权、劳动权和获得报酬的权利，让妇女在乡村拥有追求幸福生活的自由空间。

在乡村生活主体中有一部分为特殊群体，乡村振兴还应该满足这一群体对幸福生活的追求，要为他们提供足够的权益保障和自由幸福生活的空间。同时，需要乡村产业得到足够的发展，通过可持续的、富有竞争力的产业构建，打造发展平台，提供就业岗位，创造创业空间，让年轻人在乡村能够安放下青春，谋得生活，温暖他们的家庭，承担他们该承担的抚养、陪伴、精神支柱的责任。同时，乡村的文化建设、传统的家庭伦理、村落治理追求、文明的群众生活秩序，也是人们获得幸福感的重要保障。

乡村振兴应该吸引村民主动回到家乡建设，引导那些外出务工人员返乡就业、创业，引导外出求学的学子完成学业后回乡建设，反哺给他们的乡村，需要政府创新乡村产业机制、政策支持、各类保证，需要村民合力创造良好的产业环境。

同时，乡村振兴的过程中也要重视、欢迎由于投资创业、消费生活等来到乡村的“新村民”。关心他们的诉求、需求，创造他们便于创业、安于生活的条件和环境，吸引他们来，把他们留住，形成乡村发展的活力群体。

（二）实行生态式发展模式，促使乡村实现有机生长

推动乡村振兴的一个关键点在于转变发展理念，应该贯彻落实有机生长的村落发展理念。通过对国内保存较为完整的古村落和城镇进行分析，会发现其选址建设过程中都关注所处的生态环境系统，对山水林田湖草生态系统具备天生敬畏。回到当下，随着人类生存并改造自然生态系统能力的增强，在村落的生存发展过程中出现了自然生态系统的缺位发展。

1. 推动生态环境与产业发展的和谐统一

产业兴旺是乡村振兴的基础，生态宜居是乡村振兴的关键，产业与生态的有机融合，是乡风文明、治理有效、生活富裕的重要支撑。推进产业生态化和生态产业化，是深化农业供给侧结构性改革、实现高质量发展、加强生态文明建设的必然选择。

2. 构建“三生融合”的村落发展空间

“三生融合”是指乡村生产、生活、生态的有机融合，实施乡村振兴战略，应该以“三生融合”为原则进行空间规划，重新定义村庄发展格局，实现城乡空间的有效融合。村庄生活空间要考虑村落原有居民和外来客群的舒适度，系统规划布局让人们充分体验乡土文化的生活空间；要充分考虑村庄居民产业构建、展示和体验空间，构建区域内完整的产业发展空间；要完善生态空间，综合考虑村庄生态系统及容量，设计村庄居住人口、产业发展和游客接待等上限。

3. 构建生态持续的生活系统

我国从古至今都崇尚“天地人合一”的生活理念，当前，乡村生活主体依然以此作为其重要的生活信仰。传统的生活系统能让人们体验与自然系统的全方位联结关系，让人们享受每天与土壤、水、风、植物、动物的互动，同时尊重自然的循环。建立契合区域生态系统的生活方式，包括构建村庄生活公约，从能源、材料、食物等多个方面实现生态可持续发展。

4. 乡村建设中贯彻落实生态建设原则

村庄在建设过程中的材料运用、技艺运用、景观环境打造上要全面落实生态建设理念。建筑材料选择上凸显与区域环境匹配的乡土性，乡土建材包含砖、石、瓦、木材、竹材等，给人以温暖、质朴、亲近之感；乡村景观植物选择凸显区域气候特色，考虑区域气候、土壤、光照、水文等因素的影响选择地域特色植被，提高生物多样性，降低养护成本；乡村技艺环境要突出工匠精神，挖掘村庄地域传统的建筑工艺、木匠、编织、彩绘和建造等传统技艺。

（三）推动乡村振兴相关制度改革，建立健全乡村振兴动力体系

1. 推进土地制度改革创新

土地制度改革直接影响农业农村发展，这是乡村振兴战略的一项重要内容。积极探索开展村级土地利用总体规划编制工作，结合乡镇土地利用总体规划，有效利用农村零星分散的存量建设用地，调整优化村庄用地布局，加大指标倾斜力度，在下轮规划修编时，预留部分规划建设用地指标优先用于农业设施和休闲旅游设施等建设。

2. 推进资金政策改革创新

资金短缺是限制我国农业农村发展的主要因素之一，“钱从哪里来的问题”是乡村振兴战略实施必须解决的一个关键问题，根据我国农业农村的实际发展情况，我国政府提出要加快形成财政优先保障、金融重点倾斜、社会积极参与的多元投入格局，确保投入力度不断增强，总量不断增加。

为了拓宽农业农村的资金获取渠道，政府部门应该制定相应的鼓励政策，建立健全乡村金融服务机制，只有这样，才能打破现有的乡村发展金融供给不足，尤其是农业农村经营主体获得信贷的难度较大、可能性较小的困境。同时，创建新型金融服务类型，鼓励投资金融主体多样化获取投资和可

持续发展的资金，引导乡村筹建发展基金，合法合理放开搞活金融服务机制，打破乡村发展信贷瓶颈。创新农村金融服务机制，推进“两权”抵押贷款，推广绿色金融、生态金融、共生金融理念，探索内置金融、普惠金融等新型农村金融发展模式，实现金融服务对乡村产业、乡村生活全覆盖，为乡村建设提供助力。

3. 推进人才政策改革创新

村民是乡村生活主体，是乡村振兴的核心，政府是乡村振兴的主导机构，除了村民和政府外，乡村振兴的参与主体还包括第三方机构、投资主体、乡村新居民以及乡村志愿者等。新居民包括来乡村就业、创业、休闲、度假、养老等群体。第三方机构、乡村新居民、乡村志愿者是乡村振兴的“新”力量，他们带着新理念、新资源、新动力来到乡村，是乡村发展的重要变量。

充足的人才储备是乡村振兴的重要前提和保障，因此必须重视人才培养。政府应出台一系列针对乡村振兴的人才政策：一是针对本土人才的政策，包括本土人才的选拔、培养、激励等，给出资金、体制、机制、税收、共建共享等方面的整套政策；二是针对外来人才的政策，应针对如何吸引、鼓励外来人才来乡村就业创业，如何留住外来人才，如何产生人才带动效应等出台系列政策。

要发挥各市场主体的作用，建立健全政府引导、市场配置、项目对接、长效运转、共建共享的人才振兴工作机制。鼓励地方大力实施本土外流人才还乡的“飞燕还巢计划”，以及以乡村振兴创新创业空间和项目集群为核心的外来人才“梧桐树计划”，既源源不断地自生人才、召回人才，又能持续地吸引人才，形成多元共建、充满活力的乡村人才振兴局面。

（四）推动产业协调发展，构建村民共建共享机制

乡村振兴的一项重要内容就是实现农业农村各相关产业的协调发展，村集体经济的壮大则是实现乡村产业振兴的重要基础，也是最终实现乡村振兴的可持续保障。

壮大村集体经济是实现乡村振兴战略目标的必然选择，在此过程中需要注意以下几个方面的内容：一是打造一支具备绝对领导力的村两委领导集体；在村民自愿的基础上，成立村集体合作社或专项合作社；二是把村里零星分散或者闲置的土地、房屋、草场、林地、湖泊、废弃厂房等，进行整理，

请专业机构进行评估，实现资源变资产，并将该资产纳入村集体合作社，进行统一规划、经营、开发、利用；三是依托合作社，引入社会企业，成立股份公司，合作社代表村集体和村民以资源入股，社会企业以资金入股，共同构建实施乡村振兴发展的企业；四是拓展产业发展内容，依托乡村产业基础和文化生态资源，推进精品手工文创、农林土特产品、文化生态旅游、农副精深加工、田园养生度假、乡村健康养老等产业内容；五是坚持推动村民的共建共享，将村民纳入村集体社会经济发展的平台上，农民通过土地入股、技术入股、房屋入股和劳动力入股等方式获得相应的分红；六是建设村民创业发展公共平台，为村民自主创业提供资本、技术、设备、培训和场地等方面的支持。

（五）构建现代泛农产业体系，促进业态健康发展

传统农业产业结构已经不能适应农业现代化建设的要求，这就要求我们必须对原有产业结构进行适当的优化升级，这也是乡村振兴的一项重要内容。坚持以市场需求为导向，找准方向，按照一、二、三产业融合发展的理念，提升农业农村经济发展的质量和效益。在产业类型上既要对传统农业进行提质增效，又要在市场需求的基础上，进行跨产业整合，实现农业与旅游的融合、农业与文化的融合、农业与养老的融合、农业与健康产业的融合等，延长产业链、拓宽增收链，构建现代泛农产业体系。

以乡村产业发展为中心，依托大数据，灵活运用互联网、物联网、区块链等先进科学技术，打造产业运营平台、资源整合平台、产品交易平台、品牌营销平台、人才流动合作平台、项目对接平台、乡村文创平台等，凝聚力量，促进乡村产业兴旺发达。要以特色突出、优势明显、竞争力强大为原则，构建乡村现代泛农产业体系，同时，要深挖产品价值，匠心培育市场需要，且具有很强增长性的新业态。以乡村旅游为例，就可以根据资源和条件，开发乡村共享田园、共享庭院、民宿、文创工坊、亲子庄园、享老庄园、电商基地、采摘园、乡野露营等业态，需要村集体、村民创业者、外来投资者多方共建。

（六）重视农村精神文明建设，以乡村 IP 为基础实现高质量发展

乡村的精神文明建设也是乡村振兴的重要组成部分，在战略实施过程中，必须将继承保护和创新发展乡村文化作为一项重要任务。乡村文化拥有

独立的价值体系和独特的社会意义、精神价值。在乡村振兴的推进过程中，首先要保护乡村的灵魂，要保护好乡村文化遗产，组织实施好乡村记忆工程，要重塑乡贤文化，要恢复传承传统民俗。

推动农业农村发展，必须有文化支撑，这就要求我们必须传承和发展乡村精神，并根据现代化要求提炼和创新这些精神文化，建设符合乡村振兴需要的时代文化堡垒。充分挖掘乡村传统文化的底蕴、精神和价值，并赋予时代内涵，发挥其在凝聚人心、教化育人中的作用，使之成为推动乡村振兴的精神支柱和道德引领。大力提升乡村公共文化服务水平，丰富乡村公共文化生活，让本土村民、乡村新居民能够享受到丰富的文化生活，创建新的乡村文化体系。

通过建设乡村文化IP传承和发展乡村精神文化是一个可以获得良好效果的途径。让文化创意产业成为乡村富民的重要产业支撑，文化创意产业可与乡村一、二、三产业融合发展，提升乡村产业附加值。对于乡村振兴来讲，打造爆品IP可以提高知名度，增强识别力，形成竞争力。在乡村振兴中要尽可能培育具备自身特色或导入具备市场影响力的IP，以推动乡村产品的附加值、区别度、识别度、影响力和吸引力。

第二章 乡村振兴规划探索

第一节 国家乡村振兴战略规划要点解读

各地区各部门要树立城乡融合、一体设计、多规合一理念，抓紧编制乡村振兴地方规划和专项规划，做到乡村振兴事事有规可循、层层有人负责。

制定乡村振兴规划，明确总体思路、发展布局、目标任务、政策措施，有利于发挥集中力量办大事的社会主义制度优势；有利于凝心聚力，统一思想，形成工作合力；有利于合理引导社会共识，广泛调动各方面积极性和创造性。县域乡村振兴，作为我国乡村振兴战略的主战场，是乡村振兴落地实施的关键。描绘好战略蓝图，注重规划先行，统筹谋划，才能凝聚多方力量，扎实有序推进乡村振兴。

一、充分发挥国家规划的战略导向作用

习近平总书记在党的十九大报告中明确要求，创新和完善宏观调控，发挥国家发展规划的战略导向作用。

习近平新时代中国特色社会主义思想，特别是以习近平同志为核心的党中央关于实施乡村振兴战略的思想，是编制乡村振兴战略的指导思想和行动指南，也是今后实施乡村振兴战略的“指路明灯”。国家乡村振兴规划应该是各部门、各地区编制乡村振兴规划的重要依据和具体指南，不仅为我们描绘了实施乡村振兴战略的宏伟蓝图，也为未来五年实施乡村振兴战略细化实化了工作重点和政策措施，部署了一系列重大工程、重大计划和重大行动。

各部门、各地区编制乡村振兴战略规划，既要注意结合本部门本地区实际，更好地贯彻国家乡村振兴规划的战略意图和政策精神，也要努力做好同国家乡村振兴规划工作重点、重大工程、重大计划、重大行动的衔接协调工作。这不仅有利于推进国家乡村振兴规划更好地落地，也有利于各部门各地区推进乡村振兴的行动更好地对接国家发展的战略导向、战略意图，并争取国家重大工程、重大计划、重大行动的支持。对已经出台了本地区的乡村振兴规划的个别地区，为提高地方乡村振兴规划的编制质量，因地制宜地推进乡村振兴的地方实践及时发挥指导作用，需要再进一步做好地方规划文稿和国家规划的对接工作。

发挥国家规划的战略导向作用，还要拓宽视野，注意同相关重大规划衔接起来，尤其是注意以战略性、基础性、约束性规划为基础依据。党的十九大报告要求，以城市群为主体构建大中小城市和小城镇协调发展的城镇格局，加快农业转移人口市民化。要建设彰显优势、协调联动的城乡区域发展体系，实现区域良性互动、城乡融合发展、陆海统筹整体优化，培育和发挥区域比较优势，加强区域优势互补，塑造区域协调发展新格局。在乡村振兴规划的编制和实施过程中，要结合增进同新型城镇化规划的协调性，更好地引领和推进乡村振兴与新型城镇化“双轮驱动。更好地建设彰显优势、协调联动的城乡区域发展体系，为建设现代化经济体系提供扎实支撑。

二、实施乡村振兴战略的首要任务

产业发展是乡村振兴的经济基础，是激发乡村活力的基础所在，直接关系农业发展、农村劳动力就业与农民增收。在当前乃至21世纪中叶，把我国建成富强民主文明和谐美丽的社会主义现代化强国前，发展仍然是解决中国一切问题的基础和关键。发展首先是产业发展，是经济发展。在党的十九大报告中，习近平总书记提出了实施乡村振兴战略的总要求是“产业兴旺、生态宜居、乡风文明、治理有效、生活富裕”，“产业兴旺”位居其首。实施乡村振兴战略要从产业振兴、人才振兴、文化振兴、生态振兴、组织振兴五个方面着手，产业振兴同样被放在首位。就多数乡村地区而言，如果产业不兴，即便再有“生态宜居、乡风文明”，广大农民也不可能“看着美景跳着舞”，就能实现乡村振兴，实现农业强、农村美、农民富。因此，至少就全国总体和多数地区而言，把推进乡村产业兴旺作为实施乡村振兴战略的

"首要任务"，是比较符合实际的。

具体来说，产业兴旺的重要性与标志主要体现在两点：一是稳固的农业基础地位和国家粮食安全。习近平总书记强调，要确保国家粮食安全，把中国人的饭碗牢牢端在自己手中。历史经验告诉我们，一旦发生大饥荒，有钱也没有用，因而必须从治国理政的高度把握粮食安全的重要性。夯实乡村产业之基。二是实现三产融合发展和农民就业增收。三产融合发展是新时代农业发展必然趋势，也是拓展农民就业创业、增加农民财产性收入的重要渠道。

三、如何下好乡村振兴这盘大棋

把实施乡村振兴战略摆在优先位置，坚持五级书记抓乡村振兴，让乡村振兴成为全党全社会的共同行动。深入学习贯彻习近平同志关于乡村振兴的重要论述和指示精神，走好乡村振兴这盘大棋，需要牢牢把握以下几个方面。

（一）制度机制是保障

走好乡村振兴这盘大棋，关键是制度框架要"稳"。一是巩固和完善农村基本经营制度。落实农村土地承包关系保持稳定并长久不变政策，衔接落实好第二轮土地承包到期后再延长 30 年的政策，让农民吃上长效"定心丸"。二是深化农村土地制度改革。探索宅基地所有权、资格权、使用权"三权分置"，严格实行土地用途管制，严格禁止利用农村宅基地建设别墅大院和私人会馆。三是深入推进农村集体产权制度改革。探索农村集体经济新的实现形式和运行机制。坚持农村集体产权制度改革正确方向，发挥村党组织对集体经济组织的领导核心作用。维护进城落户农民土地承包权、宅基地使用权、集体收益分配权。四是完善农业支持保护制度。加快建立新型农业支持保护政策体系，深化农产品收储制度和价格形成机制改革，改革完善中央储备粮管理体制，落实和完善对农民直接补贴制度，健全粮食主产区利益补偿机制。

（二）摆脱贫困是前提

走好乡村振兴这盘大棋，必须把打好精准脱贫攻坚战作为优先任务，推动脱贫攻坚与乡村振兴有机结合、相互促进。一是瞄准贫困人口精准帮扶。因地制宜、因户施策，探索多渠道、多样化的精准扶贫精准脱贫路径，提高扶贫措施的针对性和有效性。二是聚焦深度贫困地区集中发力。以解决突出制约问题为重点，以重大扶贫工程和到村到户到人帮扶为抓手，以新增脱贫攻坚资金项目为依托，着力改善深度贫困地区生产生活条件。三是激发贫困群众内生动力。树立扶贫先扶志、扶贫要扶智理念，逐步消除精神贫困；更多采用生产奖补、劳务补助、以工代赈等机制，提升贫困群众发展生产和务工经商的基本技能，实现可持续稳定脱贫。四是强化脱贫攻坚责任和监督。科学确定脱贫摘帽时间，完善扶贫督查巡查、考核评估办法，对弄虚作假、搞数字脱贫的坚决严肃查处，做到脱真贫、真脱贫；推行村级小微权力清单制度，开展扶贫领域腐败和作风问题专项治理。

（三）全面振兴是要义

走好乡村振兴这盘大棋，需要推动乡村产业、人才、文化、生态和组织等各个方面全面振兴。一是紧紧围绕发展现代农业，围绕农村一、二、三产业融合发展，构建乡村产业体系，推动乡村生活富裕。加快构建现代农业产业体系、生产体系、经营体系，提高农业创新力、竞争力、全要素生产率，提高农业质量、效益和整体素质。二是把人力资本开发放在首要位置，让愿意留在乡村、建设家乡的人留得安心，让愿意上山下乡、回报乡村的人更有信心，激励各类人才在农村广阔天地大施所能、大展才华、大显身手。三是以社会主义核心价值观为引领培育文明乡风、良好家风、淳朴民风，改善农民精神风貌，提高乡村社会文明程度，使乡村文明焕发新气象。四是坚持绿色发展，加强农村突出环境问题综合治理，实施农村人居环境整治行动计划，推进农村“厕所革命”，完善农村生活设施，打造农民安居乐业的美丽家园。五是建立健全党委领导、政府负责、社会协同、公众参与、法治保障的现代乡村社会治理体制，确保乡村社会充满活力、安定有序。

四、打好乡村振兴战略的“持久战”

实施乡村振兴战略，是一项长期的历史性任务，既是攻坚战也是持久战。要凝聚全党全国全社会强大合力，以足够的历史耐心，以踏石留印、抓铁有痕的劲头，以功成不必在我的气度，保持战略定力，坚持因地制宜、循序渐进、久久为功，朝着实现农业农村现代化和乡村全面振兴的目标不断迈进。

一是坚持稳中求进，确保农村改革发展健康推进。“三农”问题是关系国计民生的根本性问题。“三农”在国家发展中的基础性地位，决定了推动农村改革发展在方向上不能出现偏差，不能犯颠覆性的错误。处理好城乡关系及农村内部的生产关系，是解决“三农”问题的基本着眼点。农村改革已经进入深水区，面临险滩暗礁，要树立底线思维，做好应对各种情况的准备，防患于未然。处理好农民与土地的关系仍然是深化农村改革的主线。一时拿不准看不清的做法，要先行试点，进行全面评估。看准了具有普遍适应性的措施，要积极推动集成、扩面与推广，但不能急于求成。

二是坚持问题导向，确保现实问题得到解决。目前，“三农”工作在一些地方存在“说起来重要、干起来次要、忙起来不要”的现象。过去的经验教训表明，粮食生产一旦放松就会滑坡，农业农村工作一旦松懈形势就会逆转，并且长时间都缓不过劲来。要清醒地看到，当前我国面临着农业供给质量和效益低、城乡居民收入差距大、农村基础设施和民生领域欠账多、农村资源环境压力大、农村精神文明建设任重道远、乡村治理体系和治理能力亟待现代化等一系列带有长期性、复杂性的问题，解决起来不可能一蹴而就。要坚持问题导向，敢于担当责任，切实增强实施乡村振兴战略的紧迫感和使命感，将“三农”工作重中之重的地位体现在具体工作中，围绕农民群众最关心最直接最现实的利益问题，一件事接着一件事办，一年接着一年干，将乡村建设成为农民群众的幸福美丽新家园，让发展成果经得起历史检验。

三是坚持量力而行，确保成效实实在在。乡村振兴是党和国家的大战略，要健全投入保障制度，创新投融资机制，拓宽资金筹集渠道，加快形成财政优先保障、金融重点倾斜、社会积极参与的多元投入格局。公共财政要在资金投入上优先保障，更大力度倾斜，确保财政投入与乡村振兴目标任务相适应。实施乡村振兴战略不能超越发展阶段，不能吊高胃口，更不能为了追求短期政绩，乱开“空头支票”。要以实事求是的态度，持之以恒，一步一个脚印向前推进。要脚踏实地多“雪中送炭”。谨防浮躁之气，千万不能搞成运动战、突击战。

四是注重顶层设计，确保任务实施科学有序。“产业兴旺、生态宜居、乡风文明、治理有效、生活富裕”，是实施乡村振兴战略的总要求，涉及农村经济建设、政治建设、文化建设、社会建设、生态文明建设和党的建设各个方面。只有做好顶层设计，谋定而后动，才能有序推进。各地和相关部门要按照实施乡村振兴战略的总要求，做好自身规划，明确工作重点和政策措施，部署好工程、计划和行动，做到一张蓝图绘到底。要增强规划的前瞻性、约束性、指导性，发挥好规划的引领功能。根据各地资源禀赋和特点，因地制宜科学规划，突出地域特色，体现乡土风情，不搞统一模式。顺应村庄发展规律，充分考虑一般村庄、城郊村庄、特色村庄、搬迁撤并村庄等内在差异，因村制宜确定发展方向，不搞一刀切。

五、解读“产业兴旺”“生态宜居”“乡风文明”“治理有效”“生活富裕”

农业农村部部长韩长赋指出：乡村振兴不仅是经济的振兴，也是生态的振兴、社会的振兴，文化、教育、科技的振兴，以及农民素质的提升，我们要系统认识，准确把握。

乡村产业、生态、乡风、治理、生活，“五子”登科，内在要求是统筹推进农村经济建设、政治建设、文化建设、社会建设、生态文明建设，在“五位一体”推进中，建立健全城乡融合发展的体制机制和政策体系，加快推进农业农村现代化。

产业兴旺就是要紧紧围绕促进产业发展，引导和推动更多的资本、技术、人才等要素向农业农村流动，调动广大农民的积极性、创造性，形成现代农业产业体系，实现一、二、三产业融合发展，保持农业农村经济发展旺盛活力。

生态宜居就是要加强农村资源环境保护，大力改善水、电、路、气、房、讯等基础设施，统筹山水林田湖草保护建设，保护好绿水青山和清新清净的田园风光。

乡风文明就是要促进农村文化教育、医疗卫生等事业发展，推进移风易俗、文明进步，弘扬农耕文明和优良传统，使农民综合素质进一步提升，农村文明程度进一步提高。

治理有效就是要加强和创新农村社会治理，加强基层民主和法治建设，让社会正气得到弘扬、违法行为得到惩治，使农村更加和谐、安定有序。

生活富裕就是要让农民有持续稳定的收入来源，经济宽裕，衣食无忧，生活便利，共同富裕。

推进乡村振兴，既要积极又要稳妥，要在制度设计和政策支撑上精准供给。必须把大力发展农村生产力放在首位，拓宽农民就业创业和增收渠道。必须坚持城乡一体化发展，体现农业农村优先的原则。必须遵循乡村自身发展规律，保留乡村特色风貌。

第二节 县域乡村振兴规划探索

一、县域产业兴旺规划的主要内容及要点

县域产业兴旺必须坚持质量兴农、绿色兴农，以农业供给侧结构改革为主线，加快构建现代农业产业体系、生产体系、经营体系，提高农业创新力、竞争力和全要素生产率，推动农业产业融合发展，加快推进农业农村现代化，让农业成为有奔头的产业，让农民成为有吸引力的职业，加快实现我国由农业大国向农业强国转变。

（一）构建新型产业关系

深化农业供给侧结构性改革，必须打破原有农业生产关系对农业生产力的束缚，充分解放农业生产力，释放农业生产力潜能。其重点是经营机制的改革，即农业关系的调整。

1. 推进土地集约化、规模化经营

农村土地是属于农民集体所有的重要资源，是农民生产生活的空间载体和增收致富的核心资产。产业兴旺的前提是作为生产资料和生产要素双重身份的土地供给及时、充足、流畅。因此，需要做足做活农用地、集体经营性建设用地、农村宅基地这三块地的改革，把保障农村土地权益放在首位。农村土地改革的措施有：通过承包地确权放活土地经营权；探索基地“三权分置”制度，适度放活宅基地和农屋使用权；允许农村集体经营性建设用地入市，建立城乡统一的建设用地市场；跨省域补充耕地制度，促进土地集约化利用；深化农村集体产权制度改革，激发乡村振兴活力。

2. 组建新型农业经营主体

组建种养大户、家庭农场等，发挥其基础性作用；组建农民合作社，发挥其纽带作用；组建农业龙头企业，发挥其引导示范作用；组建农业社会化服务组织，发挥其服务和支撑作用。

3. 培育新型职业农民

壮大队伍。培养三类人员——生产经营人员、专业技能人员、社会服务人员，实施四项计划一现代青年农场主培养计划、新型农业经营主体带头

人轮训计划、农村实用人才带头人培训计划、农业产业精准扶贫培训计划，培养造就一大批新型职业农民，使其成为乡村振兴战略的生力军。

探索模式。各地根据自身农业及社会经济发展的实际情况，推行诸如农民田间学校培育模式、现场传导型培育模式、典型示范型培育模式、项目推动型培育模式等；根据产业特点和实际情况，创新适合当地特点的教育培训模式，包括大力推行农技推广面对面等培训模式；探索“互联网＋培训”模式，实现在线学习、在线技术咨询、共享教学资源信息等。

（二）转变传统生产方式

以农业供给侧结构性改革为主线，调整优化农业生产力布局，推动农业由增产导向转型提质导向，转变农业生产方式，加快构建现代农业生产体系。

1. 推进生产产品市场化

中国农业长期处于自给自足的自然经济状态，农民市场意识相对不足。产业的兴旺离不开市场，紧随现代经济高速发展，市场规模不断扩张的趋势，应将农民培育成市场化主体，提升能力，创新农业发展模式；推动农业生产资料市场化的进程，包括推动土地、劳动力的市场化、建立完善的农村金融体系；加快市场信息服务，强化信息监测预警，构建市场化基础；加快农产品和各类要素市场体系建设，提高资源配置效率；完善农产品价格形成和市场调控机制，保供调优激活市场。

2. 推进农业科技创新驱动

科学技术是第一生产力。唯改革者进，唯创新者强。转变农业生产方式主要依靠科技创新来驱动。加强农业科技的研发和应用推广，一要做好技术攻关，聚焦动植物新品种选育、绿色增产与节本增效等领域的技术需求，加强基础理论研究以及技术攻关，持续提高农业核心竞争力。二要做好体系衔接，充分发挥“互联网＋农业”的技术支撑作用，利用大数据、云计算等信息技术系统设计和架构，强化国家农业科技服务云平台建设，加强农业科技创新体系、农业产业技术体系和农业技术推广体系的衔接。

3. 实施绿色兴农

乡村绿色发展是农业农村可持续发展的应有之义。实施五大举措助力绿色农业：一是绿色理念引领，把绿色发展理念贯穿到农业生产、产品加工、废弃物利用的全过程，生产并提供绿色、有机农产品，增加产品附加值，提升品牌化和产业化水平；二是绿色生产技术助力，普及一批先进适用的绿色农业技术，推动绿色生产方式落地生根，确保粮食和重要农产品供给；三是绿色市场需求导向，主攻农业供给质量，注重可持续发展，加强绿色、有机、无公害农产品供给；四是绿色发展新主体推动，通过发展多种形式适度规模经营，引导新主体推动绿色发展成为农业普遍形态；五是绿色制度构建与保障，构建绿色制度体系、绿色农业标准体系、绿色农业法律法规体系、绿色发展制度环境。

4. 实施质量兴农

依靠提高农产品质量增强农业竞争力，实现乡村产业兴旺。以环境净化为前提，以按标生产为依据，以科技创新为支撑，实施安全“管”出来。完善农产品质量和食品安全标准体系，加强农业投入品和农产品质量安全追溯体系，健全农产品质量和食品安全监督体系，实施优质“产”出来。调整农业结构，减少无效供给，优化产业布局，增加优质农产品，实施结构“调”出来。减少投入品的过量使用，减少资源环境的过高利用强度，实施投入“减”出来。

5. 推进品牌强农

加快推进品牌培育行动，以优势特色产业为依托，以区域公用品牌、企业品牌、产品品牌为重点，加快培育和创建一批有较大影响力的农业品牌。首先，树品牌，把园区建设作为主攻方向，品牌建设要与粮食生产功能区、重要农产品生产保护区、特色农产品优势区和现代农业产业园建设等相结合，将园区优势转化为品牌优势。其次，讲品牌，把宣传推介作为主动行为，通过展销平台推介品牌——通过批发市场主打品牌，通过信息化助推品牌，通过新闻媒体讲好品牌。再者，护品牌，把监管维护作为主要手段，形成政府主导、协会主推、企业主体的监管体系。最后，扶品牌，把构建机制作为主体职责，构建合作机制、扶持机制、服务机制等。

（三）推进以农为主多产融合

以农业为基础依托，以农业龙头企业、涉农工商资本等新型农业经营主体为主体，通过产业渗透、产业交叉、产业重组等融合方式，实现产业链条和价值链条延伸、产业范围扩大、产业功能拓展和农业就业增收渠道增加。

1. 推进农业内部有机融合

对传统农业区、林业区、畜牧业区、渔业区，以农牧结合、农林结合、农渔结合、循环发展为导向，调整优化农业种植养殖结构。通过发展以高效益、新品种、新技术、新模式为主要内容的“一高三新”农业，推进传统资源优化利用、农业废弃物资源化利用，从而激发农业生产潜能。

2. 推进农业产业链延伸融合

（1）以农业为基础的产业融合

以现代种养业为主导，向产前延伸开展良种繁育、农资供销等，向产后拓展加工储藏、物流销售、休闲观光等二、三产业，形成三次产业互促并进、互利共赢的发展格局。

（2）以农产品加工业为纽带的产业融合

以农产品加工业为依托，将产业链向前后两端延伸，由单纯的加工向生产、流通、研发、服务等领域交融发展，实现产加销、贸工农一体化，拉长产业链、提升价值链。

（3）以服务业为引领的产业融合

依托农产品流通、电子商务、乡村旅游和农业社会化服务等三产，建立农产品原料生产、加工、销售、物流基地，拓展服务范围，延长产业链条，增加农业附加值。

二、县域生态宜居规划的主要内容及要点

良好生态环境是农村的最大优势和宝贵财富。乡村振兴中必须尊重自然、顺应自然，推动乡村自然资本加快增值，实现乡村生态产业化与产业生态化，实现百姓富、生态美的统一。

为守住绿水青山，真正实现县域生态宜居，需要持续提升农村环境质量，坚持人与自然和谐共生。县域生态宜居规划的重点在于构建乡村环境建设的三大圈层（人居环境圈层、农业生产环境圈层、生态环境圈层）。其中，人居环境是生态宜居的基础，农业生产环境是产业兴旺的动力，生态环境是可持续发展的前提。

（一）改善人居环境，构建生活圈

以美丽乡村建设为导向，以农村社区建设规划为引领，结合区域村庄特点，因地制宜开展农村环境综合整治和农村基础设施建设，全力打造特色乡村风貌。

1. 治理卫生环境

推进农村生活污水治理。完善资金投入保障，推动城镇污水管网向周边村庄延伸覆盖，设立和完善生活污水的收集管网，加强生活污水源头减量和尾水回收利用，积极推广低成本、低能耗、易维护、高效率的污水处理技术，推进农村污水治理PPP项目，建立污水排放监督机制，提高村民对污水处理重要性的认识。

推进农村生活垃圾治理。排查整治非正规垃圾堆放点，强化对村民的宣传，实施垃圾分类，采用“户定点（分类）、村收集、乡镇转运、县处理”垃圾处理方式，最终建立健全符合农村实际、方式多样的生活垃圾收运处置体系。

大力开展农村户用卫生厕所建设和改造。合理选择改厕模式，按照群众接受、经济适用、维护方便、不污染公共水体的要求，普及不同水平的卫生厕所。

2. 完善基础设施短板

实施农村饮水安全巩固提升工程。参照《村镇供水工程设计规范》等，出台乡村供水管理机制，推进供水到户，配备完善水处理、消毒设施，延伸与维修管网，强化水质监测，实施水厂信息化试点建设，确保农村饮水安全。

加快农村电网改造升级。农村用电公共服务均等化，制定农村通动力电规划，完善配电自动化装置，实施线路改造、变压器增容，完善村庄公共照明设施，推动农村可再生能源开发利用。

全面推进“四好农村路”建设。因地制宜、以人为本，与优化村镇布局、农村经济发展和广大农民安全便捷出行相适应，进一步把农村公路建好、管好、护好、运营好。公路（进村路）按照国家道路建设标准，打通交通“最后一公里”；乡村路（村里路）因地制宜选择路面材料，推进乡镇和建制村主干道、村组道路、入户道路建设；休闲绿道生态环保为先，突出地方特色，主客共享，点线面结合。

实现互联网在农村的全覆盖。推动农村地区宽带网络和第四代移动通信网络覆盖；开展“光纤入户”工程和“数字乡村”建设，以村村通“信息高速公路”为目标，实现互联网在农村的全覆盖。

3. 建设特色乡村风貌

保护乡村历史文化要素，比如古井、古树、古居、古桥、古匾额，制定保护名录，建立保护机制，编制保护规划，筹拨保护经费。

改造民宅民居。实施农房风貌改造提升行动，培养乡村工匠队伍，对危旧房进行改造，对与景观不和谐的民房进行本土元素化的立面改造，对古宅进行“修旧如旧”修复和再利用。

美化绿化乡村景观。整治公共空间和庭院环境，禁止私搭乱建、乱堆乱放；以奖代补鼓励引导村民进行见缝插针式绿化美化。

4. 逐步改变落后的生产生活方式

树立榜样引领，选择卫生习惯较好的农户，加以鼓励和宣传，组织其他农户学习；制定激励措施，把保持文明的生活习惯同“五好家庭”、“文明示范户”评选等结合起来；完善村规民约，规范农民行为，定期进行检查评比，加强监督管理；提倡新生活方式，比如秸秆粉碎还田取代秸秆焚烧，设立集中养殖区域，改造养殖舍，实现禽畜与粪便分离等。

（二）升级农业环境，构建生产圈

治理农业环境突出问题，树立绿色生态循环农业发展理念，推进生产清洁化、废弃物资源化、产业模式生态化，全面提升农业绿色发展水平。

1. 综合治理农业环境突出问题

整治乡村土壤污染问题。详查农用地土壤污染状况，着力解决土壤酸化问题，修复重金属污染耕地，开展种植结构调整试点。

整治乡村水域污染问题。农村水环境治理纳入河长制、湖长制管理，加强渔业养殖污染治理，清理开放性湖泊、饮用水源地网围网箱养殖，推广生态养殖模式，加强养殖尾水排放监管。

2. 推进农业绿色发展

推进农业节水工程。积极发展滴灌、喷灌、微灌和水肥一体化，推广用水计量和智能控制技术，大力提倡合理利用雨洪资源、微咸水、再生水，提高农民有偿用水意识和节水积极性，推进农业水价综合改革，建立健全农业水价形成机制、精准补贴和节水奖励机制，明晰农业水权。

推进农业清洁生产。强化农业投入品管理，推进病虫害统防统治和绿色防控，规模化建设畜禽养殖场区粪污处理设施、大型沼气，开展有机肥代替化肥试点，推进废旧地膜、微灌材料和包装废弃物等回收处理，创建一批国家农业可持续发展试验示范点。

3. 构建农业生态循环体系

遵循“以水定地，优化种植结构；以地定畜，优化养殖结构；一水多用，优化渔业结构；变废为宝，发展循环农业”原则，构建具有本地特色的生态循环农业体系。按照“一年有起色、三年见成效、五年上台阶”发展思路，以小农水项目建设为契机，依托生态环境好、科技含量高、辐射带动强的农业生产基地，集成推广畜禽粪污综合利用、种养一体化等生态循环农业技术，实施农牧循环产业园区培育计划，建立一套成熟的种养结合生态循环农业模式。

（三）保护生态环境，构建生态圈

牢固树立社会主义生态文明观，践行“绿水青山就是金山银山”理念，严守生态保护红线，加强山水林田湖草生态系统保护，全方位、全地域、全过程开展生态环境保护。

1. 严守生态红线

对具有重要水源涵养、生物多样性维护、水土保持、防风固沙、海岸生态稳定等功能的生态功能重要区域，以及水土流失、土地沙化、石漠化、盐渍化等生态环境敏感脆弱区域，开展生态红线区域勘察调研，强化红线管控。

2. 统筹山水林田湖草治理

生态是统一的自然系统，是各种自然要素相互依存而实现循环的自然链条。人的命脉在田，田的命脉在水，水的命脉在山，山的命脉在土，土的命脉在树。牢固树立“山水林田湖草是一个生命共同体”的理念，按照生态系统的整体性、系统性以及内在规律，解决县域生态系统保护与治理中的重点、难点问题。

3. 建立生态补偿机制

秉承“谁开发谁保护，谁破坏谁恢复，谁受益谁补偿，谁污染谁付费”的原则，加大财政转移支付中生态补偿的力度。

三、县域乡风文明规划的主要内容及要点

实现乡村文化振兴，要紧抓文化教育、文化设施、文化活动，提升农民精神风貌，培育文明乡风、良好家风、淳朴民风，重塑乡村文化内核，不

断提高乡村社会文明程度。

县域乡风文明规划是在把握道德伦理、传统文化、民风民俗三大乡村文化内核的前提下，夯实乡村文化教育基础，加强乡村文化设施支出，提升乡村文化活动影响，实现乡村文化重振，延续乡土文化根脉。

（一）把握乡村文化三大内核

从乡村新型道德伦理关系、优秀传统文化、新型民风民俗三个方面，重构乡村文化，唤醒乡村文化基因。

1. 重建乡村新型道德伦理关系

培育和践行社会主义核心价值观，继承发扬农村传统文化，摒弃农村落后的封建迷信思想，增加农村文化场所，增强农村文化活力，满足广大农民多层次的精神文化需求。加强“社会公德、职业道德、家庭美德、个人品德”四德教育建设，推进“儒学下乡”，通过志愿者下乡、开展学习小组、评选模范家庭等手段，传承优秀传统文化。开展依法治村，推进依法决策、依法行政、依法竞争、依法发展，健全村民自治体系，加大普法宣传力度，推进依法治村示范创建工作，建设公共法律服务平台，将农村各项事务纳入依法治理的轨道，不断提高乡村法治化水平。

2. 传承和延续乡村传统优秀文化

弘扬具有乡村特色的传统农耕文化、山水文化、民俗文化等，在保护传承的基础上，创造性转化、创新性发展，不断赋予时代内涵。比如，以民俗博物馆、社科院文化与历史研究所等为依托，以非遗研究方面的专家学者和非遗传承人等作为研究员和兼职研究员，开设非物质文化遗产研究所。比如，村民自发或者村委会组织定期举办民俗节庆或赛事活动，弘扬在地习俗文化；再比如，加强村志村史的及时修订和编纂，让文物说话。

3. 构建新型民风民俗

通过制定村规民约、表彰善行义举、弘扬家风家训等措施，推进村民思想与时俱进，形成“新时代、新乡村、新风俗”。

（二）夯实乡村文化教育基础

1. 推动教育主题的内外结合

针对乡村文化教育人才缺失的短板，重点培养自有教育队伍，激发内生活力，增加内部造血功能。比如，培养本地乡村教师，为基础教育提供坚实基础；培育乡贤队伍，吸引乡贤回归，培养乡贤模范，发挥乡贤作用，推动他们成为本地新生教育力量；倡导村民互动教育，促进文化交流。

同时引入外部力量，拓展多元教育渠道，融入新鲜血液，快速提升教育水平。比如，引入城镇师生，鼓励和支持城镇退休的教师、师范类学生等到乡村学校支教讲学，对口帮扶乡村教师，帮助提升教学水平，提高乡村教学质量；引进管理层，通过委派挂职干部和大学生“村官”选拔等措施，吸引外部管理人才，提高乡村管理水平；吸引社会公益组织，与公益组织合作，普及科学教育等知识。

2. 探索灵活多元的教育方式

办学校，针对青少年成立初等教育学校；针对成人教育成立各种扫盲班、农民技术培训学校等。设课堂，针对留守儿童开设“快成长”课堂，针对留守妇女开设“半边天”课堂，针对空巢老人开设“夕阳红”课堂，针对待业青年开设“致富经”课堂。开讲座，邀请外部专家进行科学新技能专题讲座。搞活动，定时举办乡村公益、乡村戏曲、文艺晚会、庙会、市集等活动。做培训，发动村中匠人对村民进行专业技能培训。强媒体，加强互联网等新媒体在乡村教育上的应用。

（三）加强乡村文化设施支撑

乡村文化设施是乡村文化建设的载体。应在凸显在地文化激活文化设施生命力、推进主客共享提高文化设施使用率两大原则指导下，加强开放型文化公共空间、地标性文化设施、场馆型文化设施三类内容的开发。同时，要整合多渠道资金，建管并重，满足农民群众多层次、多方面的精神需求，支撑建设农村公共文化服务体系。

1. 建设文化设施

按照功能，建设三类文化设施。分别是建设开放型文化公共空间，如集散文化广场、宣传文化街、河边、村口、晒场、桥头、水埠、码头等，提供交流场所，改善乡村人际关系，重建乡村特色文化，优化乡村公共环境设施；建设地标性文化设施，如自然景观、街巷景观、精神图腾、牌坊、标志牌等，提高本地辨识度，树立村民文化自信，展示乡村文化底蕴；建设场馆型文化设施，如图书馆、村文化室、民俗文化展室、宗祠建筑、村史馆、学塾、农村书屋等，丰富农民业余生活，提供学习场所，储备未来乡村遗产。

按照地域，县、乡镇、村要有针对性地建立不同类别的公共文化设施。其中，县主要建设具备综合性功能的文化馆、数字化图书馆等，乡镇主要组建集图书阅读、广播影视、宣传教育、文艺演出、科技推广、科普培训、体育和青少年校外活动等于一体的综合性文化站，行政村主要设立文化活动室、乡村小型图书馆、村史馆等。

2. 建立标本兼治的长效管理机制

设置专职人员，建立健全文化场所管理规章制度，设立专人管理，并向管理人员支付一定的报酬，确保活动场所有人管、用心管。定期更新管理，加大对农村文化活动场所内容、设施等的即时更新力度，改善活动室内部设备，保证村民使用热情。

（四）提升乡村文化活动影响

活动内容上，在保护、梳理和整合在地资源的基础上，重点开展科技教育、文化娱乐、传统习俗、乡风文明等活动内容，采取赛事、论坛、节庆等多元活动形式，实现乡村季季有主题、月月有活动。活动主体上，明晰当地政府及其相关机构监督支持、村委会组织统筹策划、乡村观光游客参与宣传、村民既宣传统筹策划又是参与主体的定位。活动宣传上，重点利用电台、电视、平面媒体等传统媒体推广平台，利用“三微”等新媒体线上营销推广平台，扩大宣传力度，提高影响力，活动前要预热报名，活动中采用新媒体直播，活动后继续报道，持续发酵。

四、县域治理有效规划的主要内容及要点

治理有效是乡村振兴的基础。必须把夯实基层基础作为固本之策，健全党委领导、政府负责、社会协同、公众参与、法治保障的现代乡村社会治理体制，坚持党组织领导下的自治、法治、德治相结合，打造共建共治共享的乡村治理体系，确保乡村社会充满活力、安定有序。

（一）加强农村基层党组织建设

坚持党建统领，增强农村基层党组织领导核心地位，推进乡村治理现代化，确保村级治理在正确的轨道上运行和发展。

1. 加强基层党组织队伍建设

扩大覆盖面，注重从青年农民群体中发展党员，加大在农民合作社、农村企业、农村社会化服务组织、农民工聚居地中建立党组织的力度。优化

结构，及时调整优化合并村组、村改社区、跨村经济联合体的党组织设置和隶属关系。

2. 抓好“领头羊”工程

选优配强，强化“从好人中选能人”导向，选优配强“两委”班子，特别是党组织书记。递进培养，加大农村干部学历教育和后备干部递进培养力度，提高村干部综合素质和致富带富能力。驻村帮扶，全面向贫困村、软弱涣散村和集体经济空壳村派出第一书记，调整充实驻村工作队。

3. 完善基层组织保障

完善制度保障，开展党员挂牌，设立党员责任区、结对帮扶、党员承诺践诺和志愿服务等活动，树立先进典型；健全落实农村党员定期培训制度，强化知识和技能培训。完善财政保障，建立村级组织运转经费正常增长机制，加大财政保障力度。

（二）增强乡镇政府服务能力建设

1. 强化公共服务职能

巩固基本公共教育服务，推动劳动就业服务，做好社会保险服务，落实基本社会服务，做好基本医疗卫生服务，组织开展公共文化体育服务。

2. 扩大服务管理权限

强化乡镇政府对涉及本区域内人民群众利益的重大决策、重大项目和公共服务设施布局的参与权和建议权，重点包括农业发展、农村经营管理、安全生产、规划建设管理、环境保护、公共安全、防灾减灾、扶贫济困等管理权限。

3. 加强干部队伍建设

坚持德才兼备、以德为先的用人标准，选优配强乡镇领导班子，建立健全有利于各类人才向乡镇流动的政策支持体系，注重从乡镇事业编制人员、优秀村干部、大学生“村官”中选拔乡镇领导干部。

4. 改进绩效评价奖惩机制

以乡镇政府职责为依据，结合不同乡镇实际，建立科学化、差别化的乡镇政府服务绩效考核评价体系。

5. 强化监督管理

结合实际研究确定乡镇政府推行权利清单和责任清单工作，建立健全乡镇议事规则和决策程序，建立健全乡镇行政权力运行制约和监督体系，健全行政问责制度。

（三）加强乡村自治、法治、德治建设

1. 完善乡村自治制度

坚持自治为基，加强村党组织领导的充满活力的村民自治组织建设，把资源、服务、管理下放到基层，推动乡村治理重心下移，不断健全和创新基层自治机制。具体包括深化村民自治实践、推进基层管理服务创新、发展农村各类合作组织。

2. 推动法治乡村建设

坚持法治为本，树立依法治理理念，完善乡村法律服务体系，强化法律在维护农民权益、规范市场运行、农业支持保护、生态环境治理、化解农村社会矛盾等方面的权威地位。包括深入开展农村法治宣传教育，增强基层依法办事能力，全面推进平安乡村建设，努力提升基层综治工作水平。

3. 提高乡村德治水平

坚持德治为先，传承弘扬农耕文明精华，以德治滋养法治精神，让德治贯穿乡村治理全过程。具体包括强化道德教化作用，加强乡村德治建设，培养健康社会心态。

（四）完善农业合作经济组织建设

农业合作经济组织主要包括农民专业合作社、农民产业化联合体以及农业农村相关协会，围绕这三类组织采取针对性发展方针，深入探索乡村振兴样本，促进农业经济规模化、集约化发展。

1. 农民专业合作社发展要点

狠抓政策落实，推进合作社规范发展，创新合作社金融普惠措施，促进合作社产业发展，积极促进农业专业合作社在“产业扶贫”“三产融合”中发挥更大作用。

2. 农业产业化联合体发展要点

建立分工协作机制，引导多元新型农业经营主体组建农业产业化联合体。健全资源要素共享机制，推动农业产业化联合体融通发展。完善利益共享机制，促进农业产业化联合体与农户共同发展。

3. 农业农村相关协会发展要点

制定相关标准、开展企业评级活动，引导行业发展标准化。利用灵活多样的宣传推介渠道，树立组织品牌形象，扩大农产品知名度，提升农业及相关产业规模化发展。落实政府政策引导，强化行业质量监管，约束企业行为，协调行业秩序，维护农民利益，维护市场消费者权益。

（五）推进农村民间文化组织健康发展

1. 强化政府引导与支持

完善法律法规，把农村民间文化组织管理纳入法制化轨道，营造有法可依，违法必究，执法必严的法治氛围。加大政策支持，简化登记注册流程，降低准入门槛；加大政策倾斜力度，鼓励农村社会组织通过提供多样化、多层次的公共服务，在文化传承、劳动就业、教育培训、济贫养老等方便发挥积极作用。加强保障支持，加大财政投入，设立专门的拨款账户避免层层盘剥，并在设施、场所等使用方面提供支持和方便。

2. 完善自身能力建设

制度化发展，建立组织章程并严格按章程开展活动。科学化管理，明确农村民间文化组织的法人地位，完善组织架构，稳定筹资渠道，健全监督机制。民主化监督，健全自律机制和竞争机制，完善内部监督机制。

五、县域生活富裕规划的主要内容及要点

生活富裕是乡村振兴的根本落脚点。把维护农民根本利益、促进共同富裕作为出发点和落脚点，不断提高农村公共服务、社会保障的标准和水平，补齐农村民生短板，加快推进城乡基本公共服务均等化，推动农村劳动力充分就业，不断增强农民获得感、幸福感、安全感，打造生活美、家园好的富裕乡村。

（一）多渠道带动农民增收致富

拓展农民就业创业增收空间，确保农民收入持续增长。

1. 拓宽农民增收致富渠道

大力实施乡村就业创业促进行动，加快文化、科技、旅游、生态等乡村特色产业发展，振兴传统工艺，培育一批家庭工场、手工作坊、巧女工坊、乡村车间，鼓励在乡村地区兴办环境友好型企业，实现乡村经济多元化，拓宽农民增收渠道。

积极培育农村新产业新业态，依托旅游示范区、田园综合体、美丽乡村等载体，发展乡村智慧旅游，将农家乐、特色民宿、休闲农庄等编织成网，提供便捷服务。发展农村电商，不断提高农产品网上销售比例，拓宽销售渠道。

进一步加大招商引资力度，对与乡村振兴相关的涉农招商引资项目出台更加优惠的政策，更好地增加农民就业和收入。通过财政补贴、政府购买服务、税收优惠等政策，鼓励、引导农民及返乡下乡人员创新创业——加快民营经济发展，增加农民资本和经营性收入。

2. 提升乡村就业创业服务水平

健全覆盖城乡的公共就业创业服务体系，提供全方位乡村公共就业创业服务。建设乡村公共就业创业服务网络平台，促进农村富余劳动力有序外出就业，鼓励就地就近转移就业，支持返乡创业。重点支持孵化基地（园区）建设，有针对性地开展创业创新人才培训，选拔培育一批优秀创意项目和创业者。培育以信用和价值规律为杠杆的多元化农村金融体系，为农民创业提供便利的融资和投资渠道。

（二）推动农村基础设施提档升级

加大农村基础设施建设投入力度，加快交通物流、水利、信息、能源等重大工程建设，补齐农村基础设施短板，推动城乡互联互通。

1. 健全交通物流设施体系

全面推进“四好农村路”建设，加快农村公路改造升级，推动农村公路枢纽的互通联结，强化县城与重点中心镇的交通联系，打通行政区域交接地段、边远村落的镇村公路连接。全面推进城乡客运公交化和城乡公交一体化建设，鼓励发展镇村公交，促进城乡公交与城市公交的紧密对接。整合优化现有物流要素资源，以邮政快递、商贸、供销、交通等物流设施为基础，加快推进农村“普惠邮政”工程，重点推进农村物流节点建设标准化、管理规范化、服务多元化，全面提升农村物流站点服务能力和水平，形成城乡互动、县乡村互联、畅通高效的物流网络体系，实现城乡交通物流服务均等化。

2. 提升水安全保障能力

巩固提升已建水厂，维修改造单村、联村集中供水工程，解决地质性缺水问题，进一步提高水质达标率和农村居民供水保证率；进一步推进重点防洪工程建设；加快推进雨洪资源利用工程；推进地下水超采区综合治理项目建设。

3. 实施数字乡村战略

引导移动、联通、电信和广电等电信运营企业加大农村网络建设投资，进一步提高农村地区光纤宽带接入能力。加大对农村移动通信基站铁塔建设的支持力度，扩大无线网络覆盖范围，推动5G网络布局和商用进程，基本实现农村地区移动宽带网络人口全覆盖。建设信息进村入户平台，完善农村消费信息服务、市场信息服务、“三农”政策服务、农村生活服务等系统和手机APP，推动现代信息技术在乡村振兴战略各个环节的应用和深入融合。推动远程医疗、远程教育等应用普及，建立空间化、智能化的新型农村统计信息综合服务系统。

4. 推进农村能源革命

推进农村能源结构调整、升级，将农村新能源建设与农民增收紧密结合起来，把农村能源生产供应与解决农村环境、改善生态结合起来，通过农业废弃物资源化处置，构建清洁高效、多元互补、城乡协调、统筹发展的现代农村能源体系。加快新一轮农村电网改造升级，推动供气设施向农村延伸，宜电则电、宜气则气，形成电网、天然气管网、热力管网等互补衔接协同转化的能源设施网络体系。

（三）推进城乡公共服务均等化

以构建覆盖城乡、普惠共享、公平持续的基本公共服务体系为目标，促进公共财政、公共设施向镇村倾斜，全面完善镇村服务功能，提升公共服务均等化水平。

1. 优先发展农村教育事业

加强城乡教育合作交流，开展名师送教下乡、名校长结对帮扶和名校长协作组织校际交流活动，建立以城带乡、整体推进、城乡一体、均衡发展的义务教育发展机制；深化县域内城乡义务教育一体化改革；深入实施农村学校“全面改薄”工程；大力发展农村学前教育；稳步提升农村高中阶段教育普及水平；大力发展面向农村的现代职业教育。

2. 健全农村医疗卫生服务体系

围绕“健康乡村”建设，完善农村卫生室布局，完善和优化乡镇卫生院管理。缩小城乡卫生资源配置差距，促进优质医疗资源向农村延伸，鼓励上下级医疗机构建立双向联动转诊制度，实现城乡基本公共卫生服务均等化。

3. 健全农村社会保障制度

推动城乡居民医保范围、筹资政策、保障待遇、医保目录、定点管理、基金管理“六统一”。将符合医疗救助条件的农村居民及时纳入救助范围。统筹城乡社会救助体系，加大重特大疾病医疗救助力度，深入实施临时救助制度，全面开展“救急难”工作，完善最低生活保障制度。完善城乡居民基本养老保险制度，建立基本养老保险待遇确定和基础养老金标准正常调整机制。加快推进医养结合，鼓励基层医疗机构设置养老服务站点、提供签约服务。

（四）高质量完成精准脱贫任务

紧密结合乡村振兴和精准脱贫两大战略任务，明晰县乡主体责任，采取有效扶贫方式，激发贫困人口脱贫内生动力，提升扶贫的效果与质量。

1. 坚持精准扶贫脱贫

围绕精准全链条，持续落实落细，夯实脱贫根基。采取多渠道、多样化的精准扶贫精准脱贫路径，扎实做好产业脱贫、就业脱贫、医疗保障与救助脱贫、金融脱贫、旅游脱贫、教育文化脱贫等“六大脱贫攻坚行动”。

2. 聚焦脱贫攻坚重点区域和重点群体脱贫解困

聚焦山区、滩区、湖区等重点区域，集中解决基础设施薄弱、公共服务滞后、特色产业不强等瓶颈问题。实施深度贫困地区“五通十有”提升工程。制定出台《关于进一步强化政策措施推进深度贫困区域精准脱贫的实施意见》，加大政策倾斜和扶持力度。锁定老弱病残等特殊贫困群体，构建“大救助”工作机制。持续强化政策保障，深化“三保障”扶贫措施，提高群众获得感。

3. 激发贫困人口内生动力

坚持扶贫同扶志相结合，采用生产奖补、劳务补助、以工代赈等方式，引导贫困群众通过自己辛勤劳动脱贫致富，树立起脱贫光荣、勤劳致富的正能量社会价值观，对脱贫成功的典型农户、典型村镇或典型模式进行经验总结，发挥其示范带动作用，营造脱贫光荣的社会氛围。

4. 强化脱贫攻坚责任和监督

完善扶贫攻坚的组织管理体系，健全组织领导、政策帮扶、监督考核、严格落实等机制，保障扶贫工作有序高效推进。

第三节 乡村振兴规划为“多规合一”的实现带来出路

一、县域各类规划与乡村振兴规划的并集与补集

（一）县域各类规划分析

1. 县域层面主要规划类型

我国规划类型众多，关系复杂，经济社会发展规划、城乡规划、土地利用规划、生态建设规划等规划从不同部门、不同侧重点约束着各类建设活动，推动着城市的发展。县域层面的规划主要有以下几个类型。

（1）国民经济与社会发展规划

国民经济和社会发展规划（以下简称“发展规划”）是发改部门主导的，对县域一定时期内（通常为 5 年）经济与社会的发展各项内容做出具体安排的规划，是指导地方经济社会发展的阶段性纲领。其核心内容包括：回顾上一时期取得的成就与不足，分析新时期地方经济社会发展面临的形势，深入研究并提出新时期地方在推进新型城镇化、新型工业化、新农村建设、社会发展、资源保护利用以及生态建设等方面应达到的目标，并据此深入谋划实现上述目标的战略任务与途径。在县级层面发展规划按对象和功能类别一般又分为总体规划和专项规划。本书所指均为总体规划。

（2）主体功能区规划

主体功能区规划（以下简称“主体规划”）是发改部门和环保部门共同主导的，对县域国土空间开发强度进行分类和界定并依据其自然资源条件和社会经济条件确定各部分核心功能的空间发展规划。其中，重点生态功能区的主体功能区规划，通常会将国土空间划分为城镇发展空间（对应集聚人口和工业）、农业生产空间（对应发展现代生态农业和新农村建设）、生态保护空间（对应提供生态产品和服务）三大类别。

（3）生态县建设规划

生态县建设规划（以下简称“生态规划”）是环保部门主导的，探索如何更好地保护境内生态环境资源，实现县域生态环境质量的改善和经济社会生态协调可持续发展，建设生态文明的县域规划。生态县建设规划的核心

内容在于科学合理地划分生态功能区，并围绕生态格局优化、生态环境保护、生态人居建设、生态产业发展和生态文化建设等问题提出相应的战略任务。

（4）旅游发展总体规划

旅游发展总体规划（以下简称“旅游规划”）是旅游局主导的，在综合分析县域旅游资源特点和社会经济技术条件基础上，提出旅游发展策略、改善旅游环境、提升旅游发展水平。其核心内容包括县域旅游资源与环境分析、旅游发展战略、旅游产品及项目规划、旅游线路规划和旅游市场营销等。

（5）土地利用总体规划

土地利用总体规划（以下简称“土地规划”）是国土部门主导的，在一定区域内，根据国家社会经济可持续发展的要求和当地自然、经济、社会条件，对土地的开发、利用、治理、保护在空间上、时间上所做的总体安排和布局，是国家实行土地用途管治的基础。其核心内容在于对不同地块土地利用性质的确定和划分，提出并确定城乡建设用地、基本农田、林业用地、交通设施用地等各项土地利用类型的规模指标和空间分布。同时根据土地基本用途和土地利用类型的不同，从县域层面划分合理的土地利用分区并提出相应的空间管治措施。

（6）城乡规划

县域层面的城乡规划相比于其他类型的规划种类和名目最为丰富。但是涉及区域层面的法定规划主要有县域村镇体系规划（以下如无特殊说明皆表述为村镇体系规划）和及其下位的城市总体规划（含城镇体系规划），均由建设部门主导。

村镇体系规划是政府调控县域村镇空间资源、指导村镇发展和建设，促进城乡经济、社会和环境协调发展的重要手段，根据《县域村镇体系规划编制暂行办法》，县域村镇体系规划应当与县级人民政府所在地总体规划一同编制，也可以单独编制，但从现实来看，以单独编制为主。其核心内容是在城乡统筹发展思想指导下，研究城乡发展现状，预测县域城镇化水平并提出城乡发展战略，确定城乡居民点的空间、规模和职能三大结构，以及城乡公共服务设施和基础设施布局网络（简称“三结构一网络”），制定村庄整治和建设的分类管理策略等。

城市总体规划（以下简称“总体规划”）主要解决中心城区用地布局、

公共设施和市政设施网络、交通网络、生态环境、水系、景观、旧城更新、空间管治等方面的规划问题。根据《城市规划编制办法》，在城市总体规划纲要阶段，应原则确定市（县）域城镇体系的结构和布局，应编制县域城镇体系规划。涉及整个县域层面的规划内容主要为与城市总体规划一同编制的县域城镇体系规划。其基本内容与村镇体系规划类似，但是覆盖的广度与深度不够，对农村居民点缺乏关注。

2. 县域各类规划的共性分析

（1）空间载体相同

以上各项规划的空间载体都是县域全部国土空间，所做的研究、确定的布局和规划的视野都是在县域的全部国土空间内展开。

（2）规划背景相同

各类规划都考虑国家、区域、县域推出的一系列宏观政策背景，准确把握各个层级所处的发展阶段及发展特色，并准确判断规划期限内地区各项相关内容的发展趋势。

（3）规划基础相同

不考虑规划编制的时间差异，各类规划都面临着同样的县域人口、经济、资源、环境的特征和发展概况，必须广泛的收集县域乃至区域的国土、交通、人口、设施、经济社会等一系列基础资料和数据，作为规划编制的基础。同时各项规划都必须遵循一定的经济社会发展理论，如集聚扩散理论、级差地租理论等，也必须借助于一定的辅助软件，如 Office、CAD、GIS、SPSS、Photoshop 等。

3. 县域各类规划的差异性分析

（1）规划管理的差异

发展规划由发改部门主导编制，报县级人民代表大会审议通过。主体规划也是由发改部门主导编制；生态规划由环保部门主导独立编制，报省政府审批；旅游规划由旅游局主导独立编制，报省政府审批；土地规划由国土部门主导编制，报省政府审批，在上级规划所分解和分配的用地指标的基础上自上而下编制；村镇体系规划和总体规划由建设部门主导独立编制，报省政府审批。

（2）规划类别的差异

发展规划、村镇体系规划和总体规划都属于综合型规划，包含了人口、产业、设施、建设等各个方面，涉及面较广，内容较为齐全。主体规划和土地规划属于基础型规划，为其他规划划定各个区域的开发强度和各项用地边界，是其他编制的基础。生态规划和旅游规划相比上述各项规划而言属于专项型规划，都是针对生态环境保护、旅游业发展等某一特定的专项内容编制的具体规划。

（3）规划目标的差异

发展规划的主要目标在于引导经济社会建设；主体规划编制的主要目标在于推进形成人口经济资源环境协调发展的国土空间开发格局；生态规划编制的主要目标在于建设生态文明；旅游规划编制的主要目标在于促进旅游业发展；土地规划编制的主要目标在于合理利用土地，保护耕地；村镇体系规划规划编制的主要目标在于统筹城乡发展，加强县域村镇的协调布局；总体规划编制的主要目标在于指导城市综合建设。

（4）规划实施的差异

在实施力度上，发展规划、生态规划和旅游规划都表现为指导性，即确立相关目标并提出实施途径；主体规划表现为约束性，即通过划分不同的主体功能区来限定各个区域发展的主体功能。土地规划表现为强制性，即一旦划定用地指标和边界，即具有法律效益，必须保证强制执行，不能随意更改；村镇体系规划和总体规划表现为指导性和约束性双向特征，即一方面两者是指导空间布局和经济社会发展的重要依据，另一方面经依法批准的城乡规划，是城乡建设和规划管理的依据，未经法定程序不得修改。在规划期限上，发展规划最短，一般以 5 年为一个周期，故称为“五年规划”；主体规划和土地规划的规划期限一般为 10 ～ 15 年；生态规划和旅游规划的规划期限一般为 10 年；村镇体系规划和总体规划的规划期限则一般为 20 年。在实施计划上，依次分别有年度政府工作报告、近期开发强度、近（中）远期指标规划、行动计划、年度用地指标、近期发展规划、近期建设规划作为指导。总体来说，县域各种规划自成体系、内容冲突、缺乏衔接协调。

（二）“多规合一”的提出

什么是“多规合一”？“多规合一”是指推动国民经济和社会发展规划，

城乡规划、土地利用总体规划、生态环境保护规划、基础设施和服务设施规划等各空间类规划的相互融合和衔接，融合到一张可以明确边界线的县（市）域图上，实现一个县（市）一本规划、一张蓝图，解决现有的这些规划自成体系、内容冲突、缺乏衔接协调等突出问题。

“多规合一”的核心是从发展战略上高度协调各项规划，最终为社会全面发展营造良好的环境。“多规合一”的根本目的，在于探索“以人民为本”的城市建设和发展新模式，促进综合规划的科学决策、民主决策和依法决策，统一规划愿景、统一各方思想、凝聚人民共识，形成社会各界建设与管理美好城乡的巨大动力。

目前试点地区试验效果初显，但效果并不尽如人意。全国也已经有部分多县市完成“多规合一”规划的编制，更有许多其他县市也在积极探索编制“多规合一”规划。

（三）乡村振兴规划给“多规合一”带来希望

乡村振兴规划是按照产业兴旺、生态宜居、乡风文明、治理有效、生活富裕的总要求，在重新审视新时代下乡村与城市、农业与产业、农村与乡村、农民与居民四大关系基础上，坚持城乡融合、“三生”融合，一、二、三产融合以及产居融合，统筹生态保护与建设、产业发展、基础设施与公共服务设施建设、土地利用、社会保障与体制改革、乡村治理、文化保护与传承，在充分尊重我国乡村多样性与差异性基础上，提出符合实际、富有当地特色的乡村振兴战略与建设实施路径。

从上文可知，“多规合一”规划与各类规划之间的关系是纵向上的上位规划与下位规划的关系。“多规合一”规划是向上承接国家、省级规划，向下统筹市县各类规划，明确市县发展目标和空间格局。习近平总书记在会见全国优秀县委书记时指出，县一级处在承上启下的关键环节，是发展经济、保障民生、维护稳定的重要基础。实施乡村振兴战略要实行中央统筹、省负总责、市县抓落实的工作机制。由此可见，县域乡村振兴规划是落实“多规合一”的最理想空间。

“多规合一”不是简单的重新编制一个新的规划，而是在现有社会经济体制和法律框架下，理顺多个规划在编制和实施管理过程中各个环节、各个方面的关系，有效界定规划管控边界，统一技术内容，创新规划实施和反馈机制，建立信息化规划管理手段，实现一种多层次、全方位的融合。乡村振兴涉及产业发展、生态保护、乡村治理、文化建设、人才培养等诸多方面，相关领域或行业都有相应的发展思路和目标任务，有的县市已经编制了各种专项规划，但难免出现内容交叉、不尽协调等问题。通过编制县域乡村振兴规划，在有效集成各专项和行业规划的基础上，对县域内乡村振兴的目标、任务、措施做出总体安排，有助于统领各专项规划的实施，切实形成城乡融合、区域一体、多规合一的规划体系。显然，县域乡村振兴规划是实现“多规合一”的有效手段。

二、乡村振兴规划引领下的“多规合一”实现路径

目前国内各部门的相关规划都无法实现对城乡空间发展方向和管控措施的全面统筹，但是各部门的相关规划都在本部门的事权范围内发挥着重要的作用。因此，乡村振兴规划引领下的“多规合一”体系建立的核心目标是从战略高度对各部门的相关规划进行整合。首先树立多项规划协调工作的基本理念，其次创新多项规划统一调度的技术手段，最后建立多项规章统筹调整的政策法规。具体来说是要实现行政区域内各类规划的规划目标、技术体系、组织结构、运行机制、多方参与的“五个合一”。

（一）价值观念的合一

虽然县域各规划有各自的目标，各部门有各自的利益，但不管是重在经济发展、城乡融合、土地布局，还是重在环境保护，最终都要统一到乡村的整体发展上来，要以区域整体发展为依据，把县域乡村发展和人民福祉作为唯一的发展目标和价值追求。

（二）技术体系的合一

乡村振兴规划编制工作要建立在统一基础数据、统一技术标准和方法以及统一用地分类之上，形成“一张图”指导规划工作。在规划实施过程中，各部门的信息共享尤为重要，要通过统一的管理平台进行数据的更新维护，以实现空间资源的有效利用。

1. 统一规划编制期限和时序

（1）合理确定规划期限

针对各类规划编制期限不同的现况，首先应综合考虑相关法律法规和不同规划的期限要求及特点，对规划期限予以明确，可以参考按照近、中、

远三个期限，明确“多规”的中期考核年限和远期考核年限，作为不同类型规划考核目标完成情况的统一节点，按照近实远控的原则实现规划目标、任务的协调衔接。此外，编制统一年限为五年一次。

（2）协调规划编制时序

遵循定位明确、功能互补、统一衔接的要求，按照“多规”体系，指导“多规”相关部门依循“事权划分、层级分明”的原则，编制本部门内的各级相关规划。首先，理清规划思路、编制形成顶层规划，成为统领经济社会全面发展的纲领。其次，规划部门的城市总体规划、国土部门的土地利用规划及环保部门的环境保护规划等，应在顶层设计上确立的发展思想、目标、确定空间布局、管制要求等，同步修编、联动审议。在此基础上，推动其他各个部门开展专项规划。最后，在上级专项规划的指引下，推进各下辖行政单元开展相关规划的对接，实现复合联动的规划体系。

2. 统一规划空间布局约束框架

推进乡村振兴规划引领下的“多规合一”协调发展的先决条件是共同遵循地方发展框架。关键要引导各个部门共同参与蓝图的设想与规划，形成包括生态红线、永久基本农田、城镇增长边界等管控红线，确保各项规划既合得起又分得开。

（1）按照生态评价基础，划定生态红线

生态红线是指为保障国家生态安全和促进区域的可持续发展，维护国家生态安全的关键地区及人类社会生存发展必须进行严格管理与维护的关键生态保护区域的边界线。需从地方资源和生态环境出发，按照保护优先、协调发展、从严管理的原则，依法设立的各级各类保护区域、脆弱区、生态环境敏感区等划入生态红线范围。

（2）按照农业发展要求和地力条件，划定永久基本农田

贯彻落实中央最新政策要求，遵循耕地保护优先、数量质量并重的原则，按照布局基本稳定、数量不减少、质量有提高的要求，严格划定永久基本农田保护红线。划定过程结合土地二调资料，将集中连片、质量等级高和土壤环境安全的优质耕地优先划为永久基本农田。

（3）按照城市现状基础和发展导向，划定城镇增长边界

遵循集约节约、紧凑高效的原则，全面开展基础条件和需求分析，结

合经济社会发展需求，测算一定时期城市发展规模，与生态红线、永久基本农田保护边界相结合，确定城镇增长边界，用于规划期内的城市发展控制区域。控制边界内不仅包括城镇建设用地布局区域，还包括城市潜在增长空间，即城市发展所需的生态用地、有条件建设区域，城市远期发展谋划的重大平台及重点项目，但目前未纳入建设用地规模的，可以考虑纳入该控制边界。在城镇增长边界内，也可进一步按照环境承载力和经济发展需求，划定重大产业区块控制边界。以资源环境承载力评价为基础，确立地方未来产业集聚发展的空间区域，改变工业企业布局分散、新项目大项目布局落地随意等问题。一般而言，产业区块要集聚集中，规模要与地方发展定位协调一致。

3. 统一规划技术对接标准

（1）统一基础数据统计口径

“多规合一”涉及规划主体多元、基础数据繁杂与数据统计口径不一等问题，给多规协调融合带来不便，解决此问题的关键是采用统一人口、经济社会与土地等相关基础数据的统计口径。例如：经济和社会数据应以基期年统计年鉴为基础。对人口统计而言，常住人口比户籍人口更能准确反映地方实际人口规模，同时常住人口指标还可以更加精准地体现“多规”目标中涉及人均的结构性和比例性指标数据，因此建议“多规”规划应采用同一来源的常住人口数据。在土地利用数据上，由于国土部门的土地利用总体规划是根据土地详查资料和土地利用变更调查的更新成果不断更新的，其中土地利用变更调查的成果是在遥感影像的基础上经实地调查核实形成的，可信度较高，因此，建议“多规”中土地利用数据应使用国土部门土地利用总体规划的数据。

（2）统一空间图件编制标准

统一用地分类是确保同种类型用地在面积和空间布局上对应的前提，针对城乡建设区内外不同的土地管控要求，建议在城乡建设区外使用国土部的《土地分类》标准，以增强对基本农田资源管控的要求，而在城乡建设区内采用《城市用地分类与规划建设用地标准》，以增强对建设用地的管控要求。同时，对《土地分类》标准和《城市用地分类与规划建设用地标准》之间对接的标准进行研究，加强“两规”的衔接性。针对“多规”使用的不同坐标体系，建议统一转化为 1 ： 2 000 的国家大地坐标系，既满足国家启用新大地坐标系的要求，又便于更大空间尺度上的规划对接。

（3）统一“两规”差异“斑块”

在实现空间图件用地分类内涵和使用范围对接的前提下，对于“多规合一”过程中，以城乡规划与土地利用规划为主的建设用地的“斑块”差异，在确保“总量控制”之下，建议以重点项目布局、现状用地性质等情况为依据，研究确定差异协调原则和方法，提出分类差异处理建议，对于争议较大的“斑块”，提请规划协调平台审议。在此基础上，对差异图斑的具体处理情况逐一建档，最终实现“多规”图层叠合，确保空间的无缝衔接。

4. 统一规划公共信息平台

（1）统筹建设公共信息平台

依托已有的数字城市、智慧城市系统以及在国土、规划、发改与环保等各级各部门现存数据库的基础上，通过“提升已有、创建未有、链接所有”的方针，建设由一个公共信息主平台和多部门子平台构成的“1+X”公共管理信息平台。平台将打造统一的后台基础数据库、统一的规划编制平台和统一的规划信息查询、审批办公系统三大主体功能，通过制定公共信息管理平台基础数据对接标准，实现各规划编制部门资源共享与整合，实现信息数据的快速导入。

（2）协调各子系统的运作方式

各规划编制部门子系统均具有公共信息平台基础数据的访问接口和一个自身规划编制与业务办公的子平台，可通过接口直接获取规划基础数据，并在权限范围内对其他子系统上传的相关信息进行访问查询，实时地将规划编制、审批、项目选址与审批、土地储备、土地报批、环保监测和评价等信息录入数据库，供其他部门调用，真正实现各部门之间的信息联动。

（3）实现“一张图”管理模式

利用空间信息软件，将“多规”规划中所需使用的用地界限、规划信息、建设项目具体内容等多种信息数据整合到“一张图”上，并利用信息化手段，将“一张图”成果通过公共管理信息平台展现出来，在各业务部门中落实控制红线，并为后续联合办公（如项目立项、审批、选址、用地审核和项目后续管理等）提供可能性。同时，应以此为契机加快行政审批程序的改革，减少审批过程环节和缩短审批时间，实现“报得进，审得快，批得出”，提高政府的服务效能，远期真正实现“零审批”。

（三）组织结构的合一

通过政府牵头，加强领导，形成合力，有目标、有举措、有步骤地落实乡村振兴战略。规划中要明确事权层级、事权责任、事权管理和事权合作，纵向上建立自上而下的监督协调机制，横向上通过“一个平台”实现真正的跨部门合作。

1. 加强组织领导

为了保障“多规合一”工作顺利的推进，建议成立一个“多规合一”领导小组，以便指导工作的开展，协调解决“多规合一”重大问题和事项。

领导小组办公室主任由县（市）委书记、县（市）长或常务副县（市）长兼任，各地规划局、发改委、国土局、环保局等单位主要负责同志为办公室组成人员，具体负责“多规合一”工作组织协调和调度推进工作。

2. 强化工作指导

建议成立更高层面的“多规合一”规划指导组，如省（市）级层面指导组，可由省（市）住建厅、发改委、国土厅、环保厅等部门按照工作分工，自上而下对“多规合一”工作进行协同、指导和监督，确保“多规合一”工作科学高效完成。

3. 完善实施机制

进一步完善实施机制，通过对生态红线、开发边界等规划强制性内容立法和发布“多规合一”运行、管理、监督考核等层面规章条例，完善部门业务联动制度，优化建设项目审批制度，建立“多规合一”监控考核制度和“多规合一”动态更新维护制度，以期保障“多规合一”工作的顺利开展。

4. 明确资金保障

根据“多规合一”不同时期的工作任务和工作计划，保障财政等相关工作经费，并积极争取上级资金的补助，以期确保工作的顺利开展。

5. 制定监督措施

要求各级各部门要严守工作纪律，提高工作执行力和效率。政府督查室、监察局要加强督促检查，严格跟踪问效。对因工作不力、措施不到位而影响整体工作推进的单位和人员，采取约谈、通报等形式予以督促，对不能按时完成规划目标任务的，按照相关规定追究责任。

（四）运行机制的合一

在制定规划上，要使各部门协调整合形成一套完整的“一站式”运行机制，在规划编制阶段统一目标和指标，建立并联协同审批机制，在规划实施阶段，各部门及时反馈、不断更新、互相监督，最终完成规划的实施效果评价。

1. 组建规划协调小组

在目前的行政管理体制下，充分尊重各主管部门的法定规划职能，按照推进“多规合一”的目标，建立由县（市）委书记、县（市）长或常务副县（市）长兼任的，各部门共同参与的规划协调小组。协调小组的主要职责在于联合审议各类规划，监督各规划重要内容的实施，及时发现规划偏差，组织部门会议，敦促相关修改。

2. 建立规范化的规划修改流程

对于提交规划协调平台审议后确需修改的实施问题，要启动规划修改流程。对不涉及强制性内容同时不需修改其他同级规划的，经同级规划协调平台核准后允许修改并上报原审批机构备案。对涉及强制性内容或需联动其他规划修改的，必须组织具有资质的规划编制机构进行专题论证同时形成专题报告，将专题报告报经同级规划协调平台讨论核准后向原审批机构报送修改请示，经审议、公示后方可开展相应的修改工作。任何对“多规”相关内容的修改，都必须同步反馈至“一张图”的公共管理信息平台中，同时以更新后的“一张图“公共管理信息平台为蓝本，要求各部门其他相关规划协同修改，确保在“多规”体系内各项规划的无缝衔接。

3. 改革规划审批制度

为推动地方发展的权责一致，应积极探索下放部分规划的审批权限，使地方政府真正成为规划编制和实施的主体，增强主动性、积极性和能动性。具体而言，可以考虑将事关地方发展的“顶层规划”的审批权归属于上级政府，由其完成相关总体战略和管控审批，监管控制重要约束性指标，如耕地保有量、开发强度等；其他如城乡规划、土地利用规划及基础设施与公共服务等有关地方具体发展的规划都由地方各部门编制，并由地方政府审批，真正实现需求安排与实施操作相结合、相统一。规划中期或规划期末，上级政府可以组织开展重点指标、重大任务的监测评估，推动地方在合理框架内最大限度地实现自主发展。

4. 建立规划实施联动反馈机制

按照乡村振兴“多规合一”的规划体系，积极敦促各部门推动规划实施，监管各指标、任务推进情况及实施效果，对土地利用、城乡建设、环境规划等有关地方保护和发展的重要规划，要建立起常态化的评估制度。对规划实施评估结果，应及时反映至规划协调平台，对与规划预期有较大偏差的，应组织开展部门联合审议或问题备案，共同研讨解决途径或启动规划修编。

（五）多方参与的合一

目前，在我国城乡规划中，规划的参与程度在不同地区呈现出不同的水平，但是总体来说，参与程度和参与机制相对来说还是不够健全，导致规划的总体公众参与水平低。规划是公共政策，规划成果更是与我们每个人息息相关。“多规合一”不只是规划部门的工作，更需要政府部门、人大、社会以及公众的多方参与，共同监督。通过政府、村集体、农民、企业等多元主体参与，努力破解“在哪振兴、如何振兴、谁来振兴、依何振兴、持续振兴”等难题，真正实现乡村振兴。

三、乡村振兴规划引领下的“多规合一”内容体系

（一）乡村振兴规划总论

1. 认识乡村振兴规划

乡村振兴规划是经济社会发展规划和区域建设总体规划的一体化规划，为“多规合一”规划。

2. 规划编制流程

我国的规划编制工作，一般是三方参与。三方分别是政府主管部门、规划的委托方、规划的被委托方（编制方）。其中，政府主管部门是指规划区域所在地的乡村振兴主管部门；委托方是乡村振兴规划需求方，又称甲方。

3. 规划的范围、分类、期限及法律法规依据

（1）规划范围

适用的对象是以县域为基本单位的乡村区域，其范围涵盖县行政辖区内的全部乡村区域（乡镇、村庄及农村全部区域）。

（2）规划分类

根据乡村的空间尺度，本书将乡村振兴规划分为乡村振兴战略规划、

乡/镇/聚集区规划、村庄规划、重点项目规划。又根据深入程度在乡村振兴战略规划之后增加一级乡村振兴总体规划。

（3）规划期限

建议与国家2035年、2050年的乡村振兴实施阶段相协调。

（4）法律法规

遵循《中华人民共和国城乡规划法》及国家相关法律法规、技术规范标准。

（二）乡村振兴规划综合分析

1. 现场调研

为保证乡村振兴规划科学、合理、可落地、可实施，要对场地现场踏勘、调研，一般包括乡镇调查，产业资源考察，村庄入户调研，重点企业考察访谈，自然资源与人文资源考察和问卷调研等。

2. 城市与乡村发展关系分析

分析城乡要素流动、城乡市场流动、城乡空间格局、城乡生态空间、产业梯度、城乡文化认同、城乡融合发展机制等。

3. 乡村发展现状分析

包括上位规划分析、区位条件分析（地理区位、经济区位、旅游区位、交通分析）、产业现状分析（一产、二产、三产）、自然环境分析、历史人文梳理、人口现状分析（户籍人口和常住人口）、村容村貌分析、土地利用现状分析、基础设施调查和公共服务设施现场调查等。

4. 乡村振兴研判

根据分析结果，确定乡村发展的机遇、优势条件、制约因素及需要突破的难点、挑战。

（三）乡村振兴规划战略定位

1. 总体定位

在国家乡村振兴战略与区域城乡融合发展的大格局下，运用系统性思维与顶层设计理念，坚持乡村可适性原则，确定乡村发展的总体定位。

2. 目标体系

在国家总体要求下，确定乡村振兴有关的产业、经济、人居及文化的具体目标。

3. 发展战略

依托现状条件，提出适用于本地区发展的战略。乡村振兴发展战略一般有城乡融合发展战略、农业产业发展战略、优势品牌产品优化战略、农村社区提升与布局优化战略、农业农村信息化战略、社区治理体系战略、文化复兴战略、基础设施与公共服务设施优化战略等。

（四）乡村振兴专项规划

1. 生态保护规划

统筹山水林田湖草生态系统，加强环境污染防治、资源有效利用、乡村人居环境综合整治、农业生态产品和服务供给，创新市场化、多元化生态补偿机制，推进生态文明建设，提升生态环境保护能力。

（1）生态保护与建设规划

依据生态敏感度评价、环境容量核算及生态功能评估，做好区域生态区划、环境污染防治规划、资源利用规划及乡村人居环境综合整治规划，构建生态安全战略格局，推进生态文明建设。

（2）农业生态环境治理与保护规划

坚守耕地红线，大力实施农村土地整治，开展土壤污染治理与修复技术应用试点；通过人工种养殖以及退耕还林、退耕还湿、退牧还草、退耕还草等工程的实施，修复林业、湿地、草原生态系统，维护生物多样性；实施循环农业示范工程，构建生态化产业模式；开展生态绿色、高效安全、资源节约的现代农业技术的研发、转化及推广利用；推动畜禽粪污、秸秆等农业废弃物的资源化利用及无害化处理；推进绿色防控技术的广泛应用，逐步减少化学农药用量，保护生态环境。

（3）乡村人居环境综合整治

以生态宜居为目标，因地制宜推进乡村村容村貌及环境卫生整治。保护保留乡村风貌，推进违法建筑整治，强化新房建设管控，开展田园建筑示范；完善农村生活垃圾“村收集、镇转运、县处理”模式。鼓励就地资源化，根据需要规划垃圾集中处理设施和垃圾中转设施；整县推进农村污水处理统一规划、建设、管理，优化、确定污水集中处理设施的选址和规模；确定乡村粪便处理的方式和用途，鼓励粪便资源化处理；深化“厕所革命”。推进农村无害化厕所建设及合理布局，并积极探索引入市场机制建设管理；实施农村清洁工程，开展河道清淤疏浚。

（4）资源利用规划

依托生态资源，结合旅游发展，规划建设一批特色生态旅游示范村镇、观光农业园、田园养生综合体及自然生态教育基地等。

2. 产业规划

充分考虑国际国内及区域经济发展态势，分析自身产业发展基础及现状、外部产业发展竞争环境、明确产业优势及特色，提出产业结构调整目标、产业发展方向和重点，提出一、二、三产业融合发展的主要目标和发展战略。

（1）现代农业发展规划

以绿色农业、农业现代化为目标，针对农业发展问题，从农业研发、农业生产、农业服务三大层面，做足前段，实现后延，构建农业产业体系、生产体系和经营体系。划定和建设粮食生产功能区、重要农产品生产保护区；支持新型经营主体和工商资本投入高标准农田建设；因地制宜，优化农业生产布局；深化农业科技体制改革，改善研究条件，打造现代农业产业科技创新中心，增强科技成果转化应用能力。实现科技引领下的农业增效；培育农产品品牌实现一村一品、一县一业；加快实施“互联网+”现代农业行动，推进互联网农业小镇的建设，加强农业智慧化建设及应用；创新县乡农村经营管理体系，引进和孵化新型经营主体，积极发展多种形式适度规划经营。

（2）一、二、三产融合规划

以农业生产为基础，在提升农业现代化水平基础上，根据当地发展条件及外部需求，确定一、二、三产融合的实现路径及关联性产业组合，构建产业链或产业集群。

（3）产业布局规划

统筹规划县域乡村三次产业的空间布局合理确定农业生产区、农副产品加工区、产业园区、物流市场区、旅游发展区等产业集中区的选址和用地规模。

（4）产业服务设施规划

根据产业发展目标及产业体系构建综合配套产业生产服务设施（农业品种培育交易服务、农科技术研发转移服务、职业农民培训管理服务等）、经营服务设施（经营主体管理服务、科技融资服务、预警监管服务等）、产业服务设施（创业孵化平台、农产品流通与冷链管理等）。

（5）产业园区规划

在明确区域产业规划的前提下，为主导产业、跟随产业和支撑产业的发展规划若干专业的产业园区。

3. 空间规划

空间规划重新定义乡村振兴战略下的区域发展格局，是实现城乡空间有效融合，营造生产、生活、生态融合的空间，是重要节点和公共空间的布局设计。

（1）空间管制

划定永久基本农田保护区控制线、基本生态控制线、弹性增长边界控制线、刚性增长边界控制线、建设用地规模控制线五类控制线；划定禁止建设区、严格限建区、一般限建区、适宜建设区四区；划定生态敏感区、水源涵养区、文化保护区、耕地保护区、城镇发展功能区、农业生产空间功能区等空间。

（2）空间总体布局

明确县城域内城镇化区、聚集区、永久现代农村地区等发展结构空间结构框架与职能定位。

（3）用地结构调整及布局

根据空间总体布局及国民经济和社会发展目标，结合气候条件、水文条件、地形状况、土壤肥力等自然条件以及人口未来发展需求等，确定农地转用、生态退耕、土地开发和整理、耕地占补挂钩等用地结构调整计划及总体布局，以达到集约化、高效率利用。

4. 居住社区布局

第一，提出县域居住区域集中建设、协调发展的总体方案和村庄整合的总体安排，结合原有的城镇体系规划，构建县城区（县政府驻地）之外的乡镇，综合发展结构（非建制镇属性的特殊小镇、田园综合体等）、乡村居住社区（包括村庄）三级体系；预测各级体系的人口规模、建设用地规模及范围。

第二，根据经济实力、与城区的关系、产业发展、交通条件等指标，对乡镇综合体村庄社区三级布局进行分类发展指导。

第三，居住社区规划要尊重现有的乡村格局和脉络，尊重居住区与生产资料以及社会资源之间的依存关系，要确保村庄整合后村民生产更方便、居住更安全、生活更有保障。应特别注重保护当地历史文化、宗教信仰、风俗习惯、特色风貌和生态环境等。

第四，基于生态宜居目标，结合产居融合发展路径，提出乡村建设与整治的原则要求和分类管理措施，重点从空间格局、景观环境、建筑风貌、污染治理等方面提出村容村貌建设的整体要求。

5. 重点项目规划

打造一批重点项目，比如，农旅融合项目规划、田园综合体项目规划、共享农庄项目规划、休闲农业项目规划，形成空间上的落点布局。

6. 基础设施建设规划

以提升生产效率、方便人们生活为目标，对生产基础设施及生活基础设施的建设标准、配置方式、未来发展做出规划。主要包括交通系统、地下管线系统、给排水系统、能源系统、环卫系统、绿地系统、智慧系统等。

（1）交通系统

确定各级公路线路走向；水网地区明确航道等级和走向，确定县域汽车站、火车站、港口码头等交通站场的等级和功能（客运、货运），提出其规划布局；确定批发市场的物流点和规划布局。

（2）给排水系统

预测县域用水量（包括工农业生产用水、生活用水、生态用水），确定县域供水方式和水源（包括水源地和水厂的选址和规模）；确定排水体制，提出雨水、污水处理原则，划分排水分区，估算污水量，确定污水处理率和处理深度，并布局污水处理厂等设施；推进节水供水，打造协调生态水网。

（3）能源系统

根据地方特点确定主要能源供应方式；预测县域用电负荷（包括工农业生产用电、生活用电），规划变电站位置、等级和规模，布局输电网络；确定燃气供应方式，提倡利用沼气、太阳能、地热、水电等清洁能源。

（4）智慧乡村系统

做好数字乡村整体规划设计，加快乡村宽带光纤网络和第四代移动通信网络覆盖步伐，开发适应乡村的信息技术、产品、应用和服务，推动远程医疗、远程教育、远程控制、网络销售等的应用普及。

7. 公共服务设施规划

以宜居生活为目标，积极推进城乡基本公共服务均等化，统筹安排教育、医疗卫生、文化娱乐、行政管理与社区服务、商业金融服务、科技创新、社会福利、集贸市场等公共服务设施的布局和用地。公共设施的配置可参考《镇（乡）域规划导则（试行）》的规定，做适当调整。

8. 乡村治理规划

以乡村新的人口结构为基础，遵循市场化与人性化原则，综合运用自治、德治、法治等治理方式，建立乡村社会保障体系、社区化服务结构等新兴治理体制，满足不同乡村人口的需求。

9. 文化传承与发展规划

遵循“保护中开发，在开发中保护”的原则，对乡村历史文化、传统文化、原生文化等进行以传承为目的的开发，在与文化创意、科技、新兴文化融合的基础上，实现对区域竞争力以及经济发展的促进作用。

（1）文化保护

保持乡村的空间肌理与特色风貌；加强历史文化名城名镇名村、历史文化街区、名人故居保护，实施中国传统村落保护工程，做好传统民居、历史建筑、革命文化纪念地。农业遗产、灌溉工程遗产等的保护工作，抢救保护濒危文物、古树名木，实施馆藏文物修复计划；传承地域习俗、风情文化、传统工艺等非物质文化遗产。规划区中含有历史文化名镇、名村，以及重大价值的特色街区、历史文化景观、非物质文化遗产的乡村，应参照相关规范和标准编制相应保护开发规划或规划专题。

（2）文化创意

以文化创意为手段，以产业孵化为机制，通过“创意业态设计＋创意产品打造＋创意氛围营造＋创意机制保障”，实现文化的创新性活化。

（3）融入生产生活。突破文化的静态展示模式，通过业态的复合、文化意境的营造、节庆活动的举办等手段，将文化融入居民的日常生活行为中，打造侵入式体验感。

10. 人才培训与创业孵化规划

统筹乡村人才的供需结构，借助政策、资金、资源等的有效配置，引入外来人才、提升本地人才技能水平、培养职业农民、进行创业创新孵化，形成支撑乡村发展的良性人才结构。

（1）人才培训

细化政策，构建由政府、市场化培训机构、企业培训、院校培训、网络培训、能人培训等组成的多层次、多元化培训体系；加强对农民及返乡创业人员的及时技术指导及跟踪服务；建立国内外乡村人才交流平台，通过座谈会、大讲堂、现场交流等活动，引进国内成熟地区及国外的先进经验及管理模式。

（2）创业孵化

创设创新财税、金融、用地、用电、科技、信息、人才、社会保障等配套政策措施，构建全链条优惠政策体系，吸引创业创新人员及企业；依托现有开发区、农业产业园等各类园区以及专业市场、农民合作社、农业规模种养基地等，整合创建一批具有区域特色的返乡下乡人员创业创新园区；通过政府购买服务、以奖代补、先建后补等方式，制定奖补政策，支持乡村就业创业项目；通过深化“放管服”改革，简化市场准入，完善政府政策咨询、市场信息等公共服务，激活市场、要素和主体活力。

（五）保障体系

乡村振兴发展综合性很强，需要协调各方面的关系，需要各个部门的配合，只有统筹各部门的合作，乡村振兴规划才能顺利实施。乡村振兴支持保障体系建设的内容包括：管理与指导机构建设、乡村振兴融资保障、乡村振兴相关标准化建设、政策支持、人力资源支持、土地供给等。

（六）分期行动计划

基于以上总体目标及总体规划要求，形成制度框架和政策体系，确定行动目标；分解行动任务，比如深入推进农村土地综合整治，加快推进农业经营和产业体系建设，农村一、二、三产业融合提升，产业融合项目落地计划，农村人居环境整治三年行动计划等，制定部门及负责人，明确推进节奏及各阶段实现成果。同时制定政策支持、金融支持、土地支持等保障措施，最后安排近期工作。

（七）规划成果

乡村振兴规划可以按照上述规划体系一体化编制，也可以分为五个层次进行编制，按照顶层战略、总体布局、落地聚集区、村庄、重点项目建设的递进层级，分步提交相关成果。

除了规划文本成果，规划还包含图纸和附件。规划图纸一般包括区位分析图、产业现状分析图、资源分析图、村庄分布图、空间发展格局图、重点产业布局图、重点项目布局图、道路交通规划图、基础设施规划图、公共服务设施规划图等。规划图纸不局限于上述所示，可根据乡村发展的实际情况适当调整。

（八）规划评审与实施

1. 乡村振兴规划的评审

乡村振兴规划的研究及编制仅仅是乡村振兴规划流程中的前期工作。按照一般规划经验，在规划获得规划委托方、评审委员会、政府或立法机构认可后，才能付诸实施，但目前国家尚未出台相关政策法规明确乡村振兴规划的评审、报批和修订制度，本书建议完善乡村振兴规划评审体系，确保乡村振兴规划的客观性、准确性、前瞻性、科学性和可行性。

2. 乡村振兴规划的实施

乡村振兴规划实施的主要任务在于相关各要素的协调。由于乡村各产业及各要素呈现动态变化趋势，乡村振兴规划必须应对变化的客观现实并不断调整规划以适应现实。

第四节　乡村振兴规划的实施与保障

一、组织保障

发挥党总揽全局、协调各方的领导作用是有序推进乡村振兴的有力组织保障。把党管农村工作的要求落到实处，提高全县各级党委把方向、谋大局、定政策、促改革的能力和定力，运用市场化、法治化手段，真正把实施乡村振兴战略摆上优先位置，提高新时代农村工作能力和水平。

加强党的领导。健全党委统一领导、政府负责、党委农村工作部门统筹协调的农村工作领导体制。强化乡村振兴战略领导责任制，落实党政一把手是第一负责人、五级书记抓乡村振兴的要求，发挥县委书记“一线总指挥”作用，实行县抓落实、乡村组织实施的工作机制。切实加强各级党委农村工作部门建设，拓宽县级农业农村部门和乡镇干部来源渠道，做好党的农村工作机构设置和人员配置工作，形成人才向农村基层一线流动的用人导向。严格按照懂农业、爱农村、爱农民的要求，培养、配备、管理和使用“三农”干部，全面提升“三农”干部队伍的能力和水平。

坚持规划引领。坚持农业农村优先发展原则，科学制定配套政策和配置公共资源，把规划各项措施要求落到实处，做到乡村振兴事事有规可循、层层有人负责。各地各部门科学编制本地区乡村振兴规划和专项规划或实施方案，加强各类规划的统筹管理和系统衔接，加强省市县乡四级联动，建立规划实施和工作推进机制，形成城乡融合、区域一体、多规合一、全面覆盖的规划体系。

加强法治保障。各级党委和政府要善于运用法治思维和法治方式推进乡村振兴工作，在规划编制、项目安排、资金使用、监督管理等方面，提高规范化、制度化、法制化水平。研究制定促进乡村振兴的地方性法规或政府规章，及时修改或废止不适应的政策，充分发挥立法在乡村振兴中的保障和推动作用，推动各类组织和个人，依法依规实施和参与乡村振兴。加强基层执法队伍建设，强化市场监督，规范乡村市场秩序，有效促进社会公平正义，维护人民群众合法权益。

抓好评估考核。建立规划实施督促检查和第三方评价机制，将乡村振兴战略规划实施成效纳入各级党委、政府及有关部门的年度绩效考评内容，考核结果作为各级党政干部年度考核、选拔任用的重要依据，确保各项目目标任务完成落实。规划中明确的约束性指标以及重大工程、重大政策和重要改革任务，要明确责任主体和进度要求，确保质量和效果。

二、产权制度保障

稳步开展农村集体产权制度改革，以“股份合作”为纽带，盘活农村“沉睡”资产资源，探索建立符合市场经济要求的农村集体经济运营新机制。

推进农村集体产权制度改革。全面开展农村集体资产清产核资、集体成员身份确认，加快推进集体经营性资产股份合作制改革，建立集体经济运行新机制，形成有效维护农村集体经济组织成员权利的治理体系。坚持农村集体产权制度改革正确方向，强化农村集体“三资”管理，防治内部少数人控制和外部资本侵占集体资产。以市县为重点，加快农村产权流转交易市场建设推进力度。维护进城落户农民土地承包权、宅基地使用权、集体收益分配权，引导进城落户农民依法自愿有偿转让上述权益。深化供销合作社综合改革，深入推进集体林权、水利设施产权等领域改革。

推进农村“三变”改革。制定农村资源变资产、资金变股金、农民变股东改革工作的指导意见。鼓励有基础、有条件、农民群众有意愿的地方开展“三变”改革。支持基础较好、积极性较高的地区实施整县推进，制定财政资金变股金的操作办法，通过“资金改股金、拨款改股权、无偿变有偿”等方式，推动财政支农资金变股金。分类推进农村集体资源性、经营性和非经营性资产改革——积极探索农村集体经济新的实现形式和农民财产性收入增长机制。

三、人才保障

功以才成，业由才广。乡村振兴既要留得住绿水青山，也要留得住人才青年，必须破解人才瓶颈制约，强化人才支撑。要树立人才是第一资源的理念，把人力资本开发放在首要位置，畅通智力、技术、管理下乡通道，大力培育新型农民，加强农村专业人才队伍建设，发挥科技人才支撑作用，创新乡村人才培育引进使用机制，鼓励社会各界投身乡村建设，造就更多乡土人才，聚天下人才而用之。

推进乡土人才队伍建设。研究制定县域乡村人才振兴行动计划，充分用好乡亲，本土人才，积极发掘农村各类“乡土人才”，建立一支规模宏大、素质较高、结构合理，能够满足县域农村经济社会发展需要的乡土人才队伍。具体包括培育新型职业农民队伍、大力培育农村实用人才、壮大新乡贤队伍、引导农民工返乡创业、加强“三农”队伍建设等。

借力引智推动乡村建设。优化农村创新创业发展环境，建立有效激励机制，吸引各类人才投身乡村建设，凝聚乡村振兴人才合力。具体包括引进农业高端科技人才、优化整合农科教人才资源、鼓励社会事业人才服务基层、引导高校毕业生到基层等。

优化乡村人才发展环境。完善人才培养、引进、使用、激励等政策机制，营造优越的人才发展环境，鼓励引导各类人才扎根乡村、服务乡村。具体包括创新乡村人才培养机制，建立开放的人才引进机制，完善人才管理服务机制，优化人才使用激励机制等。

四、资金保障

兵马未动，粮草先行。实施乡村振兴战略，要健全投入保障制度，创新投融资机制，加快形成财政优先保障、金融重点倾斜、社会积极参与的多元投入格局，解决好“钱从哪里来”的问题。公共财政要以更大力度向“三农”倾斜，确保财政投入与乡村振兴目标任务相适应；要调整完善土地出让收入使用范围，进一步提高农业农村投入比例；要提高金融服务水平，推动农村金融机构回归本源，把普惠金融重点放在农村，把更多金融资源配置到农村经济社会发展的重点领域和薄弱环节，确保投入力度不断增强、总量持续增加。

强化资金保障。建立健全财政投入保障制度。坚持把农业农村作为财政保障和预算安排的优先领域，持续加大投入力度，确保财政投入只增不减。优化资金支出结构，突出绿色生态导向，增量资金主要向资源节约型、环境友好型农业倾斜，提高农业补贴政策效能。建立覆盖各类涉农资金的“任务清单”管理模式，支持县级政府将各级各类涉农资金向乡村振兴战略聚集聚焦，建立目标到县、任务到县、资金到县、权责到县的涉农资金管理体制，不断提高涉农资金管理效率和使用效益。落实改进耕地占补平衡管理办法，将高标准农田建设形成的新增耕地指标和城乡建设用地增减挂钩节余指标按规定跨区域调剂使用，所得收益通过支出预算全部用于“三农”工作。围绕财政保障、平台建设、产业引导基金三个方面，统筹整合各级次、各渠道、各领域涉农资金，提高资金使用效能，集中力量办大事。发挥财政资金的引导和杠杆作用，充分发挥农发行政策贷款融资优势，创新投入方式，通过政府与社会资本合作、政府购买服务、担保贴息、以奖代补、民办公助、风险补偿等措施，引导和撬动更多金融资本和社会资本投向农业农村。推进农村信用体系建设，完善农村地方征信数据库，优化农村信用环境。围绕实施乡村振兴战略，积极支持设立乡村振兴发展基金。对各县市区在财政投入上实行差异化管理，对经济欠发达县市区给予一定政策和资金倾斜。

优化农村金融服务。支持融资性担保机构开展国土绿化贷款担保业务，支持金融机构开发适合林业特点的信贷产品，适当降低贷款门槛，提高抵押贷款比例，延长贷款周期。有序推进农村住房财产权抵押贷款试点，稳步扩大新型农村合作金融试点规模，探索创新信用互助模式。支持国家开发银行、中国农业发展银行等开发性、政策性金融机构，积极利用抵押补充贷款工具，依法合规为乡村振兴提供低息中长期信贷支持。探索建立农业巨灾风险分担机制和风险准备金制度，稳步推进特色农产品目标价格保险。进一步完善粮食等重要农产品收储政策。

五、用地保障

牢牢把握农村改革主线，处理好农民与土地的关系，依法有序推进农村承包地、宅基地“三权分置”，在国家授权地区推进农村集体经营性建设用地入市改革试点，实现农村土地资源有效配置、充分利用，强化乡村振兴用地保障。

推进农村承包地“三权分置”改革。落实农村土地承包关系稳定并长久不变政策，衔接落实好第二轮土地承包到期后再延长30年的政策。落实农村承包地“三权分置”制度，在依法保护集体所有权和农户承包权前提下，平等保护土地经营权。探索办法土地经营权证。农村承包土地经营权可以依法向金融机构融资担保、入股从事农业产业化经营。坚持以放活土地经营权为重点，发展土地流转型、土地入股型、服务带动型等形式的适度规模经营。完善牧区草原家庭经营责任制，委托开展草原确权登记颁证试点工作，积极推行草原规范流转。

盘活农村存量建设用地。在符合土地利用总体规划前提下，推进村土地利用规划编制工作，在确保村域范围内耕地数量不减少、质量不降低的前提下，允许县级政府通过村土地利用规划调整，按法定程序实施土地整治和城乡建设用地增减挂钩等，优化村土地利用布局，有效利用农村零星分散的存量建设用地。在同一乡镇范围内，允许通过村庄整治、宅基地和农村空闲建设用地整理，调整村庄建设用地布局。

预留部分规划建设用地指标用于单独选址的农业设施和休闲旅游设施建设。严格实施土地用途管制。依法有序推进农村宅基地所有权、资格权、使用权“三权分置”。推进集体建设用地建设租赁住房试点改革工作。做好国家农村土地制度改革试点工作。

完善乡村用地保障机制。新增建设用地计划优先满足农业农村发展需求，支持农村新产业新业态发展。对发展乡村旅游、休闲、养老、健康等特色产业使用建设用地的，允许实施点状供地。保障设施农业用地，从事冷链物流、烘干仓储、农产品加工、森林康养、休闲农业和乡村旅游等经营活动的新型农业。保障农村水利基础设施建设用地，村组直接受益的小型水利设施建设用地，仍按原地类型办理，不办理专用审批手续。

六、知识产权保障

在新一轮科技革命即将到来的时代，知识产权已日益成为社会财富的重要来源和国家竞争力的核心战略资源。多年来，党中央连续发布 15 个中央 1 号文件都聚焦“三农”，而深化农业供给侧结构性改革、增强我国农业创新力和竞争力、加强农业知识产权保护和运用，在中央 1 号文件中多次提及。可持续的脱贫攻坚、乡村振兴，离不开知识产权的保护。知识产权成为发展农业产业、推动乡村振兴的重要力量。

综合运用知识产权，促进传统产业转型发展。促进乡村振兴，首先要推进产业振兴，需要加快推广应用一批农业技术、打造一批知识产权农业示范基地、发展壮大一批农业知识产权产业化龙头企业、培育一批农产品品牌，进一步做优、做特、做实、做强特色生态农业，进而做优特色产业、做实生态农业、做活乡村旅游业、做强农业加工业，让特色更特、优势更优，通过“知识产权 + 特色种养殖业基地”“知识产权 + 特色农产品”“知识产权 + 电子商务”“知识产权 + 乡村旅游”“知识产权 + 新型职业农民”，促进乡村产业转型升级、优化升级。

综合运用知识产权，培育乡村自身品牌。品牌是商品经济发展不可绕过的重点，品牌化道路，离不开商标、地理标志等的知识产权保护，而特色农产品也是打造品牌差异的着力点。没有品牌，农产品就无法走上品质化、国际化道路。深入推进农业优质化、特色化、品牌化。实施产业兴村强县行动，推行标准化生产，培育农产品品牌，保护地理标志农产品，打造一村一品、一县一业发展新格局。

第三章 乡村振兴体系建设

第一节 产业振兴

乡村“五大振兴”涵盖经济、政治、文化、社会、生态文明等方方面面，与“产业兴旺、生态宜居、乡风文明、治理有效、生活富裕”总要求一脉相承，是“五位一体”总体布局、“四个全面”战略布局在农业农村领域的具体体现和加快推进农业农村现代化的重大举措，是乡村振兴战略的核心内容和主要抓手。乡村“五大振兴”各有侧重、相互作用，必须准确把握其科学内涵和目标要求，聚焦关键环节，明确主攻方向，统筹谋划新时代农业农村现代化的实现路径。

产业振兴是乡村振兴的物质基础。产业是农村经济的重要基础，事关农业现代花、农村生产力解放，事关农村劳动力就近就地就业、农民增收致富。推进乡村产业振兴，要让农村产业提质增效，让农民增收致富。

一、乡村产业的内涵及类别

一般而言，产业是指由利益相互联系的、具有不同分工的、各个相关行业所组成的业态总和。在经济研究和经济管理中，通常可采用三次产业分类法来界定产业：第一产业为农业（含种植业、林业、牧业和渔业），第二产业为工业（含采掘业、制造业、电力、煤气、水的生产和供应业）和建筑业，第三产业为上述产业以外的其他各产业，可分为流通和服务两大部门。农村产业从理论内涵上讲包括三次产业，即农业、农村工业、农村服务业，从发展演变过程中的表现特征上看，农村产业是指根植于农业农村、服务于当地农民，能够彰显地域特色、体现乡村气息、承载乡村价值的产业。当前，随着国家乡村振兴战略的推进实施以及制度、技术和商业模式创新的持续推进，我国农村产业正由传统业态向新产业新业态新模式加速转变，农村一、二、三产业交叉融合发展的趋势越来越明显。研究认为，可以从传统农村产业和农村新产业新业态新模式两个方面来分析我国乡村产业振兴中的农村产业业态。

（一）传统农村产业

从传统角度分析，传统农村产业的主要业态包括农业、农产品加工业、手工业、农村建筑业、农村运输业、农村商业等。

1. 农业

农业是以土地资源为生产对象，生产动植物产品和食品、工业原料的产业。广义农业包括了种植业、林业、牧业、渔业等产业形态。其中，种植业利用土地资源进行种植生产，即狭义农业，包括粮食作物、经济作物、饲料作物和绿肥等的生产，通常用粮、棉、油、麻、丝（桑）、茶、糖、菜、烟、果、药来代表，其中粮食生产占主要地位；林业利用土地资源培育、采伐林木；牧业利用土地资源培育或者直接利用草地发展畜牧；渔业（又称为水产业）利用土地上水域空间进行水产养殖。总之，农业是衣食之源，是支撑国民经济建设与发展的基础产业。同时，农业的功能也是动态化的，其基本功能随着经济发展和社会进步而不断拓展深化。当前，农业的新功能日益凸显，农业功能的多样化趋势更加明显。今天，农业不仅为我们提供所需的农产品，提供大量的就业岗位，还要提供良好的生态系统，以及生活、教育和文化载体等多样化功能。

2. 农产品加工业

农产品加工业是以农林牧渔产品及其加工品为原料所进行的工业生产活动。农产品加工业连接工农、沟通城乡，行业覆盖面宽、产业关联度高、带动农民就业增收作用强，是农村产业融合的必然选择，已经成为农业现代化的重要标志。从统计意义上讲，食品加工及制造、饮料制造、纺织服装及其他纤维制品制造、皮革毛皮羽绒及其制品、木材加工及木竹藤棕草制品、烟草加工、家具制造、造纸及纸制品和橡胶制品等行业与农产品加工业有关。

随着生物技术、食品化学及其他相关学科的发展，基因工程、膨化与挤压、瞬间高温杀菌、真空冷冻干燥、无菌储存与包装、超高压、微胶囊、微生物发酵、膜分离、微波、超临界流体萃取等高新技术广泛应用于农产品加工领域；这些高新技术带动无菌包装、膜分离、超微粉碎、速冻和果蔬激光分级、清洗、包装等加工设备的高新化，而高新技术和设备使农产品精深加工能力持续提高，对植物根茎花叶果和畜禽、水产品的综合利用已成为农产品加工业的重要发展方向。同时，从全球范围来看，加工新产品向安全、绿色、休闲方向发展；加工原料向专用化品种方向发展。

3. 手工业

手工业与农业联系紧密，属于农民副业性质的家庭手工业，是指通过手工劳动，使用简单工具从事小规模生产的工业，是农业文明的产物。最初，手工业与农业融为一体，指农民把自己生产的农副产品作为原料进行加工，或是制造某些劳动工具和日用器皿。后来，手工业从农业中分离出来，形成了独立的个体手工业，其特点是以一家一户为生产单位，以家庭成员的手工劳动为主要生产形式，一般不雇用工人或只雇用做辅助性工作的助手和学徒。手工业能够使民族优良传统得到发扬和创新，发展手工业对生产日用消费品、创作艺术珍品，满足人民的物质文化生活需要，增加就业机会、促进农民增收等起着重要的作用。改革开放后，手工业品在国际国内两个市场的消费潜力不断释放。

4. 农村建筑业

农村建筑业是农业经济发展和农村产业结构调整的重要内容，对农村经济社会发展、农村剩余劳动力就业具有重要意义。农村建筑业的发展经历了农村“泥瓦匠”、农村建筑队和集体建筑企业等形态，是农村吸纳劳动力多、产值高的行业，还能带动与其相关联的建筑建材、构件预制、铁木配件、水暖器材、装潢修理和运输等产业发展。目前，顺应农村一、二、三产业融合发展需要，农村建筑业正展现出由住宅服务功能向乡村旅游、乡村民宿、空间——产业联动更新改造等综合服务性功能和新业态转变。

5. 农村运输业

农村运输业主要包括物流服务和客运出行两个方面。农村物流作为联系城市和农村、连接生产和消费的纽带，主要服务于农产品进城和工业品下乡，不仅关系到农业的生产资料供给、农民日常的日用工业品需求，更关系到农产品的对外流通和农民的收入增长。近年来，随着网络购物、农村电商、农业生产龙头企业的不断涌现，农村物流覆盖的范围更加广泛，已成为农村经济的新增长点，对我国农村经济发展的作用日益显现，具有巨大的潜在市场需求。与农村物流主要着眼于服务“物”流不同，农村客运则主要着眼于服务“人”流，农村客运以农村居民安全、便利出行为目的，依托“四好农村路”，建设乡镇客运站、村级招呼站点等，通过公交化、固定时间、灵活班次等运营服务模式，提供连接城乡、相互衔接的城乡客运一体化服务。

6. 农村商业

农村商业是释放农村消费市场的重要支撑。农村商业以农民为消费主体，以农贸市场、超市、夫妻店、连锁店、供销社等为商业主体，涵盖了农资、农机、家居、家电、建材、酒水、日用品等多种零售业态，其消费需求具有信赖熟人、讨价还价、就近购买、即买即用等基本特点。随着互联网技术的发展，新理念、新技术、新模式等催生了农村商业新的市场需求。数字化基础设施在农村地区加快布局，农村电商、移动支付等开始为农村的消费和零售带来新的改变，并推动农村商业由单纯的商品买卖向经营城乡资源转变，不断提升“互联网 + 农村商业”模式生态价值，持续释放农村消费市场的巨大红利。

（二）农村新产业新业态新模式

从现实需求分析，顺应农业供给侧结构性改革的要求和农村居民消费拓展升级趋势，上述传统农村产业正深度融合发展，并孕育催生出休闲农业和乡村旅游、“互联网 +”农业（农村电商、智慧农业、共享农业等）、农业生产性服务业和田园综合体、农业公园等农村新产业新业态新模式。

1. 休闲农业和乡村旅游

休闲农业和乡村旅游是农业旅游文化相互渗透，生产生活生态同步改善，农村一、二、三产业深度融合的新产业新业态新模式。休闲农业和乡村旅游呈现持续较快增长态势，对农业农村经济发展和农民就业增收发挥着越来越重要的作用，将成为拓展农业多功能性、促进资源高效用、满足新兴消费需求的朝阳产业。

2. 农村电子商务

农村电子商务是农产品流通和农业生产资料销售的新业态，也是创新农村商业模式、丰富农村商业服务内容、完善农村现代市场体系的必然选择，更是转变农业发展方式的重要手段和实施精准扶贫的重要载体，对调整农业结构、增加农民收入、释放农村消费潜力等都具有明显作用。

3. 设施农业

设施农业是一种具有活力的现代农业经营新模式，通过采用现代化的农业工程和机械技术，为植物、动物生产提供适宜的温度、湿度、光照、水肥和空气等环境条件，在一定程度上摆脱对自然环境的依赖，进行有效生产的农业，具有高投入、高技术、高品质、高产量和高效益等特点。设施农业包括设施栽培、饲养，还包括各类玻璃温室、塑料大棚、连栋大棚、中小型塑棚及地膜覆盖等。

4. 智慧农业

智慧农业是综合应用物联网、大数据、人工智能等现代信息技术形成的一种新业态，其集成了应用计算机与网络技术、物联网技术、音视频技术、3S 技术、无线通信技术，依托布置在农业生产现场的各种传感节点（如环境温湿度、土壤水分、二氧化碳、图像等），实现对农业生产环境的智能化感知、预警、决策、分析以及专家在线指导，为农业生产提供精准化种植、可视化管理。

5. 共享农业

共享农业是利用互联网技术，集聚需求方分散、零碎的消费信息，并与供给方精准匹配对接，实现对农业资源重组的一种新模式。共享农业通常贯穿农业产业链的全过程，目前正向共享农庄、共享农机等具体的形态发展，将成为深化农业供给侧结构性改革的新引擎，培育农业农村发展的新动能。

6. 认养农业

认养农业是一种农事活动新模式，指消费者预付生产费用，生产者为其提供绿色、有机食品，并建立生产者和消费者风险共担、收益共享的一种生产方式。认养农业作为乡村共享经济的一种形式，今后将慢慢向旅游、养老、文化等更多的产业领域渗透融合，并与农村其他经济形态形成集成创新。

7. 文创农业

文创农业是指利用文艺创作的思维，将文化、科技与传统农业要素相融合，开发、拓展传统农业功能来提升、丰富传统农业价值的一种新业态。

8. 农光互补

农光互补是指结合发展设施农业，通过建设棚顶光伏工程实现清洁能源发电，并将光伏科技与现代物理农业有机结合，在棚下发展现代高效农业，实现光伏发电和农业生产双赢的一种农业能源新模式。

9. 农业生产性服务业

农业生产性服务业是顺应农村社会结构和经济结构的发展变化需要，以农资供应、农技推广、农机作业、疫病防治、金融保险、产品分级、储存和运输、销售等社会化和专业化服务为主要内容，为农业生产提供产前、产中、产后等农业全产业链服务的一种新型业态。

10. 农业公园

农业公园是指以经营公园的思路，主要依托农田和村庄，将农业生产、乡村生活、农耕文化体验相结合的生态休闲和乡土文化旅游模式。农业公园以原住民生活区域为核心，通过农业生产现代化、农耕文化景观化、郊野田园生态化、组织形式产业化、乡村景观园林化等形成农业旅游的高端业态，成为吸引农业消费的新模式。

11. 田园综合体

田园综合体以农民合作社为主要载体，是集循外农业、创意农业、农事体验于一体的综合发展新模式。其主要特征是结合农村产权制度改革推动现代农业、休闲旅游、田园社区的一体融合，实现城市与乡村互动发展，促进乡村现代化、新型城镇化、城乡融合发展的一种可持续模式。

二、乡村产业振兴的问题、思路及举措

（一）乡村产业振兴面临的主要问题

从上文对乡村产业内涵、特征及类别的分析可以看出，乡村产业振兴的内涵主要包括农业供给侧结构性改革和农村非农产业发展，当前乡村产业振兴面临的主要问题是农业现代化水平较低和农村“产业空”现象较普遍，具体表现为以下几个方面。

一是农业现代化仍是“四化同步”的短板。我国农业传统发展模式升级滞后，农作物耕种综合机械化水平尤其是经济作物机收水平等与发达国家相比仍有不小差距；农业生产能力较低，农业现代化在效益上与世界现代

农业发展存在很大的差距，除了杂交水稻等少数成果居于世界领先地位外，农业人均产出和粮食单产均缺乏竞争优势；同时，农业科技总体水平不高，我国农技人员与农业人口之比与发达国家差距很大。农业现代化是全面建设小康社会和现代化建设的一项重大任务，目前还远远不能适应新型工业化、信息化、城镇化发展的需求。

二是农产品加工业、手工业、农村建筑业、农村运输业、农村商业等传统乡村产业亟待升级。农产品加工业粗放式增长，产业集中度低，农产品精深加工能力较弱，品牌培育不够，产业链不完善，价值链难提高。传统手工业、农村建筑业等工艺创新较慢，新产品较少，难以适应农村一、二、三产业融合发展，农旅文融合发展的需要，目前对休闲农业和乡村旅游等新产业新业态的发展支撑也有所不足。同时，农村运输业、农村商业等领域的信息技术应用明显滞后，对农村电商等“互联网+”农业新模式的发展培育支撑不足。

三是休闲农业和乡村旅游、“互联网+”农业（农村电商、智慧农业、共享农业等）、农业生产性服务业和田园综合体、农业公园等农村新产业新业态新模式培育滞后。休闲农业和乡村旅游总体发展水平不高，尤其是中高端乡村休闲旅游产品和服务供给不足，发展模式功能单一，经营项目同质化严重，管理服务规范性不足，硬件设施建设滞后，从业人员总体素质不高，文化深入挖掘和传承开发不够等问题仍不同程度存在。“互联网+农业”顶层设计不够，陷入一哄而上、盲目发展的粗放式发展态势，对社会的贡献也受到限制；同时，农村地区互联网信息基础设施相对薄弱，新一代信息技术深度渗透到农产品生产、销售、信息服务、农业政务管理等各个环节尚需时日。以科技信息、金融保险、仓储物流、疾病防治等为内容的农业生产性服务业发展滞后，贯穿农业生产全过程的服务体系不健全。此外，田园综合体、农业公园等发展潜力也没有充分释放出来。

（二）乡村产业振兴的基本思路

围绕农业多元化功能拓展和农村发展活力释放，以加快农业现代化和推动农村产业深度融合为重点，以农业供给侧结构性改革为主线，以建立完善现代农业产业、生产、经营三大体系为着力点，提高农业综合生产力，提升农业装备和信息化水平，促进小农户生产和现代农业发展有机衔接，增强农业创新力和竞争力，加快实现农业现代化；优化农村生产力布局，着力打造农村产业发展的新载体新模式，培育新产业新业态、挖掘新功能新价值，促进农村一、二、三产业深度融合发展，提高农民参与程度，创新收益分享模式，激发农村创新创业活力，并形成完善的紧密型利益联结机制，让农民更多地分享产业融合发展增值收益。

（三）乡村产业振兴的重点举措

把握住农村一、二、三产业深度融合发展的趋势，以“质量兴农、绿色兴农、品牌兴农”引领现代农业体系构建，推动农业转型升级，发展壮大农村产业，激发农村创新创业活力，实现农民生活富裕，为早日全面实现乡村振兴战略提供牢靠的物质支撑。

一是以农业供给侧结构性改革为主线，加快农业现代化步伐。坚持质量兴农、品牌兴农，在加强耕地保护和建设、健全粮食安全保障机制的前提下，进一步优化农业生产力空间布局，深入推动农业结构调整，夯实农业生产能力，提高农业科技创新及转化应用水平，加快培育特色优势产业、农业品牌，提升农产品价值；巩固和完善农村基本经营制度，构建家庭、集体、合作组织、企业等共同发展的新型农业经营体系，壮大家庭农场、农民专业合作社、农林产业化龙头企业等经营主体，发展适度规模经营；积极引导小农户生产进入现代农业发展体系，鼓励新型农业经营主体与小农户开展深度合作经营，加快完善多种形式的契约型、股权型等利益联结机制，创新融合模式，推动农村一、二、三产业深度融合，探索多元化、混合型的现代农业发展道路。

二是以优化升级为导向，推动农村传统非农产业转型发展。实施农产品加工业提升行动，建设一批农产品加工技术集成基地，升级一批农产品精深加工示范基地，提高产业集中度和精深加工能力，推动农产品加工业转型升级；结合休闲农业和乡村旅游发展需要，打造升级一批美丽乡村、休闲农庄（园）、乡村民宿、森林人家、康养基地、农村“星创天地”等精品工程，引领乡村建筑业转型发展；实施电子商务进农村综合示范项目，加强农商互联，推动农产品流通企业与新型农业经营主体对接，发展农超、农社、农企、农校等产销对接的新型流通业态，倒逼农村运输业、农村商业转型发展；围绕乡村旅游发展需求，振兴传统手工艺，培育发展一批家庭工场、手工作坊、乡村车间等，打造民族特色手工商品品牌，满足国内外市场消费的新需求，持续增加农民收入。

三是以就地就近就业创业为导向，大力培育新产业新业态新模式新载体，大力发展休闲农业和乡村旅游，顺应城乡居民消费升级需求，拓展农业农村的休闲观光、生态涵养等多元功能，实施精品工程，推动要素跨界配置和产业融合发展，增加乡村生态产品、乡村旅游服务等供给；培育壮大农村电子商务，完善农产品进城和城市商品下乡的渠道和标准；升级现代农业产业园、农业科技园区、农产品加工园、农村产业融合发展示范园等平台载体，发展集科技、人文等元素为一体的共享经济等新业态，促进新产业新业态等多模式融合发展；发展“一站式”农业生产性服务业，构建适应农业现代化发展的新型农业社会化服务体系；培育一批“农字号”特色小镇、一批特色商贸小镇，推动田园综合体试点建设和农业循环经济试点示范；加快培育农商产业联盟、农业产业化联合体等，延伸产业链、提升价值链，探索形成产加销一体的全产业链集群发展格局。

第二节 人才振兴

人才振兴是乡村振兴的关键所在。无论是产业发展还是乡村建设，农业农村人才队伍都是支撑乡村振兴的根本基础，是推动乡村发展振兴的一股重要力量。推进乡村人才振兴，要凝聚乡村发展的“人气”，充分激发乡村现有人才活力，把更多城市人才引向乡村创新创业，全面激发乡村发展的活力与动力。

一、乡村人才的内涵及类别

乡村人才不仅仅限于狭义上的农村本地人力资源，广义上讲，乡村人才应该包括能在农村广阔天地大施所能、大展才华、大显身手的各类农业农村人力资源。从人才来源看，乡村人才主要包括农村本土人才、返乡创业人才（返乡农民工、大中专毕业生、退伍军人等）、城市下乡人才、驻村干部和大学生村干部等。我们认为，可以重点从乡村人才的领域类别来分析乡村人才的内涵和特征。

从人才类别看，乡村人才主要包括农村实用人才和农业科技人才两大类。农村实用人才是指具有一定知识和技能，能为农业生产经营，农村经济建设和农村科技、教育、文化、卫生等各项事业提供服务的农村劳动者。主要包括六类：一是生产型人才，指在种植、养殖、捕捞、加工等领域有一定示范带动效应、帮助农民增收致富的生产能手，如“土专家”“田秀才”和专业大户、家庭农场主等。二是经营型人才，指从事农业经营、农民合作组织、农村经纪等生产经营活动的农村劳动者，如农民专业合作社负责人、农业生产服务人才、农村经纪人等。三是专业型人才，指农村教育、农村医疗等农村公共服务领域的专业技术人员，如农村教师、农村卫生技术人员等。四是技能型人才，指具有制造业、加工业、建筑业、服务业等方面特长和技能的带动型实用人才，如铁匠、木匠、泥匠、石匠等手工业者。五是服务型人才，指在农村文化、体育、就业、社会保障等领域提供服务的各类人才，如文化艺术人才，社会工作人员和金融、电商、农机驾驶及维修等技术服务人员等。六是管理型人才，指在乡村治理、带领农民致富等方面发挥着关键作用的干部和人员，如村两委成员、党组织带头人、驻村干部、大学生村干部、乡贤等。

需要特别说明的是，新型职业农民指以农业为职业、具有相应专业技能、收入主要来自农业生产经营并达到相当水平的现代农业从业者。从类别归属看，新型职业农民归属于农村实用人才，其在内涵上则涵盖了生产型、经营型两类，主要包括专业大户、家庭农场、农民合作社、农业社会化服务组织中的从业者。

农业科技人才则指受过专门教育和职业培训，掌握农业专业知识和技能，专门从事农业科研、教育、推广服务等专业性工作的人员。主要包括农业科研人才、农机人才、农技人才、农业技术推广人才、农村技能服务人才等。

二、乡村人才振兴的问题、思路及举措

（一）乡村人才振兴存在的主要问题

这里主要围绕上文梳理的几类乡村人才和乡村人才来源渠道来分析乡村人才振兴存在的主要问题，具体有以下四点。

一是农村“空心化”“老龄化”问题严重。改革开放以来，随着工业化、城镇化进程的加快，农村本土人才开始外流，大量农村青壮年劳动力外出务工，其中年龄在 20 ~ 50 岁、占村庄总人口比重较大的农村本土人才流

失最为严重，而留下的“38”“61”“99”人员成为农村人力资源的主体，使得乡村人才的年龄结构从“橄榄型”变为“哑铃型”，造成农村村庄“空心化”、农村人口“老龄化”。同时，由于对职业农民培训的方式缺乏创新、培训内容实用性较差等原因，农村劳动力素质整体偏低。

二是“招人难”“用人难”“留人难”问题并存。国家支持人才返乡下乡的政策力度还不够大，“招人难”“用人难”等影响返乡下乡创业的问题普遍存在。同时，由于乡村地区缺乏吸引人才的平台和手段，吸引城市各类人才返乡入乡的办法不多、政策不实、平台不够，主动返乡入乡的人才不多，且来了后也很难留下来。

三是农技推广人才队伍“老化”“弱化”现象明显。目前，农技推广人才服务能力明显滞后于农业现代化发展需求，存在人员不足、队伍不稳，年龄老化、结构不优、经费不足、手段滞后，待遇偏低、激励不够，体制不顺、机制不活等问题。

四是人才下沉机制不健全。政策向基层倾斜的人才下沉有效机制尚未建立。乡村教师、乡村医生“流失”“错配”现象并存，一方面偏远乡镇的教师、医生流失严重，另一方面县城大班额问题突出，而农村教学点三五个学生也要配备 1 ~ 2 名教师。由于村集体经济薄弱，年轻力壮的人往往不愿意担任村两委干部，村两委干部存在难选、难当、难留、待遇低“三难一低”问题，尤其是在中西部地区，村两委干部待遇普遍低于外出务工人员的收入水平。

（二）乡村人才振兴的基本思路

以市场化为导向，实行更加积极、更加开放、更加有效的农村育才、引才、聚才政策和乡村建设激励机制，合理引导工商资本入乡。培育新一代爱农业、懂技术、善经营的新型职业农民，培养以“三农”领域实用专业人才和农业科技人才为主体的工作队伍，鼓励社会各界、各类人才积极投身乡村建设，抓住实施乡村振兴战略的各类商机，大施所能、大展才华、大显身手，带动乡村大众创业万众创新，培育农村发展新动能，提升农业价值、集聚农村“人气”、提高农民收入，逐步破解乡村振兴的人才制约难题，全面激发“三农”发展的活力动力。

（三）乡村人才振兴的重点举措

以培养造就一支懂农业、爱农村、爱农民的“三类”工作队伍为重点，积极培育本土人才，完善职业农民培育机制，鼓励和引导外出能人、城市人才返乡入乡创业创新，充分发挥农村贤人、能人、富人等对乡村振兴建设的示范引领作用，逐渐形成乡村人才济济、蓬勃发展之势。

一是培养“三农”工作队伍。坚持农村基层党组织领导核心地位，拓宽农村选拔吸纳干部人才渠道，深入推进大学生村干部工作，通过本土人才回引、院校定向培养等渠道储备村级后备干部。建立完善农村基层人才吸纳机制，把真正热爱农村、了解农村，把农民当亲人，把农村当家乡，扎根基层、能力突出、群众满意、示范带动作用强的农村干部人才留下来，稳定农村基层人才队伍。

二是培养“三农”专业人才队伍。以乡村产业振兴为依托，加强涉农院校和学科专业建设，大力培育农业科技人才、农技推广人才和农村实用人才队伍，分门别类将人才进行纵横连线，构建农村专业人才网络体系，真正把各类人才凝聚起来，形成“三农”专业人才队伍优势。

三是完善职业农民培育机制。实行分类递进培训，加强产业和人才需求对接，支持新型职业农民通过弹性学制参加中高等农业职业教育。支持农民专业合作社、专业技术协会、龙头企业等创新培训形式，探索田间课堂、网络教室等培训方式。加大“土专家”“田秀才”、农业职业经理人、经纪人、农村电商人才等乡土人才培养力度，在优惠政策、技术培训、信息服务、项目申报等方面给予倾斜和支持。鼓励开展职业农民职称评定试点。

四是引导返乡入乡创业创新。整合科研机构、高校、企业人才资源，加强多元主体协同，推动政策、技术、信息、资本、管理等现代生产要素向农村集聚。实施农村双创百县千乡万名带头人培育行动方案，推进农村青年创业致富“领头雁”培养计划，鼓励农民就近就地创业、农民工返乡就业创业，加大各方资源支持本地农民创新创业力度。

五是鼓励社会人才投身乡村建设。发挥农村实用人才“传帮带”作用和农村贤人、能人、富人示范引领作用，提高农村实用人才服务群众的能力和水平。制定激励机制，以乡情乡愁为纽带，吸引企业家、党政干部等各类社会人才和符合要求的公职人员投身乡村建设。进一步规范融资贷款等扶持政策，引导工商资本积极投入乡村振兴事业。

第三节 文化振兴

文化振兴是乡村振兴的重要基石。乡村是中华传统文化的家园，乡土文化是中华传统优秀文化的根底，乡土文化孕育守护着中华文化的精髓。推进乡村文化振兴，要提升乡村社会文明程度，形成文明乡风、良好家风、淳朴民风，让乡村得以安放“乡愁”，焕发乡村文明新气象，铸牢乡村振兴的文化之魂。

一、乡村文化的内涵

广义的文化包括价值、道德、习俗、知识、娱乐、物化文化（如建筑等）等，乡村文化从内容上也应涵盖这些方面。中国是一个农业大国，源远流长的农耕文明和乡土文化是孕育中华文化的母体和基础，人们对乡村文化有着浓厚的乡愁情结。中华优秀传统文化的思想观念、人文精神、道德规范等，都根植于乡土社会，源于乡土文化。

乡村文化是由乡村居民在长期生产、生活中形成的生活习惯、心理特征和文化习性，是乡村居民的信仰、操守、爱好、风俗、观念、习惯、传统、礼节和行为方式的总和，主要包括农村精神文明、农耕文化、乡风文明等。

农村精神文明是以社会主义核心价值观为引领，弘扬民族精神和时代精神，体现社会公德、职业道德、家庭美德、不人品德的思想文化阵地，各级政府通过文化服务中心、广播电视、电影放映、农家书屋、健身设施、文化志愿服务等形式和设施，向农村居民提供公共文化产品和服务。

农耕文化主要反映传统农业的思想理念、生产技术、耕作制度等农业生产方式的变迁，是农村社会的主要文化形态和主要精神资源。如“男耕女织”及传统的生产工具，田园风光及间作、混作、套作等生产技术，西南的梯田文化、北方的游牧文化、东北的狩猎文化、江南的坪田文化、蚕文化与茶文化、柑橘文化、蔬菜文化等，以及农业遗迹、灌溉工程遗产。

乡风文明则主要反映农村居民的生活方式、生活习俗等。如文物古迹、传统村落、民族村寨、传统建筑等生活空间；礼仪文化，如家庭为本、良好家风、中华孝道、尊祖尚礼、邻里和谐、勤俭持家等；民俗文化，如节庆活动（春节庙会、清明祭祖、端午赛龙舟、重阳登高等）、民间艺术（古琴、年画、剪纸等）、民间故事、民歌、船工号子等；传统美食和非物质文化遗产等。同时，基于农耕文化、乡风文明的保护传承，应将现代城市文明的价值理念与乡村特色文化产业发展相融合，不断赋予乡村文化新的时代内涵。

二、乡村文化振兴的问题、思路及举措

（一）乡村文化振兴面临的主要问题

目前，乡村文化有衰落之势，农村人口日益增长的美好文化生活需要与供给不平衡不充分之间的矛盾突出，乡村文化对乡村振兴战略难以发挥引领和推动作用。

一是中华优秀传统文化的传承保护、培育利用不够。具体表现为：“种文化”工作力度不够，乡村文化资源大多仍处于沉睡状态，对文化创意产业的渗透性、关联性效应难以发挥；与农业发展融合不够，田园综合体、休闲农场、农业庄园等乡村文化创意匮乏；与乡村建设融合不够，文化公园、文化博物馆、艺术村等较少；与乡村旅游发展融合不够，历史文化名村、传统古村落的文化旅游价值挖掘滞后；同时，非物质文化遗产保护工作任务依然较重。

二是乡村公共文化设施薄弱、文化活动较少。随着人民物质生活由温饱向小康转变，乡村人更加关注文化小康，物质生活与文化生活的不对称、物质获得感和文化获得感的不均衡问题逐步凸显。目前，乡村尚难以提供像城市一样丰富的文化设施和文化生活，长期在城市务工的乡村人尤其是年轻人对目前的乡村生活不习惯、不适应。各级政府和社会各界“送文化”活动也难以消除留守的乡村老人的精神孤寂。

（二）乡村文化振兴的基本思路

坚持以社会主义核心价值观为引领，立足中国实际和乡村文化的特点及规律，把创造性转化、创新性发展贯穿于乡村文化振兴的始终，以乡村公共文化服务体系建设为载体，提供增量优质、形式多样的公共文化产品和服务，推进移风易俗，培育文明乡风、良好家风、淳朴民风，赋予乡村生活以价值感、幸福感和快乐感，激发人们愿意留在乡村生活、愿意到乡村消费的“乡愁”情结，全面繁荣乡村文化。

（三）乡村文化振兴的重点举措

坚持乡村文化事业和乡村文化产业发展并举，挖掘优秀传统农耕文化、乡风文明中蕴含的人文精神、道德规范，提升农民精神风貌，建设邻里守望、诚信重礼、勤俭节约的文明乡村。

一是加强社会主义核心价值观统领的农村思想道德建设。加强爱国主义、集体主义、社会主义、民族团结教育。完善村规民约、家风家训，深入开展文明村镇创建活动，广泛开展星级文明户、文明家庭等群众性精神文明创建活动和好媳妇、好儿女、好公婆以及最美乡村教师、医生、村干部等评选活动，摒弃陈规陋习，形成孝敬父母、尊敬长辈的社会风尚。

二是传承发展农村优秀传统文化实施农耕文化传承保护工程，保护好文物古迹、传统民居、自然村落、农业遗迹等，推动优秀戏曲曲艺、少数民族文化、民间文化等传承发展。把乡村特色文化符号融入特色小镇、美丽乡村建设，打造诗意田园和生态宜居环境，重现人人向往的田园风光和令人回味的乡情乡愁。培育发展乡村特色文化产业，建设一批农耕文化产业展示区和农耕文化展览室，打造一批特色文化产业镇村，发展具有民族和地域特色的传统工艺产品。推动休闲农业、乡村旅游发展，促进乡村文化资源与城市现代消费需求有效对接。

三是丰富乡村文化生活。健全乡村公共文化服务体系，加强基层综合性文化服务中心建设，推进数字广播电视户户通。完善农村电影放映、农家书屋服务、戏曲进乡村等文化惠民活动，探索开展“菜单式”“订单式”文化惠民服务。鼓励各级文艺组织、文艺工作者开展“三农”题材文艺创作，深入农村进行惠民演出。支持文化志愿者策划一系列农耕文化与传统节庆衔接、农耕文化与田园体验衔接的节日民俗活动，广泛开展形式多样的农民群众性文化活动。完善村庄体育健身设施，传承和发展民族民间传统体育。

第四节 生态振兴

生态振兴是乡村振兴的内在要求。良好生态环境是农村的最大优势和宝贵财富。以绿水青山为底色、生态宜居为本色，是乡村“生态美”的体现。推进乡村生态振兴，要建设生活环境整洁优美、生态系统稳定健康、人与自然和谐共生的生态宜居美丽乡村，实现乡村绿色发展。

一、乡村生态振兴的内涵

乡村生态振兴是一项系统工程，既涉及农村山水林田湖草等自然生态系统的保护和修复，也涉及农业生产方式和农民生活方式等人居环境，其中，农业绿色发展和农村人居环境的治理是至关重要的内容。乡村生态振兴的内涵主要体现在三个方面。

一是发展绿色农业。绿色农业是指利用生态物质循环、农业生物学技术、营养物综合管理技术、轮耕技术等将农业生产和环境保护协调起来，在促进农业发展、增加农户收入的同时保护环境、提供绿色农产品。绿色农业及其产品具有生态性、优质性和安全性等特征。

二是改善农村人居环境。农村人居环境以建设美丽宜居村庄为导向，以农村垃圾处理、污水治理和村容村貌提升为重点，旨在加快补齐乡村人居环境领域短板，并建立健全可持续的长效管护机制。

三是保护和修复农村生态系统。增强生态产品供给能力，发挥乡村自然资源的生态、康养等多重价值，以“农村美”实现生产、生活、生态的和谐统一。

二、乡村生态振兴的问题、思路及举措

（一）乡村生态振兴面临的主要问题

随着工业化、城镇化的推进，特别是在过去单纯追求GDP高增长观念影响下，农村环境和生态问题日益突出。乡村生态振兴面临以下几个方面的问题。

一是农业面源污染严重，畜禽养殖污染、农作物秸秆焚烧等问题突出。长期以来，我国农业生产方式较为粗放，传统农业生产往往以产量增加为导向，农产品尤其是粮食增产高度依赖化肥、农药、除草剂等化学品和地膜的大量投入，对农产品质量和环境安全造成严重威胁。同时，农业循环经济在农村尚未普遍落地，畜禽养殖污染物肆意排放，对水源造成严重破坏；农作物秸秆焚烧也带来了明显的大气环境污染。

二是工业污染“上山下乡”对农村生态环境造成破坏。改革开放以来，尤其是各地开始大力发展乡镇企业之后，没有处理好乡村经济发展与环境保

护的关系，乡镇企业在带动乡村经济快速增长和人口加快集聚的同时，由于污水处理设施建设滞后，非农产业尤其是低端工业的超标排污给乡村生态环境带来了污染甚至是危害。近年来，由于监管不严，也存在城市污染产业向乡村转移的“污染下乡”现象。

三是农村人居环境较差。农村日常生活垃圾收运处置系统不健全，农村垃圾山、垃圾围村、垃圾围坝等现象较为普遍，生活污染问题日益突出。同时，“脏、乱、差”问题在一些农村地区比较突出，为追逐短期利益的毁林开荒、围湖造田等破坏绿水青山的现象也依然存在。

（二）乡村生态振兴的基本思路

以美丽中国建设为目标导向，牢固树立和践行“绿水青山就是金山银山”理念，结合农村生态环境突出问题，以加快转变农业生产和农村生活方式为重点，推动形成投入品减量化、生产清洁化、废弃物资源化、产业模式生态化的绿色农业生产方式，推动形成以农村垃圾、污水治理和村容村貌提升为导向的整洁优美生活环境，建成生态宜居、人与自然和谐共生的美丽乡村。

（三）乡村生态振兴的重点举措

推动农业绿色发展，持续改善农村人居环境，加强乡村生态保护与修复，全面提高农村的生态文明水平。

一是探索建立农业资源休养生息制度。制定轮作休耕规划，切实保护好基本农田和基本草原等农业资源。划定江河湖海限捕、禁捕区域，实施海洋渔业资源总量管理、海洋渔船“双控”和休禁渔制度，保护好渔业资源。

二是推动建立农业绿色生产方式。打好农业面源污染攻坚战，在完成化肥农药零增长的基础上，分阶段、分品种、分区域加快推进化肥和农药使用从零增长向减量使用转变，采用总量控制与强度控制相结合的办法，推动化肥和农药的使用量和使用强度实现“双下降”。发展农业循环经济模式，开展畜禽养殖废弃物资源化利用试点和绿色防控、秸秆综合利用、地膜治理试点，探索种养循环一体化、农林牧渔融合循环发展模式。

三是大力实施农村人居环境整治行动。加快编制村庄规划，系统解决道路、农房、公共空间、产业发展等问题，全面提升村容村貌。建立健全农村生活垃圾收运处置体系，探索垃圾就地分类和资源化利用试点，实施“厕所革命”，推进厕所粪污无害化处理和资源化利用。梯次推进农村生活污水治理，推动城镇污水管网向周边村庄延伸覆盖。

第五节 组织振兴

组织振兴是乡村振兴的根本保障推进乡村组织振兴，要强化农村基层党组织的领导核心作用，进一步加强和改善党对“三农”工作的领导，加快完善乡村治理机制，为乡村振兴提供强大的组织保障。

一、乡村组织振兴的内涵

基层组织是我国乡村治理的基础单元，是各级政府推动实施乡村振兴战略的根基所在。从内涵及特征看，乡村组织振兴主要体现在以下几个方面。

一是基层党组织建设。党支部是党在社会基层组织中的战斗堡垒。村党支部全面领导隶属本村的各类组织和各项工作，围绕实施乡村振兴战略开展工作，组织带领农民群众发展集体经济。贫困村党支部应当动员和带领群众，全力打赢脱贫攻坚战。

二是村庄治理机制。村民委员会是村民自我管理、自我教育、自我服务的基层群众性自治组织，由主任、副主任和委员三至七人组成，实行民主选举、民主决策、民主管理、民主监督，村民委员会每届任期五年。村民委员会通过组织村民会议、村民代表会议等讨论决定涉及村民利益的诸多事项。村民委员会实行村务公开制度，接受村民的监督。同时，村务监督委员会或者其他形式的村务监督机构负责村务决策和公开、村级财产管理、村工程项目建设、惠农政策措施落实、农村精神文明建设等制度的落实。

三是农村集体经济组织。农村集体经济组织源于农业合作化运动，是指在自然乡村范围内，由农民自愿联合，将其各自所有的生产资料（土地、较大型农具、耕畜）投入集体所有，由集体组织农业生产经营的经济组织。农村集体经济组织既不同于企业法人，又不同于社会团体，也不同于行政机关，有其独特的政治性质和法律性质。农村集体经济组织是除国家以外唯一一个对土地拥有所有权的组织，通过行使经营权，激发其参与村庄治理的主动性、积极性。

二、乡村组织振兴的问题、思路及举措

（一）乡村组织振兴面临的主要问题

当前，农村基层组织的基础工作存在不少薄弱环节，乡村治理体系和治理能力亟待强化。

一是部分农村“组织空”现象明显。部分村党支部委员会软弱涣散，党组织对村民委员会的领导力不强，对基层群众的服务意识、服务能力不强，党组织缺乏活力，党支部班子成员岁数较大，“老龄化”现象突出，对现代科技、农业经济、市场经验等方面的知识储备不足，无法发挥领头人作用。

二是村民自治组织管理水平普遍不高。一些村干部民主意识薄弱，干部群众沟通渠道不畅，部分群众对村务工作不知晓、不理解、不支持。个别村干部仍然存在“家长制”作风，凭人情关系办理村务，涉及群众切身利益的事项，村务管理执行不透明，过程结果不公开，缺乏有力有效的监督。同时，村级小微权力清单制度尚未建立，惠农补贴、土地征收等重点领域侵害农民利益的不正之风和基层腐败问题时有发生。

三是村级集体经济发展滞后。由于经济发展基础较弱，组织缺位、人才缺失、产业空虚、治理不善、政策乏力等问题集中出现在村级集体经济中。尤其是在中西部地区，多数村级集体经济组织尚未建立，发展主体缺位，成员权力虚置，“谁来发展”问题亟待破解；农村集体资源资产开发利用不充分，路径不明晰，“怎么发展”问题亟待破解；村级集体经济“造血”功能弱，“空壳村”比例较高，“活力不足”问题亟待破解。

（二）乡村组织振兴的基本思路

坚持农村基层党组织对乡村振兴的全面领导，以农村基层党组织建设为主线，采取切实有效措施，强化农村基层党组织领导作用，选好配强农村党组织书记，整顿软弱涣散的村党组织，加强村级权力有效监督；坚持以自治为基、法治为本、德治为先，不断深化村民自治实践，着力提升乡村德治水平；科学设置乡镇机构，健全农村基层服务体系，全面夯实乡村治理的根基。

（三）乡村组织振兴的重点举措

以固本强基为导向推动乡村组织振兴，建立健全党委领导、政府负责、社会协同、公众参与、法治保障的现代化乡村社会治理体制。

一是打造坚强的农村基层党组织。培养优秀农村基层党组织书记，向

贫困村、村党组织软弱涣散村和村集体经济薄弱村派出第一书记。把党管农村工作的要求落到实处，支持村党支部探索党建+产业、党建+服务等，发挥其对脱贫攻坚和乡村振兴的核心引领作用，引导其落地以人民为中心的为民服务发展理念。

二是深化村民自治、农村基层法治、乡村德治等实践。规范完善村民委员会、村民会议、村民代表会议、村民议事会、村民理事会等选举办法和民主决策、民主监督程序，形成民事民议、民事民办、民事民管的多层次基层协商格局。开展“法律进乡村”宣传教育活动和民主法治示范村创建活动，建设平安乡村。深入开展扫黑除恶专项斗争，整合执法队伍、下沉执法力量，推动综合行政执法改革向基层延伸。维护村民委员会、村集体经济组织、农村合作经济组织的特别法人地位和权力。以网格化管理为导向，探索基层服务和管理精细化精准化，及时排查化解各类矛盾纠纷。强化道德教化作用，引导农民向上向善、孝老爱亲、重义守信、勤俭持家。

三是加强基层管理和服务。制定基层政府的村级治理权责清单，推动农村基层服务规范化、标准化。打造“一门式办理”和“一站式服务”综合平台，加快乡村便民服务体系。

四是发展新型农村集体经济。深入推进农村集体产权制度改革，推动资源变资产、资金变股金、农民变股东，通过股份制、合作制、股份合作制、租赁等多种形式，发展村集体经济。

第四章　乡村振兴规划方法与实施路径

第一节　乡村振兴规划方法

中国改革开放多年来，工业化、城镇化、信息化快速发展，农业农村现代化、城乡发展一体化持续推进。在这半个多世纪里，中国乡村发展大致经历了从解决温饱、小康建设、到实现富裕“三阶段”，呈现出由单一型农业系统、多功能型乡村系统，再到融合型城乡系统的“三转型”特征。中国发展实现全面深刻的转型，其核心任务是实现整个国民经济的高质量发展与创造良好的生态环境。当前中国城镇化与乡村发展已进入全面转型新阶段。然而，城乡二元结构的体制障碍和制约乡村可持续发展的瓶颈因素仍未消除，长期以来“重城轻乡”战略路径及其引发的“城进村衰”的局面仍未改变，以村庄空心化、主体老弱化和环境污损化为主要特征的“乡村病”问题仍未根治。没有农业农村现代化，就没有整个国家现代化。正视现实问题，面向发展目标，党的十九大审时度势，强调指出“三农”问题是关系国计民生的根本性问题，明确提出“实施乡村振兴”重大战略，着力弥补全面建成小康社会的乡村短板，为新时期地理学服务国家重大战略，研究破解“三农”问题指明了方向。

乡村振兴要坚持科学把握乡村的差异性和发展走势分化特征，做好顶层设计，注重规划先行、突出重点、分类施策、典型引路。要求树立城乡融合、一体设计、多规合一理念，抓紧编制乡村振兴地方规划和专项规划或方案。

针对不同类型地区采取不同办法，做到顺应村情民意，科学规划、注重质量、稳步推进。规划是按照事物发展的规律和既定规则，对特定领域的未来发展愿景进行整体性谋划的系统过程。规划也是宏观调控、政策引导、空间约束的重要手段，乡村地区迫切需要解决规划问题，创新乡村规划理论框架。因此，无论是发达国家，还是发展中国家，都注重探索适合本国国情的发展应对措施，充分发挥规划对统筹城市与乡村发展的引领性和支撑性作用。如英国将乡村规划纳入“中央—郡级（次区域）—村镇（郊区）”三级综合规划框架中，鼓励居民参与乡村规划设计；德国实行“联邦—州—乡村”三级规划体系，并给予乡村政府自主权、村民参与权，特别在“后乡村城镇化”时期探索层层行政体系“自上而下”纵向均等化资源分配与“自下而上”乡村主动发展相结合的乡村建设模式；加拿大、印度倡导实施乡村可持续发展规划；美国给予乡村规划与城市规划层级的等同性，实行城乡均等的区域规划策略。中国乡村振兴应包括三级规划体系，即全国乡村振兴战略规划、市县乡村振兴总体规划和村镇乡村振兴详细规划。

全国及各省乡村振兴战略规划编制已经完成，市县级乡村振兴总体规划部分编制完成或仍在进行之中。从已编制完成的部分乡村振兴规划来看，普遍存在追赶进度和不同程度的拼凑、复制、模仿、拿来等实际问题，一些地方领导自己也认为“编制规划主要是为了完成任务和检查评估”。当前学术界关于乡村振兴规划研究多集中于规划理念，以及县域、村域乡村振兴规划探索。整体来看，当前乡村振兴规划研究仍处于深入探索阶段，系统研究的成果和案例较少，难以满足全国轰轰烈烈的乡村振兴规划的实际需求。乡村振兴规划是一项立足当前、着眼长远的系统工程，亟须开展乡村振兴系统认知及乡村振兴规划体系研究。本书基于乡村地域多体系统、乡村发展多级目标等理论认知，面向县域乡村振兴规划实践需要，研究构建了“三主三分”规划技术方法，并以宁夏盐池县为例开展规划案例研究和典型示范，以期为创新中国乡村振兴规划体系、制定县级乡村振兴规划与科学决策提供参考依据。

一、乡村振兴规划理论基础

乡村振兴规划，实质上是规划乡村地区如何实现转型振兴与可持续发展，关键要遵循乡村地域系统演化规律，统筹谋划乡村资源配置、生态保护、产业发展、社会治理、文化传承、民生保障等系统目标，科学处理乡村人地关系、城乡关系、居业关系和适时推进乡村空间重构。乡村国土空间既承载着国家发展战略的支撑功能，也牵连着各类不同的利益群体。因而乡村振兴规划必须突出战略性、主体性和层次性，在战略落实、项目落地与利益诉求之间寻找基本平衡、增进共识，推进构建现代乡村国土空间治理体系和乡村振兴实施保障体系。

（一）乡村地域多体系统

乡村是相对于城市建成区之外的广大乡土地域。伴随着经济全球化、区域一体化，城乡要素流动及其空间集聚不断增强，为乡村人地系统融合与交互作用提供了不竭动力。从地理学人地系统科学视角来看，乡村地域系统是由人文、经济、资源与环境相互联系、相互作用下构成的、具有一定结构、功能和区际联系的乡村空间体系，是现代人地系统学理论及其“人地圈”地域空间的重要组成部分。按照城乡空间关联与尺度来分，乡村地域系统是由包括城乡融合体、乡村综合体、村镇有机体、居业协同体等构成的多体系统，具有层次性、地域性和动态性。乡村综合体内部按照聚落体系又呈现出县域—镇域—村域等层级形态。乡村地域多体性是乡村人地系统演化阶段性、地域差异性、功能生成机理性认知的理论基础。乡村振兴规划宜以县域为对象，以村域为单元，以乡村地域多体系统为理论依据，以甄别乡域多体系统的类型与格局为重点内容，以人居业组合形态与结构优化为调控目标，科学研制“自上而下”与“自下而上”有机衔接、序次推进的乡村发展总体蓝图和规划布局方案。

（二）乡村发展多级目标

新时期乡村发展是乡村自然、经济、技术与政策要素交叉融合，乡村内聚力与城市外援力交互作用的系统优化过程。“2030年可持续发展议程”提出了17项发展目标（Sustainable Development Goals，SDGs），总体归纳为基本需求目标、预期目标和治理目标，需要通过整个社会的协调与合作，实现发展与保护之间的平衡。就社会形态看，从改革开放到21世纪中叶，中国乡村发展以序次推进建设温饱型社会、小康型社会、富裕型社会为阶段目标。当前乡村发展正处于决胜全面小康社会建设向共同富裕社会建设的转型过渡期，适宜于以县域为对象的乡村系统振兴、全域振兴。由于区域问题、发展阶段不同，各地乡村振兴的目标指向、战略导向有所不同。相对于乡村地域多体系统，实施乡村振兴战略重在引领实现乡村振兴多级目标，即从边缘到中心由城乡基础网、乡村发展区、村镇空间场、乡村振兴极所构成的乡域“网—区—场—极”多级目标体系。这就要求乡村振兴规划必须秉持统筹兼顾、因地制宜、重点突破的原则，主要以城乡融合与乡村重构为导向，以完善城乡基础网为抓手，凸显不同功能的乡村发展区特色，强化中心社区与重点村镇优势，加快培育生态、生产、生活“三生”结合的村镇有机体、居业协同体，做强村镇空间场、做实乡村振兴极。致力于全面协调各类规划、各方利益与多级目标，系统构建面向乡村振兴国家战略的国土空间治理与管控体系。

（三）“三主三分”理论认知

区域是具有一定空间范围与地域功能的地理单元。区际之间通常表现出明显的边界性、差异性，而区域内部具有一定的连续性、层次性。在不同尺度的区域体系中，县域是中国最基本、最稳定的行政单元，它对上承接国家及省市级主体功能，其本身又是连接城市与乡村区域的重要纽带，承载着不同的地域功能，发挥着区域协调、城乡融合的重要作用，包含有不同的区域土地利用类型，而特定的主导土地利用类型又具有不同的规模差异和用途等级之分，由此形成了一种基于“主体功能—主导类型—主要用途”的地域层级关联，以及相应的“分区—分类—分级”空间组织体系，这为科学揭示现实世界的乡村地域系统结构和空间分异格局提供了全新的认知理论与方法论基础。“三主三分”理论较先应用于国内“多规合一”规划试点和示范实践。在新时代生态文明建设与乡村振兴战略背景下，亟须基于区域发展系统定位和资源环境承载力综合评价，科学甄别特定区域主体功能、主导类型、主要用途，系统开展功能分区、利用分类、用途分级，推进创建“三主三分”理论支撑的区域乡村振兴规划方法体系、系统管控体系和制度保障体系。

二、乡村振兴规划技术思路

新时期乡村振兴规划主要以乡村地域多体系统为理论基础，应用“三主三分”理论与技术手段，进行乡域多体系统识别和地域系统重组，序次开展分区、分类、分级，逐级完成乡村地域系统的主要功能分区、主导类型分类、主要用途分级，进而在综合分析乡村生态环境、资源禀赋、发展基础和未来潜力的基础上，依据区域人居业形态和乡村地域等级与规模，确定县域社会经济发展方向与重点领域、特色产业体系与时空布局，科学制定分区协同方案、优化“三生”空间、提升村镇功能、建设公共服务设施的总体方略。其核心要义是创新乡村空间治理体系与规划管理模式，推进乡村地域系统重组，实现乡村振兴“网—区—场—极”多级目标，并具体落实到相应的地域空间。城乡基础网是指主体功能分区的空间关联及其走廊、交通管网体系，是城乡相联通、相融合的空间载体；乡村发展区是以土地利用分类为基础，遵循乡村地域分异规律，形成村镇、农业、工业、生态、文化等不同功能的乡村地域类型，每一种类型都具有特定功能属性和一定地域范围的乡村主体；村镇空间场、乡村振兴极是村镇地域类型内部空间分异、用途分级的具体表征，成为村镇建设、居业协同的发展实体和创新载体。

三、乡村振兴规划研制方法

县域乡村振兴规划，是以乡村地域系统为对象，利用综合的技术手段和方法，分析县域发展地理环境与区位条件，甄别乡村地域结构与类型，探明乡村空间形态与格局，提出乡村振兴多级目标的实现过程和实施路径。其核心是围绕乡村地域系统结构调整与格局优化主题，应用系统诊断的科学方法和“三主三分”规划技术，系统识别主体功能、划定主导类型，进而制定规划“三定”（定性、定量、定位）方案，充分考虑规划建设的优势区、优先序，完成主要用途分级与发展定序，在此基础上综合研制乡村振兴总体规划。

（一）主体功能分区

主体功能区划是具有应用性、创新性、前瞻性的一种综合地理区划。基于全国及省级主体功能规划，遵循县域空间分异规律和多功能原理，建立指标体系和分区原则，诊断并划定主体功能区。通常依据县域土地与产业类型指标、经济发展绝对指标、城乡关系相对指标，以及地貌分异特征，将县域城乡系统划分为不同的地域功能区。如果县域内地貌分异格局明显，则主要依据地貌单元对县域进行功能区划分。

（二）主导类型分类

土地是人类赖以生存和发展的基础资源，土地利用是区域一切经济社会活动的重要载体，也是气候变化等自然过程、政策调控等人文过程及其交互作用效应的一面镜子。土地利用类型则客观反映了一定范围内地域功能分异的主导特征。因此，在主体功能分区基础上，进一步根据土地利用类型，参考县域土地利用总体规划、县域空间规划方案，划分出村镇建设、农业发展、工业用地、生态保护等不同类型，为县域城镇化、产业体系、农业生产、生态建设布局等提供空间支撑。

（三）主要用途分级

土地利用类型既代表着土地的主要用途，也呈现出同一用途的程度差异。譬如村镇类型归属于城镇村建设用地，按照等级规模和经济社会发展水平，将村镇类型细分为县城—重点（中心）镇——般乡镇—中心村（社区）—自然村等不同级别。同样地，综合分析耕地质量、作物类型和生产方式，将农业类型划分为高值农业区、一般农业区和低值农业区，也可根据农业地域特征与综合产能分为重点农业区、一般农业区；综合分析工业产品类型和产出效率，将工业类型划分为高值工业区、一般工业区和低值工业区，也可根据工业区建设等级分为国家级、省级、市县级和乡镇级工业区；综合分析生态保护区等级和生态系统价值，将生态类型划分为生态高值区、一般生态区和脆弱生态区，也可根据保护区等级划分为国家级、省级保护区，县级重点生态区和一般生态区。

（四）规划研制要点

首先要深入研究新时代乡村振兴的科学内涵与战略要义，紧密结合区域特点和发展特色，系统解析特定县域资源、环境、生态等自然条件和经济、社会、文化等人文特征。在此基础上重点研判乡村振兴规划内容及其技术规范。其研制要点：①研究县级乡村振兴规划的时代背景与总体定位，明确阶段性发展模式、特色领域与重点方向；②研制县域主体功能分区、主导类型分类、主要用途分级体系，探析国土空间地域格局与分异规律，保障乡村振兴规划与国土空间规划、国民经济与社会发展规划有机衔接；③探究不同主体功能区协同方案，以及特定功能区内不同主导类型的空间构型、结构关系，主要包括城镇村聚落类、生态保护类、产业发展类、社会文化类等，重视突出乡土文明、乡村文化及社会要素的价值，加强乡村特色文化的保护与传承，加强乡村社会合作网络与治理体系的培育；④探明各个主导类型在其规模、水平上的地方关联与等级体系，主要包括村镇体系、产业体系、生态保护体系、基础设施与公共服务体系等。最终形成以主体功能、主导类型为基础，以村镇体系为骨架，以产业体系为支撑，以生态保护、基础设施与公共服务为保障的乡村振兴总体规划方案。

四、乡村振兴规划及发展策略

通过利用“三主三分”技术方法，系统揭示盐池县乡村地域类型、功能空间结构及其分异特征。结合盐池县自然地理背景和社会经济发展特点，确立乡村振兴规划的主导原则是坚持生态优先、因地制宜、产业支撑、城乡融合。以构建县域生态、生产、生活空间体系为重点，按照乡村振兴“产业兴旺、生态宜居、乡村文明、治理有效、生活富裕”的目标要求，推进形成要素集聚、结构合理、空间有序的城镇村发展建设新格局。

乡村振兴规划是实施乡村振兴战略的空间蓝图和行动指南。在资源环境承载力基础上，需要依据乡村地域多体系统格局与分异规律，进一步深化细化乡村振兴统筹谋划、整域协调、优化布局、科学管控的基本策略。针对该县生态脆弱、地广人稀的地域特征，乡村振兴规划强化了生态空间有效保护、生产空间地域均衡、生活空间适度集聚中的空间治理理念。重点整合县城及重点乡镇资源、明晰特色方向、完善基础设施建设、有效提升城镇职能和地域效能，着眼推进乡村治理体系和治理能力现代化长远目标，针对现实问题和立足区域优势，着力建设支撑乡村振兴规划的城乡交通体系、乡村产业体系、城镇空间体系和村镇服务体系。城乡空间治理方面，要围绕生态保育、资源开发、能源利用、乡村减贫的发展目标，构建以盐池为中心的陕甘宁蒙四省接壤区城乡交通管网体系，整体推进“三联”（交通道路联网、引水管线联通、信息平台联建）同区化和一体化；乡村产业发展方面，要加快壮大乡村专业合作组织、村镇混合制经济，重点建设以滩羊、黄花、小杂粮产业化为特色和生态、文化旅游智慧化为亮点的现代产业体系；城镇空间与村镇服务体系方面，要突出中心城镇地位和综合功能，构建“大分散、小集聚”聚落格局，形成以县城、重点乡镇为中心，以教育、医疗、文化、信息等公共资源均衡配置为基础，以若干中心村镇及社区“三产”融合和人地协调发展为导向的村镇有机体、居业协同体。在乡村治理与创新机制上，建立健全责任机制、奖惩制度，突出统筹兼顾、因地制宜、精准施策，治沙、节水、减贫、兴业与富民多措并举、讲求实效，全力保障乡村振兴战略落实、规划落地。

中国乡村发展已进入全面转型新阶段，农业农村现代化是实施乡村振兴战略的总目标，重视强化新时期农业农村发展规律探究、深化乡村振兴规划技术方法研究，是加快推进新时代乡村振兴战略、服务农业农村现代化的重要举措。本书探讨了新时期乡村振兴规划的基础理论，尝试创建了乡村振兴规划“主体功能分区、主导类型分类、主要用途分级”的“三主三分”技术方法。在理论上，探明了乡村地域多体系统及其城乡融合体、乡村综合体、村镇有机体、居业协同体的分层识别机理，揭示了乡村振兴“三生”（生态、生态、生活）地域功能及其空间特征。在实践上，深入探析了“三主三分”技术方法与区域国土空间规划、城乡发展总体规划等规划的有效衔接途径，诠释了乡村地域多体系统层级结构与乡村振兴规划“网—区—场—极”空间格局的对应关系和优化路径，直接支撑了宁夏盐池县乡村振兴总体规划及其宁夏回族自治区“脱贫富民与乡村振兴”盐池先行示范区建设，以期为创新中国乡村振兴规划方法体系、制定县级乡村振兴规划与科学决策提供参考依据。

乡村振兴规划主要内容与技术要点体现在四个方面：①研究县级乡村振兴规划的时代背景与总体定位，明确阶段性发展模式、特色领域与重点方向；②研制县域主体功能分区、主导类型分类、主要用途分级体系，探析国土空间地域格局与分异规律；③探究不同主体功能区协同方案，以及特定功能区内不同主导类型的空间构型、结构关系；④探明各个主导类型在其规模、水平上的地方关联与等级体系。盐池县乡村振兴规划“三主三分”方案：主体功能分为草原风沙区、灌溉农业区、丘陵沟壑区、哈巴湖自然保护区；主导类型包括村镇类型、农业类型、工业类型、生态类型；主要用途（以村镇聚落为例）按照“县城—重点镇—中心村”等级体系。乡村振兴规划是实施乡村振兴战略的空间蓝图和行动指南，需要遵循乡村地域多体系统格局与分异规律，着力建设支撑乡村振兴规划的城乡交通体系、乡村产业体系、城镇空间体系和村镇服务体系。编制和实施乡村振兴总体规划的主要任务，是按照“产业兴旺、生态宜居、乡村文明、治理有效、生活富裕”的目标要求，推进形成要素集聚、结构合理、空间有序的城镇村发展建设新格局。盐池县乡村振兴总体规划编制，力求做到县域多元数据融合、多技术方法整合和公众参与、专家征询结合，但是在县域乡村转型过程、空间格局情景，以及乡村振兴区域联动、智慧乡村、市场配置等研究方面有待深入开展。

中国地域范围广，乡村发展差异大、转型面临问题多，区域差距、城乡差异、村镇差别决定了乡村治理、乡村振兴规划与城乡融合发展战略的复杂性、多元性和差异性。当今中国已进入全面建成小康社会和“城乡中国”新时代，乡村发展“六地”（中华民族农耕文明的传承地、农业生产农民居住的集中地、工业化与城镇消费的原料地，以及保障生态粮食安全战略高地、现代城市健康发展重要腹地、创新创业康养文化兴盛之地）功能日益凸显，亟须通过科学实施乡村振兴战略，开启中国城乡融合和现代化建设新局面。规划若不能落地，目标就可能落空。新时代乡村振兴是一个关系破解中国“三农”问题、实现国家现代化的重大领域。乡村转型—城乡融合—乡村振兴—高质量发展成为未来发展的大逻辑、新常态。地理学特别是人文与经济地理学的创新贡献大有可为，面向战略需求要致力于研发乡村地域系统探测器、研究乡村转型发展动力源、研制全面乡村振兴路线图。在理论方面，创建乡村地域系统”三度“（大跨度、多尺度、分维度）机理解析与诊断模型，揭示新型城镇化与乡村振兴“双轮驱动”下乡村要素整合、人地耦合、城乡融合发展动力机制，探明乡村人地系统演化机理、动态过程与科学途径，为乡村振兴的长远谋划、短期规划提供理论依据；在方法方面，应用大数据、人工智能等技术，开发乡村地域系统的弹性、质态、功效等参数化估量方法，建立乡村健康体检与乡村振兴量表体系。围绕绿色发展与美丽乡村建设，构建“绿发指数”，聚焦“四绿”：绿人（绿色生产者、从业者）、绿地（绿色健康土地与环境）、绿业（绿色有机、生态产业）、绿权（绿色发展权益保障机制与制度），制定乡村振兴成效第三方评估考核办法；在实践方面，遵循人地关系地域系统的分异格局与规律，将乡村人地系统划分为农业系统、村庄系统、乡域系统、城镇系统等不同地域类型，分区分类开展乡村振兴地域模式的系统梳理和典型示范。有针对性地开展乡村振兴规划“回头看”，抓住“十四五”规划编制的有利时机，对照目标、核准问题、精准施策。加快建设乡村振兴规划与管理的信息化、智能化和工程化平台；深入推进面向 2030 年全球可持续发展目标与世界乡村振兴科技需求的大数据模拟、国际化合作和网络化共享。乡村振兴规划的质量和效果主要取决于三个方面：一是规划前期研究的扎实程度，通过严格论证评审；二是规划过程监控的精准程度，开展项目可行性评价；三是规划后期的落地程度，实行综合成效评估。简言之，把脉准、可操作、有实效。当前乡村振兴规划研究应着眼于区域协调、城乡融合、农业安全与民生保障的大局，着力破解乡村可持续发展面临的“乡村病”现实难题和“城进村衰”突出问题。广大地理学、管理学、社会学等相关领域的科研工作者，理应把创新发展乡村振兴规划理论与方法论，科学推进乡村振兴战略落实、规划落地，作为科学研究服务支撑乡村振兴国家战略的立命准则、时代重任。

第二节　乡村振兴实施路径

乡村振兴是产业兴旺、生态宜居、生活富裕、乡风文明、治理有效的一个综合结果，不是某一个方面做好了就实现了乡村振兴，但某一个方面的实现，又往往有其他四个方面的推动，或者是直接导致了其他四个方面的实现。本章探讨的实施路径，是通过国内各类乡村发展的实践经验，总结每个县镇、乡村的振兴突破点。

显然任何一个乡村的振兴，都不是靠某一点做好从而就实现振兴的，而是多个手段、多种方面共同作用的结果。有些主要抓村容村貌，有些抓卫生，有些抓管理体制，一般发展越好的村庄，各方面都要抓好，但在振兴最初，一定先是找到了某个突破口，有些从优势入手，抓住了优势资源，找到了核心竞争力；有些从问题入手，找到了阻碍发展的关键问题，针对问题找到了解决方案，从而把整个乡村带进了振兴的正确方向中来。

路径总结分类过程，融入了产业兴旺、生态宜居、生活富裕、乡风文明、治理有效五种路径，同时在地理区位特点、资源特点、历史文化特点、经济发展方式特点、管理措施、发展历史，存在问题等方面进行总结，以其最突出的先天优势或者以其最有效的振兴手段为分类的依据。

一、理论引导型

（一）什么是理论引导型

理论引导型，顾名思义，由某个乡村振兴的科学理论引导乡村产业、乡村生产环境、乡村生活环境、乡风乡俗等朝着一个正确方向发展的乡村振兴发展类型。该理论可以是某个产业发展理论，可以是乡村体制管理与治理理论，亦可以是实现百姓生活富裕目标的核心理论。可以是某个理论，也可以是某个理论体系。

（二）理论怎样引导乡村振兴

理论的作用有两方面，一是指导发展实践，将过去错误的发展方向进行归正及指引；二是为村庄增加了名人效应，提供了“吸引物”，带来了客源，各方领导都要来学习，无形中为地方带来进步的压力，逐渐形成了一个倒逼的过程。同时，任何地方的发展，如若能带来人流量，那后续的很多消费、资金、信息、技术都会随之而来。

（三）发展措施

1. 选取科学的发展理论

想要通过“理论引导型”发展的乡村，首先就要选取科学的、具有前瞻性的、确确实实能够指导乡村振兴发展实践的理论，能够应用到乡村产业发展、百姓生活富裕、乡风文明建设等多方面的理论。理论引导型的乡村振兴，在实践过程中并不是仅局限在某一方面，而是要求实施主体具有开阔的思路模式，把理论应用到乡村发展的方方面面，而且既然是科学的理论，就具备应用到方方面面的潜力。

2. 关注理论的提出人是谁

同时，要关注理论是谁提出的，是否是地方领导发展的核心人物提出的，这也能够为乡村带来名人效应、吸引物质资源。

3. 将理论贯彻在发展的多个方面，做出典型

把理论生动的实践在乡村的产业发展、基础设施建设、乡风治理、管理体制建立、乡村景观吸引物塑造等方方面面。不断拓展理论转化通道，持续推进乡村休闲旅游提档升级。

二、区位依托型

（一）什么是区位依托型

“区位”一方面指该事物自身所处的位置，另一方面指该事物因自己所处空间位置而与其他事物之间产生的空间联系。区位依托型的乡村主要指那些处于有利区位优势的乡村，例如长三角、珠三角的乡村以及中西部其他发达城市群周边的乡村或者大中型发达城市的城郊乡村。

这类乡村利用良好的区位为其提供的交通、市场、产业、基础设施等

方面的便利条件，促进乡村发展振兴。农业、农产品加工业、轻工业等产业发展优势明显，产业可向做精做强发展，可以利用现代物流、电子商务等多种营销方式扩大影响。

（二）区位如何对乡村发展产生影响

区位对乡村的影响主要表现在市场需求、交通距离、产业带动、政府管理效率、政策资金倾斜、农业生产技术、劳动力等方面。

在市场需求上，无论乡村是生产初级农产品、农产品深加工产品还是乡村旅游产品等，周边发达的城市消费群体市场都可以消化。

在物流交通距离方面，园艺业、乳畜业产品容易变质，要求有方便的交通运输条件，同时发达地区成熟的二产、三产发展基础，也能为乡村产业的兴旺提供较为齐备的生产资料、资本投入、技术信息等。在客源交通距离方面，周边城市的短途休闲旅游市场，也可以为乡村旅游的发展带来客源群体，为城乡的进一步深度融合提供条件。

同时，发达地区的政府整体管理效率相对较高，管理理念也会相对先进，这些都为乡村振兴带来先决的有利条件。龙头企业的引入，更利于将农民转化为职业农民，促进农业增效，农民增收，农民可以一边领取土地流转金，一边拿着职业农民打工的薪水。

（三）这种乡村怎样主动利用有利的区位优势

对于具有区位优势的乡村，在开拓发展路径的过程中，应首先确定自己的区位是属于区域型区位优势，还是城郊型区位优势。为了便于理解，笔者将其总结为大区位优势（区域型区位优势）和小区位优势（城郊型区位优势）。

1. 区域型区位优势

若乡村处于长三角、珠三角等东部经济发达地区，可首先在产业发展路径上进一步拓宽思路，依托乡村现有的产业发展资源类型，以市场为导向，引导支持专业的技术和管理理念的介入，通过有针对性的招商引资、龙头企业的扶持以及农民专业合作社的规模化建设，将发达区域的产业发展优势充分引入到乡村。

2. 城郊型区位优势

而对于具有小区位优势的乡村，应首先确定好自己的核心依托城市或城市群，找准市场需求，从农产品和乡村旅游产品服务上着手，做周边城市的“菜篮子”，做周边城市的“后花园”。这种乡村往往土地利用率高，要充分发挥土地的价值。利用良好的公共服务配套设施和区位优势，增加农产品的附加值，实施特色优势农产品出口提升行动，提高农产品国际竞争力。同时开放精品果园精品农场，供市区游客游览采摘。

三、特色现代农业型

（一）什么是特色现代农业型

现代农业的概念，涵盖了高效农业、精品农业、品牌农业、绿色农业、有机农业、科技农业、生态循环农业等近年我们大力提倡发展的农业发展模式类型，这些类型的内涵各有强调，又各有交叉，这里我们统称为特色现代农业。

现代农业不再局限于传统的种植业、养殖业等农业部门，而是包括了生产资料工业、食品加工业等第二产业和交通运输、技术和信息服务等第三产业的内容，原有的第一产业扩大到第二产业和第三产业。现代农业成为一个与发展农业相关、为发展农业服务的产业群体。这个围绕着农业生产而形成的庞大的产业群，在市场机制的作用下，与农业生产形成稳定的相互依赖、相互促进的利益共同体。

新技术的应用，使现代农业的增长方式由单纯地依靠资源的外延开发，转到主要依靠提高资源利用率和持续发展能力的方向上来。现代农业正在向观赏、休闲、美化等方向扩延，假日农业、休闲农业、观光农业、旅游农业等新型农业形态也迅速发展成为与产品生产农业并驾齐驱的重要产业。传统农业的主要功能是提供农产品的供给，而现代农业的主要功能除了农产品供给以外，还具有生活休闲、生态保护、旅游度假、文明传承、教育等功能，满足人们的精神需求，成为人们的精神家园。

（二）什么样的乡村选择现代农业型发展路径

已经具备一定农业产业发展特色的乡村，可以选取现代农业型发展路径，进一步扶持龙头企业，加大龙头企业在乡村发展中的影响力度，从土地流转、农技推广、农民雇用、乡村资源共享、村民市场化服务管理等方面，对乡村的发展做出贡献。激发龙头企业在产品品牌塑造、产品类型多元化、销售渠道拓宽等方面更多地发挥积极性和带动能力。

（三）发展措施

1. 坚持特色引领

（1）抓优势产业规模化

培育水果、畜禽、蔬菜、茶叶、水产、花卉苗木、林竹、食用菌、中草药等优势产业，发挥自然资源优势，突出特色，坚持质量兴农、绿色兴农，进一步调整品种结构，优化产业布局，培育龙头企业，创建一批现代农业产业园，加快推进农业由增产导向转向提质导向，加快构建现代农业产业体系、生产体系、经营体系。

（2）抓品牌农业建设

组织实施种业创新工程，积极推进农业标准化生产，提升“三品一标”农产品，扩大全国知名品牌的影响力。

（3）抓农业合作

加强农业新技术、新品种、新机具和经营管理方式的推广应用，促进特色农业质量和效益双提升。

（4）抓农产品质量安全

坚持从田间到餐桌全链条严监管、全过程可追溯，把食品安全监管工作落实到“一企一业”、“一品一单”，确保老百姓“舌尖上的安全气”。

2. 促进小农户与现代农业经营体系对接

围绕小农户融入现代农业发展，突出“两手抓”：一手抓有效带动，一手抓有效服务。有效带动，就是通过“一村一品”“一县一业”引导小农户从分散生产转向有组织有规模生产，促进农民增收。用工业化模式组织小农户生产经营。大力实施新型农业经营主体培育工程，完善政策支持体系，发展多样化联合与合作，把千家万户组织起来搞经营、闯市场，共享规模经营效益。有效服务，就是围绕小农户需求，培育各类专业化市场化服务组织，强化对小农生产的多元化专业化服务保障。加快构建生产组织、设施配套、产品营销三个体系，解决农户生产问题；加快推行多元担保、资源盘活、保险扩面三个模式，解决农户资金问题；强化农业科技、农业信息、农业生产三项服务，解决小农户生产经营保障问题，把小农生产引入现代农业发展轨道。

3. 加强产业融合思维

党的十九大提出要建立健全城乡融合发展体制机制和政策体系，促进农村一、二、三产业融合发展。城乡融合，构建新型工农城乡关系，实现城镇与乡村相得益彰。充分发挥政府和市场两方面作用，积极引导更多资金、人才、技术等要素向农村流动，为乡村振兴注入新动能。安排财政专项资金建立奖励制度，大幅增加农村人才薪酬收入，促进农村人才多起来、活起来。产业融合，以高质量发展为中心，以农业供给侧结构性改革为主线，以延伸产业链、拓展农业多种功能为重点，推动农产品加工业优化升级，推进农产品流通现代化，开发农业旅游、康养等多种功能，推进“互联网 + 现代农业”，培育发展新产业新业态，促进农业全环节升级、全链条升值，不断提高农业创新力、竞争力和全要素生产率。

4. 以有效的服务组织为保障

实施乡村振兴战略，关键要有一支懂农业、爱农村、爱农民的“三农”工作队伍，不断为“三农”工作注入强大活力。一是深入实施科技特派员制度，选派大量的科技特派员活跃在农业农村第一线，鼓励科技人员以技术、资金、信息入股等形式，与农民和专业合作社、企业结成经济利益共同体。二是深入实施下派村支书制度。选派优秀党员干部担任驻村第一书记，实现了经济发展和党建基础“双薄弱”村全覆盖，为乡村振兴提供有力保障。

四、乡村旅游型

休闲农业和乡村旅游是目前普适性最高的一种乡村振兴产业业态，具有连接城乡要素资源、融合农村一、二、三产业的天然属性，可以在促进乡村产业兴旺、增加居民就业、改善生活环境、保护乡村传统文化等多方面起到事半功倍的效果。有巨大的市场空间，具备条件的地区应该稳步推进。

（一）乡村旅游的内涵

乡村旅游的概念包含了两个方面：一是发生在乡村地区，二是以具有乡村性的自然和人文客体为旅游吸引物的旅游活动，二者缺一不可。现代乡村旅游是在 20 世纪 80 年代出现在农村区域的一种新型的旅游模式，尤其是在 20 世纪 90 年代以后发展迅速。现代乡村旅游对农村经济的贡献不仅仅表现在给当地增加了财政收入，还表现在给当地创造了就业机会，同时还给当地衰弱的传统经济注入了新的活力。乡村旅游的主要资源包括：自然景观、田园风光和农业资源。

乡村旅游有以下特点：一是以独具特色的乡村民俗文化为灵魂，以此提高乡村旅游的品位丰富性；二是以农民为经营主体，充分体现“住农家屋、吃农家饭、干农家活、享农家乐”的民俗特色；三是乡村旅游的目标市场应主要定位为城市居民，满足都市人享受田园风光、回归自然的愿望。

国内乡村旅游基本类型大致包括以下几类：以绿色景观和田园风光为主题的观光型乡村旅游；以农庄或农场旅游为主，包括休闲农庄、观光果园、茶园、花园、休闲渔场、农业教育园、农业科普示范园等，体现休闲、娱乐和增长见识为主题的乡村旅游；以乡村民俗、民族风情以及传统文化、民族文化和乡土文化为主题的乡村旅游；以康体疗养和健身娱乐为主题的康乐型乡村旅游。

（二）乡村旅游如何促进乡村振兴

众所周知，“三农”包括农业、农村、农民。从相互关系上看，首先从农业角度看：农业可以说是为旅游业又开辟了一个新的战场，广阔农村，可以让旅游大有作为；同时乡村旅游的引入，可以增强农业产业活力，使得农业多产化。其次从农村角度分析：农村在为旅游业提供劳动力的同时，旅游业通过多种方式增加了农民收入和就业。再次从农民角度看：农民开展乡村旅游，为旅游发展提供了开展的空间，使旅游也不仅仅局限于景点、景区、城市，同时在旅游带动下，农民也能感受到乡村美化带来的各种便利，农村环境得到了改善，生态也变得更加宜居。

所以说，乡村旅游不仅是促进乡村振兴战略实施的有力抓手，更是系统解决“三农”问题最直接最有效的手段之一，有利于一揽子解决“三农”问题，促进乡村振兴。

（三）当前乡村旅游发展存在哪些问题

近年来，乡村旅游在促进消费、改善民生、推动高质量发展中产生的重要带动作用获得广泛认可，但也存在一些不平衡不充分的问题。

1. 乡村旅游产品亟待升级

乡村旅游的产品也要升级换代，不再是吃吃农家饭，住住农家院，当乡村成为旅游活动的一切载体，那么康体运动、健康养生、研学旅行等各类旅游特色产品都可根植于乡村环境中。因为旅游活动首先是要让游客感受到环境的差异性，相对于城市游客，乡村就是最为广泛的差异环境旅游资源，更不用说大多数乡村不仅民风淳朴且生态环境优良。所以现在已经不是要不要发展乡村旅游的问题，而是发展哪种类型的乡村旅游产品。

2. 各地同质化现象明显

目前各地发展休闲农业和乡村旅游积极性很高，遍地开花、盲目发展的势头较猛，同质化的问题突出，恶性竞争、亏本经营的不少。发展休闲农业和乡村旅游需要有独特的资源禀赋和基本条件，需要搞清楚自身的市场需求和目标群体，需要有创意的设计和巧妙的营销。因此，各地在发展中要认真研究，理性选择。

3. 特色挖掘不足导致的“千村一面”

乡村旅游热导致了大量盲目地开发，“野蛮生长”的乡村旅游，管理机制不完善，旅游活动缺乏特色，背离当地文化规划建设导致“千村一面”。这种一窝蜂式的开发，政府缺乏正确的规划和引导，经营者一味追求短平快，造成同质化严重，无视乡村和农民的发展需要，完全丢失了乡村旅游最初的味道。伴随资本涌入，“千村一面”的尴尬难掩，这些乡村虽然填补了乡村旅游资源的空缺，但难以肩负社会赋予的真正责任，究其背后的原因，最主要的一点就是没有属于自己的独立 IP。

（四）发展措施

1. 各方面多角度的提质升级措施

在乡村旅游从 20 世纪 80 年代发展至今，现在面临的核心问题就是乡村旅游产品业态的转型升级，从基础硬件设施上升级，从产品、产品质量上升级，升级手段包括硬件设施的建设、管理模式的提升，信息技术的同步以及多元化服务产品的升级换代等。

2. 以拓展农业多种功能的思路发展乡村旅游

以农耕文化为魂、以田园风光为韵、以村落民宅为形、以生态农业为基，依托村庄优势农业项目，拓展农业观光、休闲、度假和体验等功能，开发“农业 + 旅游”产品组合，带动餐饮、住宿、购物、娱乐等产业延伸发展，促使农业向二、三产业延伸，产生强大的旅游产业经济协同效益，促进当地群众增收，实现脱贫致富。

3. 强化乡村的独特性挖掘与创新

加强乡村生态环境和文化遗存保护，发展具有历史记忆、地域特点、民族风情的特色村镇，建设“一村一品”“一村一景”“一村一韵”的魅力村庄和宜游宜养的森林景区，依据自然资源，有规划地开发休闲农庄、特色民宿、自驾露营、户外运动等乡村休闲度假产品。

4. 市场导向、品牌战略

乡村旅游产品与其他旅游产品一样，是针对相应的市场需求而设计产生的，乡村旅游产品是否符合旅游者的需求是决定其开发是否成功的重要因素之一。乡村旅游开发要以市场为导向，进行充分的市场调查和分析，将市场需求和客观条件相结合，开发出各具特色、不同档次，适销对路的乡村旅游产品。

以市场为导向，首先必须树立市场意识，分析旅游者的旅游动机，开发出满足旅游者需求的乡村旅游产品。其次必须树立品牌意识，以品牌促进乡村旅游的发展。各地应根据自身的生态、文化、建筑、民俗等条件，创建并打响自身的特色化乡村旅游品牌。也可以根据市场情况创建、树立区域性品牌，以品牌促营销，以营销促发展。最后，为了能根据市场需求进行产品开发、提升与改进，乡村地区应定期对消费者和乡村旅游经营商进行调查。

5. 整体开发与择优开发相结合

乡村旅游资源既具有形式多样、丰富多彩的特点，又是区域旅游资源的一个组成部分。要把乡村旅游资源的开发利用纳入区域旅游开发的系统工程中去，从区域旅游的角度出发，进行统筹安排、全面规划，从而形成统一的区域旅游路线，促进区域经济的发展。

6. 将“大众创业、万众创新”作为引领乡村旅游发展的重要力量

人是组成乡村旅游资源最活跃的因素，在发展乡村旅游时要积极组织当地居民参加旅游服务，引领乡村旅游新时尚新潮流，积极开展乡村旅游“大众创业、万众创新”，引导贫困群众从事乡村旅游发展，带动休闲农业、乡村旅游、户外运动、工程建筑等产业发展，促进就业创业，实现农民增收创收。

五、生态优势型

（一）什么是生态优势型

推动乡村生态振兴，是乡村振兴的核心内容之一，建设生活环境整洁优美、生态系统稳定健康、人与自然和谐共生的生态宜居美丽乡村，是乡村振兴的目标之一。

生态优势型的乡村一般集中在生态环境优美，没有工业污染，自然条件优越，拥有丰富山水资源、森林资源、草原或沙漠等特殊地貌景观资源的区域，生态环境优势明显，并且能够把生态优势通过生态旅游、乡村旅游、绿色农业等产业业态转变为经济优势。

（二）可开发产业类型

1. 绿色农业

具有生态优势的地区，绿色农业具有良好的生长环境本底，可通过绿色生产方式发展品牌农业、特色农业、精品农业、循环农业等，实现投入品减量化、生产清洁化、废弃物资源化、产业模式生态化，提高农业可持续发展能力。

2. 生态旅游

利用乡村周边的自然生态景观优势，山水林湖海、湿地、沙漠、草原等特色地貌景观资源，开发生态旅游产品，从观光到度假、研学、深度体验等产品链条延伸，开发生态养生、体育、康疗度假等产品。

3. 乡村生态旅游

配套服务于生态旅游的乡村旅游产品。处于良好生态资源优势地区的乡村，可为生态旅游产业提供良好的基础服务配套，为前来旅游的游客提供旅游商品、农产品的购买服务。

（三）发展措施

1. 推动绿色农业循环发展，打造生态农业品牌

有效推进农业绿色发展。积极推进化肥农药双减双替代行动，实行产业废弃物循环利用，实施农业立体种养与资源综合利用。强化水土保持与农业污染防控工作，创新多样品种选育与产品加工技术。同时，因地制宜依托优质资源，供给绿色高品质农产品，打造出绿色、有机、生态的特色健康农产品品牌。

2. 通过多种途径盘活自然资源

进一步盘活森林、草原、湿地等自然资源，允许集体经济组织利用现有生产服务设施用地开展相关经营活动。允许在符合土地管理法律法规和土地利用总体规划、依法办理建设用地审批手续、坚持节约集约用地的前提下，利用 1% ~ 3% 治理面积从事旅游、康养、体育、设施农业等产品开发。进

一步健全自然资源有偿使用制度，研究探索生态资源价值评估方法并开展试点。

3. 扩大商品林经营自主权

深化集体林权制度改革，全面开展森林经营方案编制工作，扩大商品林经营自主权，鼓励多种形式的适度规模经营，支持开展林权收储担保服务。完善生态资源管护机制，设立生态管护员工作岗位，鼓励当地群众参与生态管护和管理服务。

4. 大力发展“生态＋乡村”的复合旅游产品

深入挖掘乡村经济、生态、文化、生活价值，提供农耕文化体验、生态宜居和休闲养生旅游产品，保持乡村生态产业发展良好势头。挖掘乡村景观优势，发挥多样功能作用，构建休闲农业体系。

5. 加强政府配套服务，强化顶层设计

加强政府配套服务，强化顶层设计。出台促进产业生态化和生态产业化的指导性意见，明确财政、税收、土地、金融等支持政策，加大对生态产业融合发展的支持，加大对绿色生态农业及其产业的支持，促进农业资源可持续利用，增强农业产业的整体竞争力。加强生态产品科学规划设计，健全生态产品和服务的技术支持体系，实现传统产业产品的改造升级。培育新型业态并提高生态产业科技创新能力，结合乡村发展实际，培育乡村美丽业态。加速主体融合，加快培育新型农业经营主体，发挥好其引领带动作用，把小农户吸引到生态产业发展中来。加强生态产业市场秩序监管，制定生态产品和服务的统一标准规范，实行标准化生产和全过程化控制，保障产品和服务质量。

六、文化繁荣型

乡村振兴既要塑形，也要铸魂。只有塑造以社会主义先进文化为主体的乡村思想文化体系，打造文化乡村，培育文明乡风，让村民生活富起来，环境美起来，精神乐起来，乡村振兴战略才能真正实现。

（一）什么是文化繁荣型

文化繁荣型的乡村振兴路径，是具有优秀民俗文化、非物质文化、特殊人文景观，包括古村落、古建筑、古民居或传统文化特色较为突出、乡村文化资源丰富的地区，通过乡村自身的思想道德建设、文化生活质量提升，以及乡村优秀传统历史文化的保护利用和乡村特色文化产业发展等方式手段，实现乡村振兴目的的乡村振兴路径类型。

文化繁荣型的乡村振兴适用于具有古村落、古建筑、古民居特殊人文景观以及历史人物、神话传说、民间故事、民间歌谣、民间艺术、园林艺术、民俗风情、风味餐饮、文化遗址等文化资源丰富的地区。

（二）文化繁荣型的乡村具有哪些特点

1. 文化资源丰富

保存了较为完整的建筑遗产、文物古迹和传统民俗活动文化，反映了一定历史时期的地方风貌、民族风情、生活习俗，具有较高的历史、文化、艺术和科学价值。

2. 文化资源得到有效保护

建立完善了文化资源保护政策和管理机制，传统建筑、民族服饰、农民艺术、民间传说、农谚民谣、生产生活习俗、农业文化遗产得到有效保护和传承。

3. 开发利用效益明显

充分发掘乡村文化的产业价值，自然景观和人文景点等旅游资源得到保护性开发，民间传统手工艺得到发扬光大，特色饮食得到传承和发展，农家乐等乡村旅游和休闲娱乐得到健康发展，实现产业和文化的相互促进。

4. 乡风文明建设有效

在新时代乡村振兴战略的新内涵体系下，“乡风文明”成了文化繁荣重要的组成方面，在国务院发布的乡村振兴战略规划内容中，要求坚持以社会主义核心价值观为引领，以传承发展中华优秀传统文化为核心，以乡村公共文化服务体系建设为载体，培育文明乡风、良好家风、淳朴民风，推动乡村文化振兴，建设邻里守望、诚信重礼、勤俭节约的文明乡村，推动城乡公共文化服务体系融合发展，增加优秀乡村文化产品和服务供给，活跃繁荣农村文化市场，为广大农民提供高质量的精神食粮。

（三）发展措施

1. 创新乡村文化投入模式，增强公共文化产品供给质量

进一步加大农村文化建设专项投入，以政府向社会购买服务等方式丰富服务内容、提高服务效率。建立农村文化建设专项引导基金，专项用于支

持农村文化建设项目，并吸引社会力量投入农村文化建设。

2. 强化阵地和组织建设，丰富传播形式

首先，要发挥好基层干部和老党员在乡村文化建设中的核心带头作用，还应创新政策，吸引选拔一批热爱乡村文化的文化能人、大学生、退伍军人等各方面人才加入到乡村文化建设队伍中来。实施“乡贤培育计划”，支持各方社会贤达投身乡村文化建设。

丰富传播形式，让乡村文化接地气聚人气，多采取诸如文化墙、宣传栏、农村大喇叭、广播车、印发文化手册和海报等群众喜闻乐见、通俗易懂、贴近百姓的传播形式，多开展送戏下乡、扭秧歌、踩高跷，以及文明乡村、文明家庭、文化能人评比等活动。

3. 保护文化资源，留住乡愁

在保持乡村基础格局、布局形态、建筑风貌的前提下，对文化资源进行保护、修缮和改造。对文化资源数量大、价值高的村落划定重点保护区，对分散的零星建筑设立保护点，对于急需保护的文化遗产优先规划保护；建立和完善以村民为主体的管护组织和管护制度；注重古建筑及其周边环境、风貌的保护，使传统文化与现代特色有机结合，对确需改造的建筑物要做到建新如旧，与历史风貌和环境相协调；加强对周边古树名木和山体、溪流的保护，以使村落与自然保持和谐统一。

发掘和保护乡村丰厚的历史文化资源，着力激活乡土文化资源，在乡村建设中，充分体现农村特点，注意乡土味道，保留乡村风貌，留得住青山绿水，记得住乡愁。乡愁对于乡村地区而言，一个重要方面是对乡土文脉、田野文物的记忆。因此要加强对遗址遗迹、宗族祠堂、田野文物等乡村文化地标资源的开发保护，传承乡村文脉，让广大村民在精神上有归属感。

4. 建设文化设施

对基层文化设施进行建设投入并确保功用，加强乡村文化站、文化馆、社区和村文化室等设施建设；构建乡村公共服务网络，建设传播先进文化的宣传阵地如文化长廊、阅报栏、信息栏、文化广场等设施。

5. 发展文化产业

充分挖掘特色文化资源，对具有突出特点和文化特色的资源进行深度开发，打造龙头品牌。开展传统节庆及民间文化等民俗活动，打造文化休闲旅游品牌。开发具有传统和地域特色的剪纸、绘画、陶瓷、泥塑、雕刻、编织等民间工艺项目，戏曲、杂技、花灯、龙舟、舞狮舞龙等民间艺术和民俗表演项目，以及中药、茶饮、手工艺品等特色产品。

七、IP 实践型

（一）什么是 IP 实践型

常规定义下的 IP 是知识产权，“知识所属权”引申为“专属符号”。IP 可以是具象的，也可能是抽象的，是一个事物与其他事物区别开来的关键元素。在这里我们把“乡村 IP”理解为乡村一种特色的自然生态资源、农业景观资源、农业作物资源、乡村风貌建筑等具象的实体，或者乡村的一个故事、一种感觉、一类民俗、一项文化等抽象的概念。它赋予一个乡村独特的特点，是乡村生命力的源泉。所以只要具备内容衍生、知名度和话题的品牌、产品乃至个人，都可以看作是一个 IP。

并不是每个乡村都能得到大自然和历史人文的馈赠，然而我们依然可以通过后期的人文再造，依据自身特色打造属于乡村的 IP 文化属性，通过自创或植入的方法引出乡村 IP，再通过 IP 创意策划、IP 品牌设计、IP 品牌传播、IP 衍生开发等一系列手段打造出乡村的独有 IP，并把这个 IP 连同乡村一起营销推广出去，让人们想到这个村就同时想到这个 IP，从而寻求符合乡村自身发展的产业支柱，这是乡村在同质化产品竞争中得以取胜的法宝，是乡村振兴路径选择中一种紧随时代需求的创新路径。

（二）乡村 IP 的类型

1. 农业特色类 IP

依托乡村本身的一产或特色，如农产品、地域田园景观风貌、生态环境特色、乡村主要植物、动物等农业资源，把它的原型加进巧思做成独特的标识，或标新立异，或靠硕大的体型吸引眼球，或 Q 版萌化，进行一系列的吸引人眼球的创意设计改造等。再围绕这个核心产业设计一系列的农产品、文创商品、体验活动等，经过一、二、三产的融合，提升农产品的附加值。这类 IP 的核心特色在于具有明显优势的农业产业的发展特色。

2. 文创植入型 IP

这类 IP 可能是目前大家想起 IP 的时候，应用最为广泛的一种，也是传统定义中最易于识别的 IP 类型，例如文学作品、电视节目、卡通动漫等，该类IP原型可以是依托乡村某类特色资源而创意生长出的IP。也可以是通过“拿来主义”嫁接过来的IP，使用拿来主义IP时要注意版权的问题，如果整个乡村使用某一知名IP主题化，需要和版权所有方申请使用许可，通常需要支付一定版权费。

这类IP区别于“农业特色类IP”的特点在于不一定是依托于乡村的农业产业特色进行的IP创意。例如日本熊本县的“熊本熊”。它的形象想必大家都见过，各种各样的表情包已经让它火遍全球，有无数粉丝热爱它。熊本熊是日本熊本县的官方代言人，是日本九州新干线全线通车后，用以推广熊本县旅游而设计的吉祥物。在熊本熊诞生之前，熊本县只是一个经济相对落后的农业小县城，在日本并不知名。而在熊本熊横空出世后的短短几年，全日本都知道了熊本县，熊本县旅游人数增长了近25%，带来很高的直接和衍生经济效益。

熊本熊的成功虽有独到之处，但其火爆验证了萌物“IP”所具有的现实吸引力。我们的乡村也可以因地制宜，造出属于自己的“熊本熊”，但绝不能只是简单的模仿，如何生动地营销使IP活化，从而产生强大的传播效应，才是我们值得学习和借鉴的。

和专业的文化公司合作举办IP展，VR互动体验等，优点是省心省力，可以一段时间变换一个主题，让游客常游常新，保持新鲜感。类似于城市的购物中心，它们的主要消费群体是亲子家庭和年轻人，而时下亲子家庭和年轻人也是乡村旅游市场的主力军。但合作型IP在与乡村旅游结合的过程中，IP文化类型的选择就相对需要慎重，需要根据乡村所在的市场区位，自然、人文特色进行选择。IP本身要符合乡村的“气质”，IP背后的客户群要与乡村定位相吻合。

3. 故事文化类IP

一段乡村世代相传的民间故事，一种乡村广为人知的乡愁情怀，一个乡贤报效家乡的创业故事，等等，都可以成为乡村IP的创意原型。其核心价值在于扩大提升乡村的影响力，因着情感共鸣吸引投资商、吸引游客，这类IP在产品转化上较为多样，可开发的产业类型也较为广泛，从旅游、文创、研学教育都可以涉及。

（三）发展措施

1. 找准 IP 及 IP 生长的优质基因

首先从消费者的视角，一个创新 IP 的诞生应是大众耳熟能详的，是亲民的，以简单易懂的形式符号组成文化矩阵；其次搭建与消费者产生心理认同的桥梁，用好的 IP 故事创建品牌与潜在顾客之间的链接，并不断强化智力与情感诉求。

为打造 IP 化主题特色乡村，需要充分挖掘本土文化 IP，构建匹配特色乡村发展的产业链。从前期策划到后期运营都需要执行者围绕特色乡村的本土特征，围绕特色乡村的 IP 主题全方位搭建项目，来实现原创 IP 文化价值转化为经济性的效益收入。IP 化主题乡村首先需要创新特色乡村的 IP 故事文化来引导受众的认知；其次导入特色乡村的互动体验活动，形成深层次的受众感官体验；最后以新媒体助力特色乡村的营销推广。

2. 以旅游为杠杆的多产业联动发展

目前 IP 经营最为典型或成功的实践案例一般都来自旅游产业业态的形式，一个成功的乡村 IP 实质是为了告别传统的单一旅游产业思维。推动以旅游为杠杆的多产业联动发展，将 IP 的优势与乡村的资源互为联动，放大价值，提高旅游的跨产业驱动力是 IP 实践模式的最终目的。一个健全的特色乡村发展创新模式因始于准确的 IP 定位，在乡村的发展中，不断培养 IP 主题产业的可持续发展力，来适应时代及消费者的创新性需求。

3. 加强乡村 IP 营销思维

在鼓足发展自身内核生命力的同时，应注重走出去的市场敏锐力，加强小镇的营销思维。在维持小镇自身特色的前提，需要提高市场的知名度及消费者的认知。将特色乡村的营销手段体系化，以专业的营销步骤，构建特色乡村 IP 化的品牌识别度。并以多渠道的平台营销推动特色乡村 IP 价值提升，高端的互联网营销思路有助于整合、加快小镇本土文化的优质资源推广，稳抓时代机遇，洞察消费者的需求，以网络平台为引擎，在白热化的特色乡村竞争中形成特色乡村系统性的品牌推广及 IP 打造的营销策略。

八、环境提升型

（一）什么是环境提升型乡村振兴

环境提升型的乡村振兴路径，主要在农村脏乱差问题突出的地区，其特点是农村环境基础设施建设滞后，环境污染，当地农民群众对环境整治的呼声高、反映强烈。政府通过生活垃圾治理、农村建筑风貌管制与提升，改善人居环境，提升居民幸福感，增加乡村吸引物等，从而使生态宜居的乡村环境成为乡村产业兴旺、百姓生活富裕的首要前提条件。

（二）措施有哪些

1. 系统提升生态环境建设

加大生态环境的治理。着力破解畜禽养殖场污染和病死动物无害化处理等农村种养殖业污染治理难题，加强农村环境监管能力建设，全面实行主要污染物排放财政收费制度，以及与出境水质和森林质量挂钩的财政奖惩制度，严禁工业和城镇污染向农业农村转移。

做好村庄内外的绿化。做好房前屋后、进村道路、村庄四周等薄弱部位的绿化，注重古树名木保护，构建多树种、多层次、多功能的村庄森林生态系统。在此基础上，健全落实村庄绿化长效管养制度，较好地预防和制止各类侵绿、占绿和毁绿行为。

打造生态田园的环境。按照宜耕则耕、宜建则建、宜绿则绿、宜通则通的原则，结合整洁田园、美丽农业建设，实现村庄生态化有机更新和改造提升。

2. 提升基础设施建设

抓好农村厕所革命，扎实推进农村公厕改造，同步实施公厕粪污治理，加强农村公厕管理服务；抓好农村生活污水治理，在基本实现农村生活污水治理设施建设全覆盖的基础上，按照农村生活污水治理“设施维修到位、管理落实到位、检查考核到位”要求，实现一次建设、长久使用、持续有效；全力抓好农村生活设施配套，立足长远、因地制宜，不断完善农村“四好”公路、电网、通信、防洪、邮政、公共照明、电子商务等生活设施，优化承接教育、医疗、商业等公共服务能力，提高农村环境的承载力和生活宜居度。

3. 深化提升美丽乡村创建

以村容村貌为主攻方向，加强农村规划设计的规划引领建设实践。大力推进县（市）域乡村建设规划编制全覆盖，并与美丽乡村建设规划、土地利用规划等“多规合一”。开展村庄设计、推进农村土地整治，对农村生态、农业、建设空间进行全域化优化布局，对“田水路林村”等进行全要素综合整治，对高标准农田进行连片提质建设，对存量建设用地进行集中盘活，对美丽乡村和产业融合发展用地进行集约精准保障；规范农房改造，积极探索建立城乡接轨的困难家庭住房即时救助保障机制。

4. 提升传统村落保护

加强对传统村落的保护和规划编制的实施，统筹推进村落系统保护和整体利用。同时，加强技术指导，加快历史建筑和传统民居抢救性保护，协调村落、传统民居周边建筑景观环境，彰显村落整体风貌。注重健全预警和退出机制，防止损害文化遗产保护价值；做好农村传统文化的传承和延续，抓好文化礼堂等公共文化服务设施建设，实施农村优秀传统文化保护振兴工程，加强非物质文化遗产传承发展，挖掘农耕文明，复兴民俗活动，提升民间技艺。

九、管理创新型

（一）什么是管理创新型乡村振兴路径

管理创新型的乡村振兴路径，是从管理体制机制、制度组织的创新入手，激发农村内部发展活力，优化农村外部发展环境，用管理来驱动发展的能动性和积极性，并推动人才、土地、资本等要素的双向流动，进而带动乡村振兴的发展路径。

（二）管理创新型的限制因素

1. 管理体制亟待转型

面对农村人口结构失衡、产业发展滞后、传统文化衰落等方面的挑战，目前的乡村社会治理体制并不能有效组织和动员乡村社会的内生发展资源，也难以动员其他可利用的外部发展资源。乡村治理主要依靠乡镇政府的村基层组织落实国家的涉农政策和资源下乡项目，而在培育乡村自身发展动力和提高农民的有效参与上，却显得力不从心，在组织和协调内生发展实践中，也未显示足够的有效性。

一方面村庄无主体性、乡村治理异化导致农民动员困难。无主体性主要表现为农民“等靠要”的性格特征和关注个体利益得失而漠视村庄公共事务的行为特征，以及约束性个体行动者的村庄价值规范的式微。另一方面农民的组织动员缺位，导致有效参与不足。在涉农政策的执行过程中，村干部不得不花费较大的成本或者以应付政策执行的办法来完成乡镇安排的任务。

2. 管理机制弱化

村庄共识是共同体内的成员之间共享的，激励人们在规则框架内行动的基本价值，是社会转型过程中，村民应对经济压力与变迁动荡的文化资源。在消费社会与市场经济背景下，村庄基础性的共识生产机制难以攻击集体能量，村落结构渐趋演变成以个体利益为中心的松散原子型，村庄秩序生产面临内卷化危机。

3. 乡村管理主体缺失

乡村精英外流。改革开放以来，大量的乡村精英脱离原有的生活方式，涌入城市，从 2000 年开始，国家对于农村劳动力的政策导向从“引导流动”转向“取消流动限制”和“公平流动”，进一步造成了乡村精英的单向流动。从而进一步形成新时期农村“空心化”、劳动力“老龄化”与乡村社会凋敝等社会问题。

第五章　乡村振兴基础建设与产业发展

第一节　乡村振兴基础建设

中国要美，农村必须美，美的中国要靠美的乡村打基础，要继续推进社会主义新农村建设，为农民建设幸福家园。

一、乡村振兴基础建设发展思路

推进社会主义新农村，建设新时代下的生态宜居农村，是实施乡村振兴战略的一项重要任务。农村美，中国才会美。祖国振兴，离不开农村的建设。我们不能一味地发展城市、建设城市，而忽略了振兴农村。中国要美，农村必须美。中国农村地域广袤，人口多达 6 亿人，如果我们的生态环境搞不好，乡村建设便无从谈起，那么国家的建设将是不完整的。我们做乡村建设，决不能一蹴而就，要注重保护乡村民俗文化，要留住乡愁。我们要统筹兼顾，保护农村风土人情，加强环境整治，注重民俗文化，保留或突出各地域的文化元素符号，综合提升原色乡村风貌，严禁砍树挖山，不填湖，少拆房，保护乡情美景，共同促进人与自然和谐共生，村庄形态与自然环境相得益彰。

以人民群众为主，从人民的需求出发，加强改善群众反映最强烈的突出问题，从人民群众中来，到人民群众中去，努力落实群众基本需求。从乡村本土文化、地域特点、本土产业等出发，建设环境适宜、产业上行、民居安业的美丽乡村，需要一个完善落地的建设发展思路。

第一，明确目标客户，实行乡村本土消费模式指引产品研发，在明确本村目标客户后推行项目设计；第二，推行梯度开发，综合项目特性、乡村场地条件、投资额度统筹考虑，将意义重大、带动性强的项目优先安排；第三，明确市场需求，准确把握旅游市场由休闲向度假转变趋势，着力构建度假产品体系，注重项目体验环境与质感；第四，注重营造一个良好的氛围，使得乡村旅游有更大的空间去发挥和施展，按照村内与村外并重的思路营造区域田园氛围；第五，塑造个性地域文化底蕴，将塑造本土品牌作为构建的抓手，杜绝追随模仿，着力烘托本土旅游产品的独特风格。

确定发展思路，打造最能体现乡村文化内涵的“乡思、乡愁、乡风”，加入当地的本土民情，结合当地民俗，共同构建出一个结合现代潮流，融合淳朴的乡村民俗的一体化休闲旅游度假区。乡村休闲与特色度假整合起来形成定位的落脚点，最终实现由传统农村蜕变成特色旅游村，在实施过程中需要三步推进。

第一，完成方案。合理制订方案并完成实施，确保包含本地区的目标和任务、责任部门、资金筹措方案、农民群众参与机制、考核验收标准和办法等内容；对照行动方案提出的目标和重点任务，以县、市、区为单位对具体目标和重点任务做出规划。实施方案作为督导评估和安排中央投资的重要依据。

第二，树立小范。开展典型示范。融合当地的实践深入开展试点示范，坚持由简入繁、点面结合，通过试点示范不断探索、不断积累经验，带动整体提升。加强规划引导，合理安排整治任务和建设时序，采用适合本地实际的工作路径和技术模式，总结并提炼出一系列符合当地实际的环境整治技术。

二、乡村环境基础建设，打造生态居住环境

迈出的第一步是乡村环境基础建设，包括宏观的硬件环境基础建设和微观的软件配套基础建设。

（一）宏观环境硬件基础建设

1. 交通建设工程

以城乡快速路、高架桥、城市道路、人行道，以及高速公路、铁路、机场、港口等为代表的交通工程，现已经取得了重大进步，但仍需要重视落实到全面建设。除此之外，进入村口的道路比较单一，建设这部分道路的时候要根据当地的路况，满足基础需求，还要考虑到当地即将进入全面开发建设阶段，

新增旅游的项目，使后续旅游容量将出现剧增的情况。规划将对现有道路交通系统进行提升。首先对农村道路进行规划，规划完成后对道路进行大改造并且适当搭配结合当地旅游服务中心交通换乘和游客集散，使得村民出行合理快捷，方便村民出行，也便于外来旅客进入到乡村体验交流。停车场采用生态停车的景观面貌，与自然环境、村庄面貌相协调。村民专用的内部道路在当前基础上加强道路两旁的绿化建设和环境治理工作，全面清理杂草堆、垃圾堆等破坏环境并且有碍于村民出行的物体，道路两旁种植一些乡土花卉、果树，营造自然纯朴乡村环境；对于广阔的田园旅游休闲区，重点进行环境清理，保持最自然的真实风貌，选用当地石材，搭配使用竹木构建辅助游憩服务设施。

使用漫游绿道与外部连接，主要包括连接主入口的通道和村庄北部的环山道路，规划为机动车、观光车和步行绿道。

对村内交通道路做基础性提升，例如一般做机动车道双向为 6 米，次干道为 4 米，人行道、宅家道均为 2 米，漫游步道为 1 ~ 1.5 米，主干道左右两边绿化带各为 1 米。对其现状道路进行提升改造，将泥土路面改造成青石板路或碎石路面。

这种基础设施的建设目的并非是让城市人到农村买房置地，而是吸引资金、技术、人才等要素流向农村，使农民闲置住房成为发展乡村旅游、养老、文化、教育等产业的有效载体。

2. 基础设备改造工程

以改厕改水、改圈、改厨、广播电视、微信平台和公交“一卡通”，以及文化、教育、医疗卫生事业建设为主要内容的乡村建设，极大地改善了农村地区村民的生活条件，缩小了乡村与城市居民在居住和生活方面的差距，为城市居民到乡村地区工作和生活提供了便利。

（1）农村厕所改造

为了更好地改善村民居住条件，以预防疾病传染、提高宜居水平为目标，按照“统一标准、统一设计、统一生产”的要求，以建设和完善“两池一洗”（化粪池、便池、冲洗设备）为主要内容，对农村厕所实施无害化的卫生厕所改造。农户可按经济型、标准型或舒适型三种类型标准进行改造。农村厕所是影响农民群众生活品质的突出短板，须部署推进农村“厕所革命”。这样改造的好处是有利于保障人民健康。①通过改厕，粪便经无害化处理，杀灭细菌、病毒、寄生虫卵。用于施田、浇菜或排放时，不至于造成污染、传播疾病，保障了人民健康。②方便群众的生活。既卫生舒适，又方便、安全，大大方便了群众的生活。③有利于发展农业生产。肥效增高 2 ~ 3 倍。用于施肥，可培肥地力，改善农田有机质状况，同时便于农作物吸收，降低了农业生产成本，有利于发展农业。④有利于环境保护，农村通过改厕，粪便经过处理后无臭、无害，减少了污染，改善了环境。

经济型：厕所在户内或院内，蹲位抬高，粪水、灰水分流。厕所高度一般不低于 2 米，做到“五有”（有门窗，有顶，有便盆及沉水弯，有水冲设施，有照明和通风）。

标准型：在符合经济型标准要求的基础上，要求厕所面积一般不小于 2 平方米，厕所卫浴合一时面积一般不小于 3 平方米（其中卫生间一般不小于 2 平方米）；地面铺瓷砖或水磨石地面，四周墙面贴不低于 1.2 米高的瓷砖；便器或蹲位抬高 10 至 20 厘米；普通照明；有洗手池、纸篓；制式门窗，自然或机械通风，有防蚊蝇设施。

舒适型：在符合标准型标准要求的基础上，要求厕所卫浴合一时面积一般不小于 5 平方米（其中卫生间一般不小于 3 平方米）；地面铺瓷砖，墙面贴瓷砖到顶；节能照明；自来水冲洗，制式洗手池。化粪池的类型分为玻璃钢成套设备、砖砌三格化粪池及沼气池三类，由农户自行选定；要求选用、建设或安装位置应避免车轧，确保安全；禁止在水体周边建设厕所或将粪液直接排入鱼塘、河流及水库等，防止生活水源、水质被污染；容积足够，有盖板及清渣口，严防渗漏污染和粪便裸露。

（2）农村厨房改造

以建设干净整洁卫生、满足基本功能、管线安装规范、烟气排放良好的清洁厨房为目标，以“五改”（改灶，改台，改柜，改管，改水）为主要内容，对农村厨房实施改造，整体提高农村厨房卫生整洁程度。农户可按经济型、标准型或舒适型三种类型标准进行改造。

经济型：改灶，即改用节能灶具，增加排烟装置；改台，即对厨房灶台、案台铺装瓷砖，增加通风、采光；改柜，即将厨房敞开式橱柜改为密闭式橱柜；改管，即将厨房的电线、燃气管线、沼气管线等进行固定、归整；改水，即改造厨房上下水道、储水池、洗菜池等设施，做好厨房排水与化粪池或村屯排污系统的连接。

标准型：在符合经济型标准要求的基础上，要求地面铺瓷砖或水磨石地面，四周墙面贴不低于1.5米高的瓷砖，有自来水及洗菜盆，有排油烟设施。

舒适型：在符合标准型标准要求的基础上，要求地面铺瓷砖，四周墙面贴瓷砖到顶，大理石灶台，有消毒柜、壁柜、抽油烟机等。

（3）农村畜禽圈舍改造

农村畜禽圈舍改造主要是针对“楼上住人、楼下养畜禽”的人畜混居现象进行治理，以屋外建设独立畜禽圈舍为主，完善储粪房、沼气池或储液池配套设施，加强粪污处理力度和资源化利用。通过改造基本实现人畜分离，减少蚊蝇及恶臭，降低人畜共患疾病的风险，提高村民生活环境宜居舒适程度。

3. 构建和谐社会的邻里邻居关系的宜居空间

乡村建设的核心是要构建和谐的社会邻里邻居关系，营造人与人之间的温情关系。合理布局“功能区”，加大公园、绿地、休闲娱乐、开放式住宅小区等建设力度，同时要充分发挥农民主体作用，让农民能持之以恒地干，真金白银地投，构建便捷的“生活圈”、完善的“服务圈”和繁荣的“商业圈”。这些建设需要多领域的团队，由专业的人士作出规划，包含地产商、设计师、文化学者专家、艺术家等介入参与乡村整体建设中，打造成宜住、宜游、宜修、宜学、宜乐的乡村。把乡村打造成适宜更多人群居住的空间。

4. 建设乡村休闲

根据当地的风土人情和当地地域特色进行旅游定位，可以因地制宜，修建一些主题休闲中心，比如：高科技民宿、智能原生态养老养生农庄、主题农场公园、冰雪农村等产业基地，并最终建立健全长效运营机制，引进人工湿地处理技术、氧化沟技术，建设沼气处理、微动力站处理等一批污水和粪便处理设施；着力实施节能减排、循环经济、绿色乡村、清洁水源、清洁空气、清洁土壤、森林系列创建和平原绿化等专项整治工程，让绿水青山逐渐变为金山银山不再是梦想，也可以实现，为推动农业与其他产业融合，大力发展乡村休闲、观光、养生、旅游，以及结合当地村民积极发展第三产业，比如农家乐、温泉度假休闲中心等度假产业，创造了极有利的条件。

5. 乡村标识系统设计

乡村标识是不容小觑的，特别是乡村旅游规划中，这是一个不可或缺的部分。标识系统是以标识设计为导向，与乡村本土文化、环境设计风格相结合，综合设计信息传递、识别、辨别和形象传递等功能的整体解决方案。通常分为识别系统、方向系统、空间系统、说明系统、管理系统。

识别系统：以形象识别为目标，使人们识别出不同场所以及不同的生活方式。

方向系统：通过箭头来表示方向，引导人们快速便捷地到达目的地。

空间系统：以全面的指导为原则，通过地图来表示地点间的位置关系。整体告之空间状况，一般都绘制总体平面图。

说明系统：对环境进行陈述性的解释和说明。

管理系统：规范人们言行举止和责任义务等，提醒人们有关的法律条例和行为准则。

乡村标识系统设计一般可以结合自然，以自然界中的元素为主体，每个地区都有自己的自然特征。而每个环境的特征都具有地域性特点，自然环境造就的特殊地理位置和地形地势地貌是独一无二的。乡村的建筑设计风格也随自然因素有所改变而各有特点。第一，利用自然环境的生态，是应该适应当地自然风，融入环境中；第二，从历史沉淀导入，有其独特的历史底蕴、文化特色和其所传达给我们的民俗文化，的传统风情就是尊重每个乡村的特色；第三，从地域文化导入，从独具地方特色的生活习俗中积累出来的，历史文化的传承是每个乡村发展过程中提炼的最优秀的品质，是人们对历史的凝练；第四，从乡村色彩导入，标识设计中色彩的提炼是从乡村发展过程中呈现的多元素的色彩总结和归纳出来的，是乡村文化的延续。

二、微观软件基础建设

微观软件基础建设包括农村教育建设、农民健康医疗工程建设、网络覆盖农村教育建设。一方面要大力提高农村教师待遇，完善农村教育基地的基础建设；另一方面要引入城市教师支援下乡，为各年级学生创造更有利的上学环境，引入先进的教学理念，满足农村孩子对知识的渴求，提升农村孩子总体的综合素质，以此加大对农村教育的投入，加强农村建设的力度。

不积跬步，无以至千里。乡村振兴要迎难而上，埋头苦干，久久为功。

只有这样，农业才会成为有奔头的产业，务农才会成为有吸引力的职业，农村才会成为安居乐业的美丽家园。

（一）农民健康医疗工程建设

农民健康医疗工程建设是指要完善农村公共卫生服务网络，根据农村的范围面积增设公共卫生服务站，完善其周边环境，保证交通畅通无碍。但是大范围下必须设计大型的医疗机构，以改变原先农民看病难等问题。这就要求各级政府要重视乡村卫生院财政和设施投入，还需注重对农村医护人员素质的培养，并提高其待遇，以稳定农村医疗队伍。同时要加强建设大型中心医院的建设，完善其工作人员及基础设施，使其逐渐接近城乡医院的医疗水平，以此方便重症病患者及时就医。在就医上，与更多的大型甲级医院保持较好的联系，以便重大疾病病人可以接受更加专业的医疗水平和待遇。在制度上，落实农村合作医疗保障制度，加大对农村医疗机构的投入。因此，加大对农村医疗机构的投入，着力提高农村医疗机构诊疗水平尤其重要。各级政府在加大对乡镇卫生院财政和设施投入的同时，要注重对农村医护人员素质的培养，并提高其待遇，以稳定农村医疗队伍。要重点加强乡镇中心卫生院的建设，大力扶持农村诊所在人才培养、贷款融资、建设用地、设备添置、药物配送等方面，为其提供全方位支持。农村诊所也要尽可能地方便村民就诊、降低就医成本，同时要不定时地开展宣传医疗卫生知识、开展疾病防治免疫等方面的讲座，让医疗知识普遍地让村民知道，从而有效地提高农村医疗诊所的医疗服务水平，发挥其为村民建康保驾护航的应有作用。加强医保的资金投入，为村民办理医疗保险，以便在大病上，可以更好地去治疗，减少村民“买不起药，看不起病”的现象。

（二）农村教育基础设施建设

少年强，则国强，少年弱，则国弱。因此，加强农村小学基础设施建设，改善农村教育至关重要。现在总体看农村教育基础设施建设依然非常落后。在很多农村，这种落后不仅仅体现在现代化教育环境建设上，甚至学生连计算机长什么样子都不知道，而且还体现在饮食、住宿等基本问题上。针对农村教学基础建设不平衡，根据现有的资源基础上，有目的、有标准地做出合理的规划，进行全面摸底调查工作，进而找到适合自身的可供借鉴的模式，逐步改善学校的硬件建设、校园文化建设，满足农村孩子有良好的教学环境的需要，让更多的孩子能够回到校园接受义务教育，学到更多的知识，为农村的发展奠定源源不断的人才输出的基础。

（三）网络基础建设

实施数字乡村战略，加快农村地区宽带网络和第四代移动通信网络覆盖步伐。一是推动信息化和工业化深度融合、工业化和城镇化良性互动、城镇化和农业现代化相互协调，促进工业化、信息化、城镇化、农业现代化同步发展。二是乡村建设与发展的外部基础设施电网改造方面，可以扭转乡村基础设施严重落后而不能适应现代化发展要求的状况，为乡村全面融入城镇化发展奠定基础。利用电商平台整合线上线下生产、流通和销售的强大功能，推动第一、第二、第三产业融合发展，形成“农业＋互联网”的新生产组织方式，推动农业专业化、规模化发展，推动三大产业融合的田园综合体和共享农庄的创新发展。网络基础建设具有前置性，是村庄规划设计的前提；具有全域性，单个村庄甚至乡镇资源有限，要从县域、市域等全域上进行产业策划，形成分工与合作，让村庄产业具有更大的发展挪腾空间；具有地域性，基于村落文化、地域文化、区域资源的产业挖掘与产品策划；具有现代性，互联网思维与现代商业模式重塑乡村产业；具有全员性，可以激活农民的主体性，全员参与乡村产业振兴。

三、乡村基础建设的保障措施

（一）加大监管力度，规范收费行为

纵观我国民生民情，农村基础设施依然薄弱，在医疗和教育领域，我国城乡水平相差悬殊，农村教育水平较城市落后太多，对比美国、日本等发达国家，更是差距悬殊。所以在医疗和教育方面，政府需要做的太多，只有这样，才能推动农村基础设施建设优化升级。优先发展农村教育事业，东部城市发展迅速，西部城市教育发展落后较多，应该东西部结合，一线城市老师每年应派去西部中小学实行“互帮互助教育，教育资源共享”。推进健康乡村建设，加强农村民生保障体系建设。在农村幼有所育、学有所教、病有所治、老有所养、住有所居等方面持续取得新进展。政府和有关部门要切实加强对药品生产、流通、消费环节的监管，坚决打击以次充好、更名提价，以及进药收回扣行为，洁净药物流通渠道，以达到真正降低药价之目的。同时，应进一步规范各级医院医疗服务收费项目，降低收费价格，杜绝重复收费、变相收费。严格监管收费行为，督促医院严格执行国家药品价格和医疗服务收费标准，坚决查处违纪违规行为。加强对医务人员职业道德教育，树立全心全意为患者服务的高尚医德，构建和谐的医患关系。

（二）重塑城乡关系，是城乡融合发展的基础

重塑城乡关系，走城乡融合发展之路。把公共基础设施建设的重点放在农村，逐步建立健全全民覆盖、普惠共享、城乡一体的基本公共服务体系。要坚决破除体制机制弊端，疏通资本、智力、技术、管理下乡渠道，加快形成工农互促、城乡互补、全面融合、共同繁荣的新型工农城乡关系。深化农业供给侧结构性改革，走质量兴农之路。要顺应农业发展主要矛盾变化，深入推进农业供给侧结构性改革，加快推进农业由增产导向转向提质导向，加快实现由农业大国向农业强国转变。要推进农村一、二、三产业融合发展，让农村新产业新业态成为农民增收新亮点、城镇居民休憩新去处、农耕文明传承新载体。坚持人与自然和谐共生，走乡村绿色发展之路。要以绿色发展引领生态振兴，处理好经济发展和生态环境保护的关系，守住生态红线。老房改造设计的主旋律应是以旧做旧，修旧如旧，不宜全改面貌，统筹山水林田湖草系统治理，加强农村突出环境问题综合治理，建立市场化多元化生态补偿机制，增加农业生态产品和服务供给，传承发展提升农耕文明，走乡村文化兴盛之路。要深入挖掘、继承、创新优秀传统乡土文化，把保护传承和开发利用有机结合起来，让优秀农耕文明在新时代展现其魅力和风采。城乡融合，实现要素的双向流动。让那些曾经使城市繁荣起来的要素能以比较低廉的成本顺利进入农村发展进程，让要素回流乡村，让乡村提升内生活力，这条“回乡之路”体现着城市的回馈，响应着时代的呼声。要留住乡村的“形”，全力恢复乡村历史质感，保护乡村原有风貌，更注重留住乡村的“魂”，留住乡村的非物质文化传统。保护一座祠堂，保护一棵古树，不仅能让乡愁多一个寄托之所，也能因为自更而赢得更多尊重。

城乡融合发展，绝不仅仅是农村的要素流向城市，城市的要素（资本、技术、管理）和资源（经济、社会、文化等资源）也要流向农村。工业化、城镇化进程中，一部分村庄的消亡不可避免，但一部分村庄仍然要长期存在，生态宜居的美丽乡村建设意味着农村不能再延续农业兼业化、农民老龄化、农村空心化的状况。改造农村，发展现代农业，不能仅靠留守老人、妇女和

儿童，必须引进先进生产要素。

（三）坚持建设生态宜居的美丽乡村

建设生态文明是中华民族永续发展的千年大计。乡村振兴战略用“生态宜居”替代“村容整洁、是乡村建设理念的升华，是一种质的提升。“生态宜居”四个字蕴含了人与自然之间和谐共生的关系，是“绿水青山就是金山银山”理念在乡村建设中的具体体现。

建设生态宜居的美丽乡村当然要加大对农村基础设施和公共服务的投入，但首先要更新观念，注重乡村的可持续发展，把农耕文明的精华和现代文明的精华有机结合起来，使传统村落、自然风貌、文化保护和生态宜居诸多因素有机结合在一起。其次要有可操作性的制度创新。

（四）坚持乡村人民为主体，尊重农民意愿

乡村基础建设的规划、项目、方式都要经过村民代表大会讨论。发挥农民群众的主体作用，自主、自觉、自愿、不等不靠建设美丽乡村，振新乡村。鼓励农村能人带头进行乡村基础建设。广泛宣传农民自主建设美丽乡村的先进典型，激发全民参与乡村振兴的积极性。

（五）坚持多元投入，加大财政引导投入

每个区县（市）都要设立乡村基础建设的专项资金。以县为单位全面整合涉农项目资金，积极争取省、市项目资金建设美丽乡村。充分发挥群众主观能动性，广泛动员农民群众自愿筹资投劳。继续深入开展万企联村活动，鼓励工商企业和民间资本参与投入建设，形成多元化投入乡村基础建设的格局。坚持分步推进。

（六）强化组织领导，建立完善各地乡村基础建设保障体系

坚持以市为主指导，在市委、市政府统一领导下，由美丽乡村建设指挥部统筹推进美丽乡村建设，指挥部办公室设市农委，负责政策调研、衔接协调、督促落实、考核验收等日常工作。各市直相关部门要加强沟通、密切配合，根据职能分工落实行动计划，其中基础设施建设工作由市发改委牵头，农村基层组织建设工作由市委组织部牵头，乡风文明培育工作由市委宣传部牵头，农村平安建设工作由市委政法委牵头。坚持以县为主统筹，各区县（市）党政主要负责人要亲自抓，组建专门班子具体抓，并结合实际制定推进乡村基础建设的工作意见。坚持以乡村为主推进，加快转变乡镇政府职能，明确

乡村振兴作为乡镇党委政府的重要职责，确保乡镇领导班子的主要精力放在乡村振兴上。

（七）吸引产业资本的基础和条件就是产业发展所需要的各项基础设施

这些基础设施不仅限于水电气，还包括后勤保障和服务体系。比如产品运输仓储、原料采购便利性等。工业生产需要大量。人以及管理人员，所以医疗服务、教育培训等就要随之跟进。同时还要改善人居环境。人居环境应该是乡村振兴的重要基础条件，现在的乡村在垃圾处理、农作物存储、能源使用、空间布局等方面还处于相对原始的状态。改变目前这种状况就要对乡村进行科学规划、合理布局。乡村规划面积有限，多在几平方千米的范围之间，所以不可能像城市那样非常明显地划分各种功能区的边界，而是在较为有限的区域内容纳比较齐全的所需功能，这就要依据乡村的自然特点，可以一村一规划，也可以将毗邻的几个村统一进行规划。

第二节 乡村产业发展

为了加快乡村的产业振兴，在基层方面需要加快制定乡村振兴规划，并在此基础上积极出台优惠政策，加强有关部门协作，引导工商资本去乡村发展现代化种养殖和生态旅游等产业；在顶层设计方面需要加快出台相应政策，提高农村资源资产的市场流动性，提升农户对接现代产业发展的能力，让农民分享更多产业兴旺、乡村振兴的成果。

一、构建强农业体系

农业竞争力或农业体系的强弱可以从国际和国内两个方面来衡量。在开放经济体中，农业的国际竞争力是指一国在国际市场上出售其农产品的能力，即保持农产品的贸易顺差或贸易平衡的能力；农业的国内竞争力是指农业作为第一产业，在与第二产业、第三产业竞争时保持自身地位的能力，这种能力可以通过不同产业部门的劳动生产率来反映。如果一国或地区的农业在国际、国内处于较为有利的地位，就可以说该国或地区的农业有竞争优势，相应的农业体系也比较强大。

众所周知，无论是从国际上看，还是和国内的二、三产业相比较，中国农业的竞争力都偏弱。从国际上看，近年来，中国的大米、小麦的生产者价格快速上升，不仅明显高于国际市场价格，还背离了国际市场的价格走向，而玉米价格虽然近年来随着国家临时收储政策的调整，导致价格回调，但依然高于国际市场价格。农产品尤其是粮食国际竞争力弱，导致大量国外农产品涌入中国，出现了“洋粮入市、国粮入库”的尴尬局面。早在几年前，由于国际市场的冲击，大豆已经全面沦陷。不仅如此，猪肉、牛肉等农产品生产，中国也因缺乏竞争优势而不得不大量进口。

农业竞争力弱的另外一个表现是经营成本高、收益低：近年来，农业生产成本快速走高，严重损害了农业生产稳定性和农业经营效益。

当然，农业经营收益低，尤其是种植经济作物的农民获得的收益低，也和经营规模小、组织化程度低、流通环节多和产后损耗大有关系。

为了扭转农业发展相对滞后的局面，十九大报告把“构建现代农业产业体系、生产体系、经营体系”作为实现乡村振兴战略的一个重要方面和主要措施。实现乡村振兴，提高农民的农业经营收入，增强农业在国际上和国内不同部门间的竞争力，离不开强有力的农业体系。这要求以现代农业产业体系、生产体系建设来提升农业生产力水平和生产效率，以经营体系建设，来创新农业资源组织方式和经营模式。构建强农业体系，需要在协调推进现代农业产业体系、生产体系、经营体系建设的同时，进一步完善农业支持保护制度，大力培育专业大户、家庭农场、农民合作社、农业企业等新型农业经营主体，积极发展多种形式的适度规模经营，逐步健全农业社会化服务体系，加快实现小农户和现代农业的有机衔接。

现代农业产业体系是衡量现代农业整体素质和竞争力的主要标志，代农业产业体系，就是要以市场需求为导向，充分发挥各区域的资源比较优势，以粮经饲统筹、农牧渔结合、种养加一体为手段，通过对农业结构的优化调整，提高农业资源在空间和时间上的配置效率。其次，现代农业生产体系是先进科学技术与生产过程的有机结合，是衡量现代农业生产力发展水平的主要标志。主要是通过实施良种化、延长产业链、储藏包装，流通和销售等环节的有机结合，提升产业的价值链，发展高层次农产品，壮大农业新产业和新业态，提高农业质量效益和整体竞争力。构建现代农业生产体系，就是要转变农业要素投入方式，用现代物质装备武装农业，用现代科学技术服务农业，用现代生产方式改造农业，提高农业良种化、机械化、科技化、信息化、标准化水平。再次，现代农业经营体系是新型农业经营主体、新型职业农民与农业社会化服务体系的有机组合，是衡量现代农业组织化、社会化、市场化程度的重要标志。目前来看，现代农业经营体系主要涉及专业大户、家庭农场（牧场）、农民合作社、农业企业等，是其在政府支持保护政策下，与小农户一起搭建的立体型、复合式经营体系。构建现代农业经营体系要着力解决好一些重要问题，如引导小农户和现代农业有机衔接、培育新型职业农民、坚持适度规模经营、建立农户社会化服务体系等。

农业是弱势产业，农民是弱势群体，对农业农村进行补贴是世界上通行的做法。因此，现代农业体系的组成，除了农业产业体系、生产体系和经营体系“三大体系”外，还有支持保护体系、支撑服务体系等。前者包括农业基础设施建设、农业经营财政支持等；后者则包括金融服务、信息服务、智力支撑等。

二、延展农业产业链

产业兴旺是乡村振兴的物质基础。乡村振兴的落脚点是农民生活富裕，而生活富裕的关键是农业增效、农民增收。农民增收离不开农业增效，离不开产业发展。只有产业兴旺，农民才能富裕，乡村才能真正振兴。正因如此，党中央在十九大报告中将“产业兴旺”作为乡村振兴五个总要求的第一个。

从长期来看，农业的进步主要靠生产力水平的提高。但生产关系的调整也会释放农业发展的潜能，从而为下一次生产力的提升做好准备，这从中国家庭联产承包责任制的实行，释放了绝大部分的经济发展潜能，并支撑了后续的城市和工业改革中可见一斑。

而且以农业科技反映的农业生产力水平，是一个长期积累的从量变到质变的过程，短时间内难以取得重大突破，对产业兴旺和乡村振兴主要是潜移默化的长期影响。因此，从生产关系上着手，调整农业的经营模式，拓展其功能，是一个可行的方向，农业是一个具有很强特性的产业，要想快速发展，形成兴旺局面。主要有三种方式：一是在单位产值不变的情况下，扩大单个主体的经营规模，从而做大经营收益；二是在不扩大经营规模的情况下，通过改种经济价值更高的作物甚至改变耕地用途，或者创新农产品销售渠道，提高单位经营面积的市场价值，荷兰农业是这种模式的代表；三是既不扩大经营规模，又不改种作物类型，主要通过充分挖掘和借助农业的多功能性，促进农业产业链条延长以及向二、三产业尤其是文化旅游产业等方面拓展，中国大陆大城市周边的生态采摘观光和中国台湾地区的民宿主要是这种模式。

现在土地流转市场是买方市场——有众多的想出租土地的农户，但是愿意租地开展规模经营的农户较少，要么就是给的租金太低，相当多的农户不愿意长期从事农业。这意味着，想通过方式一，即扩大单个主体的经营规模来发展农业、提高农民的收入，目前看来已经陷入困境。此外，农业结构性供给侧改革，虽然为通过方式二推动农业发展提供了政策契机，但由于农产品品种毕竟有限，而且很多农产品只能在某些地区种植，再加上全国耕地可以用来种植经济作物的只能是很少一部分，因此想通过种植结构调整或者改变土地用途来提高单位经营面积的市场价值，谁以覆盖更大范围、更多作物，可能只能在个别地区、少数品种之间实现。

由于扩大规模受阻、调整结构受限，那么以延长农业产业链也就是农业产品产业链，是指农产品从原料、加工、生产到销售等各个环节的美联。延长农业产业链，是把原本农业从侧重农产品生产，一方面向上游的原料供应、科技服务等拓展，另一方面向农产品加工、销售等环节迈进。随着市场化意识的提高，有不少村庄或农民合作社积极延长农业产业链。

为了充分发挥农村资源资产的特殊优势，实现农村产业兴旺，除延长农业产业链外，不少地方还基于农业的多功能性，借鉴产业融合、产业集聚的思路，多种方式拓展农业产业链。

当然，延长农业产业链和拓展农业产业链，是相互融合而不是相互分割的。不少乡村一边积极延长农业产业链，一边大力发展和农业相关的其他产业，通过多样化、跨领域经营实现产业兴旺和农民增收。

三、实现小农户与现代农业发展有机衔接

“实现小农户和现代农业发展有机衔接”是十九大提出的重大战略部署。贯彻落实党中央的要求，加快小农户和现代农业发展对接，需要对中国小农户的特点有清晰的认识。当前，中国小农户有两方面的突出特点。一方面是农户数量多且经营规模小。普通农户之所以被称为小农户，根本原因是其经营很小规模的土地。另一方面是农户兼业程度高且分层分化明显。由于土地规模小，加上农业经营效益低，在 20 世纪末城乡壁垒打破后，农户兼

业成为常态。对大部分小农户来讲，农业收入不再重要，农业也不再是其“安身立命之所在”。从小农户的现状出发，一些地方围绕农业转型升级——创新小农户和现代农业发展的衔接机制，把传统小农生产引入了现代农业发展的轨道。

（一）基于收益共享、风险共担原则，加快小农户的横向联合

发展现代农业一般需要较大规模的土地、资金，而这些要素现阶段主要由小农户分散承包经营或占有。对此，一些试验区在推进农村集体产权制度改革、培育新型农业经营主体时，按照收益共享、风险共担的原则，引导小农户们联合起来，组成股份经济合作社或专业合作社，形成紧密的利益共同体。

一是引导小农户以土地、资金入股，组建股份经济合作社。二是支持小农户真正联合、紧密协作，成立农民专业合作社。不少农村改革试验区都把培育农民专业合作社、促进其规范化运行作为加强小农户利益联结、推动现代农业发展的重要举措。虽然农民专业合作社与外围成员（被带动农户）的利益联结比较松散，但是一些农业经营收入占家庭总收入比重较大的种植、养殖农户，通过向合作社出资、参与合作社管理等方式，与其他核心成员已然形成了紧密的协作关系。三是实行经营收益二次分红，强化小农户与其他各方的利益联结。

（二）基于风险—收益相匹配原则，促进各类经营主体与小农户纵向合作

在推进农村改革过程中，为调动各种资源要素的积极性、降低生产的监督管理成本，各试验区基于市场经济中风险和收益相匹配的原则，积极创新农业生产经营的组织形式，形成了超额奖励、统种分管、农业共营等制度安排，有效加强了小农户和其他经营主体的利益联结。

一是通过“超额奖励制”，构建对劳动、资本均有效的激励机制，调动劳动和资本两个方面的积极性。二是通过“统种分管制”，发挥农户的劳动力优势和农业企业的加工销售优势，各得其所、美美与共。三是通过“农业共营制”，把抱团经营带来的增量收益，在小农户、专业大户、农业企业等主体之间合理分配。

（三）基于互惠互利、共生共融理念，推动各类服务主体与小农户紧密协作

为加快现代农业发展，让技术、资金、市场信息等更有效地流向农业农村，农村改革试验区注重发挥各类组织的中介桥梁作用，积极引导各种经营性或公益性服务主体创新“为农服务”方式，改善小农业与农业社会化服务主体之间的利益关联，形成现代农业发展的合力。

一是推动组织模式创新，强化营利性服务主体与小农户的利益联结。二是借助农民专业合作社、土地股份合作社等农民合作组织，加强公益性服务主体对小农户的支持。

四、发展农业农村服务业

一边是市场化浪潮从。业渗透到农业、从城镇蔓延到乡村，市场所倡导的专业分工理念为社会各界广泛接受；另一边是集体经济组织日益涣散、职能弱化，农民组织化程度依然很低，而且大量农民外出务工，农业副业化、老龄化和农村空心化严重。时代的变化，此小农户的生产生活正在经历重要转型。谁来为大量兼业的小农户提供生产生活服务，成为一个亟待解决的问题。大力发展农业农村服务业，以服务的专业化解决小农户一家一户干不了、干不好、干起来不划算的事，推动农业农村的现代化和乡村振兴，成为很多地方的选择。

（一）农业生产性服务业

国际经验表明，农业的根本出路在于发展农业生产性服务业，发展农业生产性服务业是解决农业劳动力止农化、老龄化的重要手段，也是推进农业现代化的重要手段。农业生产性服务业也称农业服务业、面向农业的生产性服务业，作为现代农业产业体系的重要组成部分，其主要通过提供农业生产性服务为农业提供中间投入，为科技、信息、资金、人才等有效植入农业产业链提供途径，为提高农业作业效率和农业产业链的协调性，促进农产品供求衔接、提升农业价值提供支撑。

发展农业生产性服务业是加快农业发展方式转变的重要途径。搭建各类农业生产服务平台，加强政策法律咨询、市场信息、病虫害防治、测土配方施肥、种养过程监控等服务。健全农业生产资料配送网络，鼓励开展农机跨区作业、承包作业、机具租赁和维修服务。

实践的需要和国家的重视，让农业生产性服务业取得了快速发展。来自农业部的资料表明，一方面，农机合作社的服务领域与服务能力不断拓展，农机作业服务从耕、种、收为主，向专业化植保、秸秆处理、产地烘干等农业生产全过程延伸，一些有较强实力的农机合作社升级为综合农事服务中心，为周边农户提供机具维修、农资统购、培训咨询、销售对接等“一站式”综合农事服务；另一方面，农机合作社通过土地入股、土地托管、承包经营、联耕联种等方式，推进机械化与多种形式的适度规模经营融合，经营规模与经营效益显著增加，对农民的带动能力明显增强。

在农业机械化的带动下，农业生产托管作为农业生产性服务的一个核心领域，近年来实现了快速发展。农业生产托管，在一些地方也被称为“土地托管”，是指服务主体通过提供全方位、高标准的农业生产服务，让农户在保有承包经营权的前提下，把耕、种、管、收等环节的农田作业交由其统一管理的一种服务带动型农业规模化经营方式。与土地集中型规模经营相比，服务带动型规模经营有三个突出优点：一是经营者（服务提供方）不需支付土地租金，反而可以向农户收取作业服务费；二是规模经营的自然风险和市场风险仍然由众多小农户分散承担，可以避免农业风险过度集中，规模经营的稳定性得到提升；三是农户仍然保有承包经营权，迎合了部分农民的“恋土情结”，同时能够保留农村土地的“劳动力蓄水池”作用，避免产生因经济波动而形成失地、失业的流民。除开展经营性生产服务以外，不少农机合作社还积极承担农村扶贫、绿色生产技术示范推广等公益性服务，为困难农户提供优先、优惠、免费等“两优一免”农机作业服务，部分合作社主动吸收贫困户参股入社，带动村民共同脱贫致富”。

无论是农产品销售还是农资采购，小农户分散经营都难以和社会化大市场对接。为了让小农户专心生产，专门负责农产品入市和农资下乡的农村经纪人应运而生。

此外，在农业生产的科技保障方面，农技推广队伍、科技特派员、农业专家大院等都发挥着重要作用。而且随着规模化养殖、种植农户增多，农村还出现了抓鸭队、植保队、茶叶棉花采摘队等专业化的农业服务组织，也促进了现代农业发展和产业兴旺。

（二）农村生活性服务业

随着农民收入水平的提高和农村人口日益老龄化，包括农村休闲养老、农村婚丧嫁娶、农村快递等在内的针对农村居民的农村生活性服务业日益繁荣。比如，宁夏平罗县结合农村承包地、宅基地和房屋有偿退出和改革，在村里建起了养老院，搞起了养老产业。老年农民可以凭借土地退出补偿、土地流转收益等支付养老费用，入住农村养老院。

农产品进城和工业品下乡是乡村产业兴旺的内在要求。目前，一些电商正在积极建设县、乡、村三级线下运营体系。

总体来看，中国到了优先乡村发展的新阶段，很多地方已经形成了较好的产业基础。但是在以产业兴旺促进乡村振兴的过程中，有以下三个方面的问题需要重点关注。

一是谁来推动乡村的产业兴旺，如何实现？

与城镇的快速发展相比，农业农村的衰败，很大程度上是由于乡村资源要素连续几十年单方向流入城镇所导致的。农村最优秀的人才，以升学、招工和外出务工经商等方式流向了城镇，农村土地、资金等也通过各种渠道从农村流失。不改变资源要素从乡到城的单向流动，仅依靠小农户自身实现产业兴旺和乡村振兴，在资金、人才上都存在严重不足。落实中央精神，推动乡村产业兴旺，需要加快城镇人才、资金回流，具体来看，主要可以从以下两个方面着手：一方面，探索集体成员身份多样化，消除人才回流乡村、发展合适产业的制度壁垒。可以在农村集体资源资产股份制改革的基础上，从农村社区的封闭性将会逐渐打破的大趋势出发，按照“政经分离”的思路，将农村社区居民分为有集体土地股份的成员和无集体土地股份的成员，打通城乡户籍壁垒，为更多人才投身现代农业、带动小农户发展提供制度安排。可以借鉴山东东平县等地的做法，将成员分为“土地股成员”和“户口股成员”，二者具有不同的经济权利。户口股成员在满足一定条件后，可以通过受让、赠与、继承等方式获得集体土地股，从而获得土地股成员的经济权利。

另一方面，引导工商资本到乡村发展合适的产业，强化其与小农户的利益联结，工商资本尤其是农业企业，一头对接市场，一头直接带动小农户或通过合作社等中介组织联结小农户，是帮助小农户对接大市场、引领小农户发展现代农业的重要力量。可以总结借鉴，些试验区和试点的做法，在符合政策的条件下，鼓励引导工商资本和相关企业以设备、资金、技术等入股，小农户和村集体以土地资源等入股，在保证小农户基本收益的前提下，联合成立股份公司，发展现代化的种养殖、乡村生态观光旅游等。

当然，考虑到农业具有很强的正外部性，政府在乡村振兴和有关产业发展中给予政策和资金扶持，是非常必要和重要的。

二是为什么小农户难以在产业兴旺中获得更多收益，如何改善？

小农户之所以难以在产业兴旺中获得更多收益，是由市场经济的基本逻辑决定的。乡村的产业兴旺需要整合各种资源要素，不仅需要土地、劳动力，还需要资金、技术、市场以及企业家支持，各种资源要素必须获得合理报酬，才会愿意到乡村发展产业。然而在乡村，土地和劳动力资源相对丰富，资金、技术、市场和企业家却十分稀缺，导致小农户的可替代性强、市场谈判能力弱，在与资本和企业家合作时，难以保证自己的利益。这是由市场势力所决定的。在农村发展的各种产业一般都涉农村工业、服务业相比，具有风险高、盈利低、投资回报期长等劣势，因此，拥有资金、技术和企业家才能的人，去乡村发展产业受到的激励较弱。即使去了，按照市场经济的逻辑，也必须要求获得相应的回报，相关主体之所以愿意与小农户形成紧密的利益联结，皆是由于从中可以获得更高的收益。否则在“零和博弈”困境下，新型农业经营主体和服务主体会尽量压低小农户的收益，以保证自身利益不受损。但是相关产业的利润是既定的，资本和企业家又会追逐尽可能多的收益，小农户的市场势力和谈判能力都比较弱，其利益当然难以保证。

而且应当认识到，农业的利润较低，导致不少农业经营主体和服务主体自身也面临生存压力。只有在与小农户联合与合作中可以获得更多收益——这种收益可以来自成本降低、售价提高或种植结构升级，各类经营主体和服务主体才有动力与小农户形成紧密的利益联结。为了在发展产业和资本、企业家获利的同时，保障小农户的利益，一方面需要加强小农户的组织化程度。不难想象，以几百人的合作社的名义与企业主谈判，显然比单个农户去找企业主更为有利。另一方面，对于扶持农业发展的各级财政资金，在支持乡村产业发展时，要求其直接带动一定数量的小农户尤其是贫困农户。

三是当前乡村的产业兴旺存在哪些挑战和障碍，如何应对和消除？

农业是弱质产业，农民是弱势群体。乡村产业振兴，不仅要发挥政府“有形之手”和市场“无形之手”对资源要素的引导作用，还必须立足于当时农业农村的实际，结合农民的需求，分层考虑、分类推进。具体来看，要想实现乡村的产业兴旺，需要面对以下问题和挑战。

首先，避免无序的、撒胡椒粉式的产业下乡和乡村振兴。显然，乡村振兴不是所有乡村同步振兴。现代农业产业发展路径可能是土地规模型、资本密集型或劳动力密集型。这是由各地资源禀赋、产业类型和发展阶段等客观条件所决定的。在一些山区从事果蔬种植一般需要较多的劳动力，而在东北等地规模化的粮食生产主要表现为大型农机具对传统农村劳动力的替代。乡村振兴需要统筹考虑各地的区情民意，根据不同类型发展村庄的资源优势、产业基础、发展潜力等，分层考虑、分类推进，合理编制乡村振兴及产业发展规划。

其次，认清异质性小农户的差别化产业发展需求。当前，农户已经严重分层分化，相当多的外出务工经商的小农户把土地流转出去，不再从事农业生产，也不在意农业产出。而且有不少小农户已经在城镇定居，只有老人留守在农村。这部分人不太在意乡村产业发展。真正期待农村产业兴旺的，主要是兼业程度不深、非农就业不稳定、不充分，因而家庭有劳动力闲置的农户，以及有意愿、有能力长期在农村从事农业的农户。这部分人需要乡村的产业兴旺给自己带来更多的就业机会或者更好的市场环境，从而挣得更多的收入。因此，在发展产业时，应当优先考虑能够给小农户带来更多就业机会、能够引导小农户直接发展现代化种养殖的那些产业。

最后，消除工商资本下乡和产业发展的体制机制和政策障碍。从认识方面上讲，目前，很多人对工商资本下乡持有敌意，认为是去抢农民的资源，实际上农业是个很难赚钱的产业——全国有超过 40% 的农村人口，第一产业的增加值只有不足 8%，而且农业经营市场风险和自然风险都比较高、投资回报周期想在农业上赚钱是很不容易的。假如，没有工商资本，单纯依靠来自农业部门的积累，很难实现产业兴旺、乡村振兴。从政策方面上讲，目前对于人才下乡、乡村产业用地仍然存在不少政策限制，比如农村户籍制度限制城镇人口流向农村、农村宅基地和承包地难以市场化处置、农村资源资产股份难以交易等。这些政策不仅限制了人才和资金下乡，还束缚了农户以各种资源资产发展现代化产业的能力。从体制机制方面上讲，当前农村事务管理工作推进条块分割，政出多门，彼此之间的协调性不强，难以形成改革合力，而且存在相互推诿的现象。

总之，为了加快乡村的产业振兴，在基层方面需要加快制定乡村振兴规划，并在此基础上积极出台优惠政策，加强有关部门协作，引导工商资本去乡村发展现代化种养殖和生态旅游等产业；在顶层设计方面需要加快出台相应政策，提高农村资源资产的市场流动性，提升农户对接现代产业发展的能力，让农民分享更多产业兴旺、乡村振兴的成果。

第六章　乡村生态文明建设

第一节　生态文明与生态公平

人与自然是生命共同体，人类必须尊重自然、顺应自然、保护自然。人类只有遵循自然规律才能有效防止在开发利用自然上走弯路，人类对大自然的伤害最终会伤及人类自身，这是无法抗拒的规律。要加快生态文明体制改革，建设美丽中国。坚持节约优先、保护优先、自然恢复为主的方针，形成节约资源和保护环境的空间格局、产业结构、生产方式、生活方式，还自然以宁静、和谐、美丽。加强农村生态文明建设是建设美丽中国战略的重要组成部分，是推进城乡融合发展战略的实际步骤，也是推动农村经济社会发展以及农村全面建成小康社会的必然要求。

一、生态文明概念

“生态文明”是由“生态”与“文明”两词复合而成的概念。生态一词源于古希腊语，原意指“住所”或“栖息地”。德国动物学家海克尔于1865年最早提出“生态”一词，指动物对于环境所具有的关系。

实际上，不管是西方学界，还是国内学界，其对生态文明的建构和探讨，都离不开现实政治的支持和社会的需求。尽管从概念的角度，生态文明发源于中国，但是对这一问题的关切，西方依然走在前列。

二、生态文明概念在我国的发展

经过20世纪八九十年代联合国在全球环境问题上不遗余力地推介，以及我国改革开放中经济发展模式对环境造成的问题逐渐凸显，我国政府开始逐渐意识到解决环境问题的重要性。与学界所提出的“生态文明”概念相呼应，早在2002年党的十六大报告中提出的“生态良好”作为可持续发展一部分的要求，昭示着我国开始尝试一些新的生态环境保护概念和理念。循环经济形成较大规模，可再生能源比重显著上升。主要污染物排放得到有效控制，生态环境质量明显改善。生态文明观念在全社会牢固树立。面对日趋强化的资源环境约束，必须增强危机意识，树立绿色、低碳发展理念，以节能减排为重点，健全激励与约束机制，加快构建资源节约、环境友好的生产方式和消费模式，增强可持续发展能力，提高生态文明水平。建设生态文明，是关系人民福祉、关乎民族未来的长远大计。面对资源约束趋紧、环境污染严重、生态系统退化的严峻形势，必须树立尊重自然、顺应自然。保护自然的生态文明理念，把生态文明建设放在突出地位，融入经济建设、政治建设、文化建设、社会建设各方面的全过程，努力建设美丽中国，实现中华民族永续发展。这表明生态文明已经不仅成为一个重要和获得普遍认可的概念，而且生态文明建设也上升为国家意志和战略的高度，纳入中国特色社会主义“五位一体”的总体布局。

三、生态文明的内涵

生态文明是指人类遵循人、自然、社会和谐发展这一客观规律而取得的物质与精神成果的总和，是指人与自然、人与人、人与社会和谐共生、良性循环、全面发展、持续繁荣为基本宗旨的文化伦理形态。生态文明强调人的自觉与自律，强调人与自然环境的相互依存、相互促进、共处共融，既追求人与生态的和谐，也追求人与人的和谐，而且人与人的和谐是人与自然和谐的前提。可以说，生态文明是人类对传统文明形态特别是工业文明进行深刻反思的成果，是人类文明形态和文明发展理念、道路和模式的重大进步。综合目前学界的观点，主要包含以下四个方面。

（一）生态文明是人类的一个发展阶段

人类至今已经历了原始文明、农业文明、工业文明三个阶段，在对自身发展与自然关系深刻反思的基础上，人类即将迈入生态文明阶段。第一，在文化价值上，树立符合自然规律的价值需求、规范和目标，使生态意识、生态道德、生态文化成为具有广泛基础的文化意识。第二，在生活方式上，以满足自身需要又不损害他人需求为目标，践行可持续消费。第三，在社会结构上，生态化已渗入社会组织和社会结构的各个方面，追求人与自然的良性循环。

（二）生态文明是社会文明的一个方面

生态文明是继物质文明、精神文明、政治文明之后的第四种文明。物质文明、精神文明、政治文明与生态文明这“四个文明”一起，共同支撑和谐社会建设。其中，物质文明为和谐社会奠定雄厚的物质保障，政治文明为和谐社会提供良好的社会环境，精神文明为和谐社会提供智力支持，生态文明是现代社会文明体系的基础。生态文明要求改善人与自然关系，用文明和理智的态度对待自然，反对粗放利用资源，建设和保护生态环境。

（三）生态文明是一种发展理念

生态文明与“野蛮”相对，指的是在工业文明已经取得成果的基础上，用更文明的态度对待自然，拒绝对大自然进行野蛮与粗暴的掠夺，积极建设和认真保护良好的生态环境，改善与优化人与自然的关系，从而实现经济社会可持续发展的长远目标。

（四）生态文明是社会主义的本质属性

生态问题的实质是社会公平问题，受环境灾害影响的群体是更大的社会问题。资本主义的本质使它不可能停止剥削而实现公平，只有社会主义才能真正解决社会公平问题，从而在根本上解决环境公平问题。因此，生态文明只能是社会主义的，生态文明是社会主义文明体系的基础，是社会主义基本原则的体现，只有社会主义才会自觉承担起改善与保护全球生态环境的责任。

四、生态公平

生态公平是生态文明的重要理论支点和实现方式。生态公平涉及人与自然和人与社会关系的协调解决。揭示了生态与民生的关系，既阐明了生态环境的公共产品属性及其在改善民生中的重要地位，又对整体提升民生福祉有着根本性意义。

（一）生态公平是构建生态文明的重要理论前提

社会公平和正义是社会主义的本质属性，环境公平作为社会公平的一个重要组成部分，理应成为构建生态文明的制度伦理基础。生态文明的核心是如何协调人与自然的关系。人的社会属性和社会关系影响着人与自然的关系，人的实践是在一定的社会制度伦理中形成的。社会关系的公平性问题影响人与自然的关系。环境公平讲的是人在面对自然时如何协调自身的行为，如何比较和评定不同主体应对自然的责任所在，这种比较评价系统涉及人的价值的对立和平衡。将环境公平纳入生态文明的系统中，这就深化了人们对人与自然关系的认识，深化了人们对生态文明的制度伦理的认识，进而深化了人们对面对自然如何约束自我利益冲动的认识。

（二）生态公平是构建生态文明的主要任务

1. 构建文明的生活方式

生态文明是当代人进步的生活方式的重要体现，生活方式体现着人对生活的态度，生活方式是由一定的价值观所决定的。在现实生活中，人们常常不加节制地掘取稀缺性资源，以满足自己的感官需求；随意地破坏自然环境，不尊重自然，将自然当作用之不竭的生活仓库。要真正解决这些不良的生活方式问题，就需要构建一个以生态公平为基础的新生态价值观，并将这种价值观渗透到人们的生活方式中。

2. 解决污染问题

解决污染问题的关键是分清不同的主体在与自然打交道过程中损益度的界定。只有建立环境公平的制约机制，才能够有效遏制生态污染的蔓延。

3. 促进人与自然的可持续发展

生态文明的构建不是要无端地压制人的需求，也不是要求回到原初的天人合一状态，而是要在均衡人与自然的能量交换中，促进人与自然的可持续发展。这就需要构建生态公平机制，在这种公平的机制和框架中，进一步激发人们认识自然的积极性和创造性，激发人们爱护保护自然的积极性和创造性，增强人们面对自然的责任意识和自律意识。

（三）生态公平是构建生态文明的重要目标

马克思主义认为，人的全面自由发展，是人类社会发展的终极目标。

社会公平作为人的本质要求，构成了人的全面发展的重要内容。人不同于动物，人是社会关系的总和，在社会交往中，人付出与获得能否成正比，人是否能在社会利益的冲突中获得满足，这都取决于社会公平正义的实现。社会公平已经构成了人的本质诉求，维护人的独立尊严，使每一个人在这个社会上得到公平的对待，这是一个文明社会的基本标志，也是现代人内在的文化心理需求，更是个人追求独立尊严的重要体现。从历史上来看，人们将公平正义作为社会的理想境界，不惜献出生命，大同世界一直是中国人的理想社会的表达，在现实社会中，公平概念表现着多方面的内容。人们要追求经济公平，以激发劳动创造的动力；人们要追求政治公平，以体现现代人民主参与监督的政治权益；人们要追求文化公平，以证明个体存在发展的尊严；人们要追求生态公平，以促进人与自然的可持续发展。也就是说，只有将生态公平与经济、政治、文化公平一起纳入人的全面发展的系统中，才能真正奠定人对公平全面诉求的基础，才能真正赋予公平与时俱进的新内容。

第二节 我国生态文明建设

生态文明建设就是面对资源约束趋紧、环境污染严重、生态系统退化的严峻形势，树立尊重自然、顺应自然、保护自然的生态文明理念，走可持续发展道路。其实质就是把可持续发展提升到绿色发展高度，为后人“乘凉”而“种树”，不给后人留下遗憾而是留下更多的生态资产。

一、近年来我国生态文明取得的成效

生态文明建设是中国特色社会主义事业的重要内容，关系人民福祉，关乎民族未来，事关“两个一百年”奋斗目标和中华民族伟大复兴中国梦的实现。近年来，党中央、国务院高度重视生态文明建设，先后出台了一系列重大决策部署，推动生态文明建设取得了重大进展和积极成效。要坚持节约资源和保护环境的基本国策，坚持节约优先、保护优先、自然恢复为主的方针，着力推进绿色发展、循环发展、低碳发展，形成节约资源和保护环境的空间格局、产业结构、生产方式及生活方式，从源头上扭转生态环境恶化趋势，为人民创造良好生产生活环境，为全球生态安全做出贡献。

大力推进生态文明建设，全党全国贯彻绿色发展理念的自觉性和主动性显著增强，忽视生态环境保护的状况明显改变。生态文明制度体系加快形成，主体功能区制度逐步健全，国家公园体制试点积极推进。全面节约资源有效推进，能源资源消耗强度大幅下降。重大生态保护和修复工程进展顺利，森林覆盖率持续提高。生态环境治理明显加强，环境状况得到改善。引导应对气候变化国际合作，成为全球生态文明建设的重要参与者、贡献者、引领

者。尤其是党和国家提出并实施国家创新驱动发展战略，强调科技创新的核心地位和重要作用，为建设美丽中国制定了一系列新举措，取得了诸多重要成就，推动了生态文明社会全面建设。

第一，加快污染型企业技术改造，进一步加大对污染型企业的技术改造，提高对资源的利用效率，减少污染物的排放。第二，加强环境污染治理力度。在加强环境污染治理方面成绩明显。第三，发展高新科技，打造生态产业。积极推动高新技术企业的发展，打造了一批生态产业，既推动了经济发展，又减少了资源的消耗和污染物的排放，有效协调了经济发展与生态环境之间的矛盾。为了降低经济发展对资源的消耗，也为了减少行业发展对生态环境的负面影响，很多地方加快低碳科技创新和高新科技项目引进，推动了电子信息产业、高技术服务业、新能源开发利用等行业的发展。有些地方选择具有示范效应的低碳科技创新项目与传统产业相结合，发展生态农业、生态旅游产业等，既发展了地方经济，又修复了生态环境。有的地方将技术创新与文化产业相结合，加强低碳核心技术、关键技术和共性技术的创新与推广，推动了低碳技术在文化领域的转化应用，如采用低碳印刷、传媒影视、网络动漫等领域的低碳技术装备，提升文化产业的低碳科技发展水平。第四，加快和完善生态文明制度建设。保护生态环境必须依靠制度。政府把资源消耗、环境损害、生态效益纳入经济社会发展评价体系，建立体现生态文明要求的目标体系、考核办法、奖惩机制。建设生态文明，必须用制度保护生态环境，探索编制自然资源资产负债表，对领导干部实行自然资源资产离任审计。此外，还将建立生态环境损害责任终身追究制。要充分认识加快推进生态文明建设的极端重要性和紧迫性，切实增强责任感和使命感，牢固树立尊重自然、顺应自然、保护自然的理念，坚持绿水青山就是金山银山，动员全党、全社会积极行动、深入持久地推进生态文明建设，加快形成人与自然和谐发展的现代化建设新格局，开创社会主义生态文明新时代。

要为加快建立系统完整的生态文明制度体系，加快推进生态文明建设，增强生态文明体制改革的系统性、整体性、协同性。坚持节水优先、空间均衡、系统治理、两手发力，以保护水资源、防治水污染、改善水环境、修复水生态为主要任务，在全国江河湖泊全面推行河长制，构建责任明确、协调有序、监管严格、保护有力的河湖管理保护机制，为维护河湖健康生命、实现河湖功能永续利用提供制度保障。要求中国境内的每个区域的河湖都有各级党政主要负责人专门负责，承担相应区域水资源的保护和管理责任。生态文明建设目标评价考核实行党政同责，地方党委和政府领导成员生态文明建设一岗双责，按照客观公正、科学规范、突出重点、注重实效、奖惩并举的原则进行，生态文明建设目标评价考核在资源环境生态领域有关专项考核的基础上综合开展，采取评价和考核相结合的方式，实行年度评价、五年考核。这一系列制度措施的出台与实施，充分表明党和政府正加快推进和完善系统完整的生态文明制度体系的构建。

二、我国生态文明建设未来的主要任务

建设生态文明是中华民族永续发展的千年大计。必须树立和践行绿水青山就是金山银山的理念，坚持节约资源和保护环境的基本国策，像对待生命一样对待生态环境，统筹山水林田湖草系统治理，实行最严格的生态环境保护制度，形成绿色发展方式和生活方式，坚定走生产发展、生活富裕、生态良好的文明发展道路，建设美丽中国，为人民创造良好的生产生活环境，为全球生态安全做出贡献。强调我们要建设的现代化是人与自然和谐共生的现代化，既要创造更多物质财富和精神财富以满足人民日益增长的美好生活需要，也要提供更多优质生态产品以满足人民日益增长的优美生态环境需要。必须坚持节约优先、保护优先、自然恢复为主的方针，形成节约资源和保护环境的空间格局、产业结构、生产方式、生活方式，还自然以宁静、和谐、美丽。

（一）推进绿色发展

加快建立绿色生产和消费的法律制度和政策导向，建立健全绿色低碳循环发展的经济体系。构建市场导向的绿色技术创新体系，发展绿色金融，壮大节能环保产业、清洁生产产业、清洁能源产业。推进能源生产和消费革命，构建清洁低碳、安全高效的能源体系。推进资源全面节约和循环利用，实施国家节水行动，降低能耗、物耗，实现生产系统和生活系统循环链接。倡导简约适度、绿色低碳的生活方式，反对奢侈浪费和不合理消费，开展创建节约型机关、绿色家庭、绿色学校、绿色社区和绿色出行等行动。

（二）着力解决突出环境问题

坚持全民共治、源头防治，持续实施大气污染防治行动，打赢蓝天保

卫战。加快水污染防治，实施流域环境和近岸海域综合治理。强化土壤污染管控和修复，加强农业面源污染防治，开展农村人居环境整治行动。加强固体废弃物和垃圾处置。提高污染排放标准，强化排污者责任，健全环保信用评价、信息强制性披露、严惩重罚等制度。构建政府为主导、企业为主体、社会组织和公众共同参与的环境治理体系。积极参与全球环境治理，落实减排承诺。

（三）加大生态系统保护力度

实施重要生态系统保护和修复重大工程，优化生态安全屏障体系，构建生态廊道和生物多样性保护网络，提升生态系统质量和稳定性。完成生态保护红线、永久基本农田、城镇开发边界切条控制线划定工作。开展国土绿化行动，推进荒漠化、石漠化、水土流失综合治理，强化湿地保护和恢复，加强地质灾害防治。完善天然林保护制度，扩大退耕还林还草。严格保护耕地，扩大轮作休耕试点，健全耕地草原森林河流湖泊休养生息制度，建立市场化、多元化生态补偿机制。

（四）改革生态环境监管体制

加强对生态文明建设的总体设计和组织领导，设立国有自然资源资产管理和自然生态监管机构，完善生态环境管理制度，统一行使全民所有自然资源资产所有者职责，统一行使所有国土空间用途管制和生态保护修复职责，统一行使监管城乡各类污染排放和行政执法职责。构建国土空间开发保护制度，完善主体功能区配套政策，建立以国家公园为主体的自然保护地体系。坚决制止和惩处破坏生态环境行为。

第三节 农村生态文明建设

生态文明意味着人类在处理人与自然、个人与社会的关系方面达到了一个更高的文明程度。党的十九大提出坚持农业农村优先发展，按照“产业兴旺、生态宜居、乡风文明、治理有效、生活富裕”的总要求实施乡村振兴战略，对农村生态文明建设赋予新的要求。

一、农村生态文明概述

（一）农村生态文明

要按照“生产发展、生活宽裕、乡风文明、村容整洁、管理民主”的要求，扎实稳步推进新农村建设。要深入落实科学发展观，必须坚持全面协调可持续发展。要按照中国特色社会主义事业总体布局，全面推进经济建设、政治建设、文化建设、社会建设，促进现代化建设各个环节、各个方面相协调，促进生产关系与生产力、上层建筑与经济基础相协调。坚持生产发展、生活富裕、生态良好的文明发展道路，建设资源节约型、环境友好型社会，实现速度和结构质量效益相统一、经济发展与人口资源环境相协调，使人民在良好生态环境中生产生活，实现经济社会永续发展。全面落实经济建设、政治建设、文化建设、社会建设、生态文明建设五位一体总体布局，促进现代化建设各方面相协调，促进生产关系与生产力、上层建筑与经济基础相协调，不断开拓生产发展、生活富裕、生态良好的文明发展道路。必须树立和践行绿水青山就是金山银山的理念，坚持节约资源和保护环境的基本国策，像对待生命一样对待生态环境，统筹山水林田湖草系统治理，实行最严格的生态环境保护制度，形成绿色发展方式和生活方式，坚定走生产发展、生活富裕、生态良好的文明发展道路，必须始终把解决好“三农”问题作为全党工作重中之重，坚持农业农村优先发展，按照产业兴旺、生态宜居、乡风文明、治理有效、生活富裕的总要求，建立健全城乡融合发展体制机制和政策体系，加快推迎农业农村现代化，彰显了农村发展对生态文明建设举足轻重的作用。

我国是一个农业大国，农村生态文明建设进程关系到整个国家生态文明建设的进程。因此，建设生态文明的首要任务就是要加强农村生态文明建设。生态文明包含丰富深刻的内容，它至少包括科学的生态发展意识、健康有序的生态运行机制、和谐的生态发展环境，全面、协调、可持续发展的态势，经济、社会、生态的良性循环发展，以及由此保障的人和社会的全面发展。农村生态文明主要是指自然生态环境与农村的关系，良性的生态环境促进农村的发展，在农村农业生产中要着力形成和谐、良性、可持续的发展势头。

（二）农村生态文明建设的内容

农村生态文明建设必须实现社会生产方式、生活方式特别是人的思维观念的生态化转变，创造经济社会与资源、环境相协调的可持续发展模式，建设经济活动与生态环境有机共生、人与自然和谐相融的文明农村。具体应包括以下几个方面。

第一，加强农民组织建设，促进小农户之间的联合，以扩大生产经营规模、提高风险承担能力；通过引导、培训等方式加强组织的自身能力建设，提高其市场竞争力；加大对生态农业的扶持力度。例如，对从事生态农业种植、加工的经营者给予财政贴息、资金补贴等措施，对通过认证的生态食品基地退还认证费用等；加大生态食品的宣传力度，让生态食品能够得到消费者的认可，提高经济效益。

第二，以广泛调查与基层实践（如试点建设、生态农业试验等）为基础，摸索在经济、技术上可行且符合农村实际情况与农民需求的生态文明建设模式。要避免“用政府的思维办农民的事”以及“用城市的思维办农村的事”，如政府未广泛征求农民意见，或是直接沿用城市的环境治理技术解决农村环境问题等。

第三，逐步建立农村生态环境保护财政支出不断增长的长效机制。加大对农村地区生态环境保护、基础设施建设、技术支撑体系、生态补偿、宣传教育等方面的投入；转变以往的补贴方式。政府应将财政支持的重点，从用于治理污染改变为支持使用农家肥、低排放的有机小农，支持循环农业，以恢复农业有机生产的外部激励机制，发挥传统有机小农的成本优势和生态优势。

第四，以填补立法空白为突破口，建立健全农村环境保护监管体制。在此基础上明确各部门权责，促进部门间形成合力以推进环保工作。同时，把农村环境保护和综合整治情况作为领导干部政绩考核的重要内容和干部提拔任用的重要依据，充分发挥其对政绩考核、干部任用的杠杆和导向作用，推动各级干部自觉重视并抓好农村环保工作，以此促进地方领导政绩观、发展观的转变。

（三）实施乡村振兴战略背景是农村生态文明建设的主要内容

农业、农村、农民问题是关系国计民生的根本性问题，必须始终把解决好“三农”问题作为全党工作重中之重，“必须树立和践行绿水青山就是金山银山的理念，坚持节约资源和保护环境的基本国策，像对待生命一样对待生态环境，统筹山水林田湖草系统治理，实行最严格的生态环境保护制度，形成绿色发展方式和生活方式，坚定走生产发展、生活富裕、生态良好的文明发展道路，建设美丽中国，为人民创造良好生产生活环境，为全球生态安全做出贡献，尤其是提出实施乡村振兴战略，要坚持农业农村优先发展，按照产业兴旺、生态宜居、乡风文明、治理有效、生活富裕的总要求，建立健全城乡融合发展体制机制和政策体系，加快推进农业农村现代化。党在新的历史阶段提出的新的发展理论确立了农村建设的新目标，表明全面建设社会主义新农村不仅要发展物质文明、精神文明和政治文明，而且要建设农村生态文明。

因此，在实施乡村振兴的战略背景下，加强农村生态文明建设，首先要考虑在生态文明理念下加强农村建设，把人与自然的关系纳入经济社会发展目标中来统一考虑，将资源的接续能力和生态环境的容量作为经济建设的重要依据，推动农村经济社会发展与资源节约环境友好相互推动、相互协调。其次要建立“资源节约型、环境友好型”的现代农业生产方式、生活方式和消费方式，让生态文明的观念落实到农村的企业、家庭和个人。最后要建设良好的农村人口居住生态环境，提升农村和农业的可持续发展能力，转变农业发展方式、优化农业结构，实现农业的优质高产和生态安全的总体目标，走出一条中国特色的农业现代化道路和城乡经济社会融合发展道路。

二、加强农村生态文明建设的意义

当前，我国经济已由高速增长阶段转向高质量发展阶段，正处在转变发展方式、优化经济结构、转换增长动力的攻关期，必须在继续推动发展的基础上，着力解决好发展不平衡不充分问题，大力提升发展质量和效益，更好满足人民在经济、政治、文化、社会、生态等方面日益增长的需要，更好推动人的全面发展、社会全面进步。加强农村生态文明建设，对于建设美丽中国，为人民创造良好生产生活环境，决胜全面建成小康社会，夺取新时代中国特色社会主义伟大胜利具有重大现实意义和深远历史意义。

（一）为改善和保障民生、维护农民环境权益提供了实现途径

我国是一个农业大国，近年来由于工业化、城镇化的高速发展，城市和工业的污染向农村转移，城乡二元体制使有限的环保资源主要被配置在城市、工业，形成环境保护和治理上的城乡二元结构，全国 4 万多个乡镇绝大

多数没有环境保护的基础设施，60多万个行政村绝大多数没有条件治理环境污染，加之农业发展方式依然粗放，耕地大量减少，人口资源环境约束增强，气候变化影响加剧，自然灾害频发，致使我国广大农村生活污染、水源污染，水土流失、土地沙化、生态功能退化等环境恶化。广大农民的环境权益受到侵害，严重有悖于“以人为本”和“城乡居民基本公共服务均等化”的要求。加强农村生态文明建设，为维护农民的环境权益，用统筹城乡的思路和办法来改变农村包括环境治理和保护在内的社会事业发展滞后状况，统筹土地利用和城乡规划，合理安排农田保护、村落分布、生态涵养等空间布局，实现城乡经济社会融合发展提供实现途径。

（二）为破解凸显的食品安全问题找到了出路

国以民为本，民以食为天。农村生态文明建设不仅关系到农村的发展，也直接关系到城市和全社会的发展。不保护好农村生态环境，最终受伤害的不仅是农民，更是全社会所有成员。日益凸显的食品安全问题要得到根本的解决，必须要从源头抓起。加强农村生态文明建设，就是要转变传统农业生产方式，建设“资源节约型、环境友好型”现代农业生产体系，以农村生态环境保护为核心，以节地、节水、节肥、节能等提高资源利用效率为重点，通过建设农村“清洁田园、清洁家园、清洁水源”，保证城乡居民的“菜篮子”“米袋子”和“水缸子”安全，保证城乡居民拥有干净的水、清新的空气和健康的食品。

（三）为实现农业可持续发展创造了条件

加快推进农业农村现代化，必须大力发展节约型农业、循环农业、生态农业，加强农村生态环境保护；必须延长天然林保护工程实施期限，巩固退耕还林成果，推进退牧还草，开展植树造林，恢复草原生态植被，提高森林覆盖率；必须强化水资源保护推动重点流域和区域水土流失综合防治，加快沙漠化治理，加强自然保护区建设，多渠道筹集森林、草原、水土保护等农村生态效益补偿资金；必须推进农林副产品和废弃物能源化、资源化利用，推广农业节能减排技术，加强农村工业、生活污染和农村水源污染防治。因此，加强农村生态文明建设，坚持“经济生态化、生态经济化”的发展方针，才能实现我国农业的可持续发展和人与自然的和谐发展。

（四）全面建成小康社会的重要途径

当前，农村已然是我们全面建成小康社会进程中的短板，只有加快推进农村生态文明建设，引导农民树立正确的生态观，和谐发展、可持续发展的科学理念，摒弃非环保、不科学的生产生活方式，才能使农村土地资源、水资源、生物资源等得到基本的保护，才能为农村发展留下充足空间。

随着经济社会的发展，人们已深刻认识到，生态环境与生产力的发展密切相关，保护和改善生态环境就是发展生产力。与先污染后治理、先破坏后保护的传统思路相比，生态文明建设为人们开辟出一条绿色发展新路，有利于实现“人—自然资源环境—农业”的良性互动。实现全面建成小康社会，必须切实保护生态环境，促进人与自然和谐发展，进而推动农村经济社会发展以及农村全面建成小康社会的实现。

三、农村生态文明建设存在的主要问题

（一）对农村生态发展问题的总体战略性定位缺失

中华人民共和国成立以后，大规模开展工业化建设，农村为城市和工业发展提供了大量原料，而社会管理的城乡二元化结构也逐步形成。改革开放以来，农村经济社会整体得到快速发展，但在工业化和市场化的刺激下，资源过度开发、过量使用农药化肥、乡镇企业无规则排污和城市污染向农村的转移等导致了农村生态环境的急剧恶化。这种“以牺牲结构和资源为代价换取发展”的模式导致农村“发展不足与保护不够”的尴尬境遇，这不仅反映了工业化时代背景下农村生产生活方式的社会转型困境，也反映了国家对农村生态发展问题的总体战略性定位缺失。

农村有不同于城市的生态系统和功能定位。农业的自然属性和农村的散居式生产方式不利于采用城市的管理手段，盲目地模仿工业化发展模式，激进地推动城市化建设，使农村在摧毁已有生产生活方式的同时，新的生产生活方式还没有形成，反而导致农村的不稳定性因素扩散。而城乡一体化建设中市场和公共服务体系的滞后，更加剧了城乡之间同物不同价、同事不同办的差异。蔓延式的小城镇建设，由于违背市场经济规律、以行政命令操作，致使耕地大量被吞噬，垃圾污染快速向农村转移，相应的环境基础设施和队伍保障缺失，无论是城镇还是农村，环境都迅速恶化。因此，不切实际的一体化和单纯的集聚化不能从根本上解决农村生态问题。究其原因，一方面是

长期以来已经形成的经济、社会结构性问题、资源禀赋问题的全面爆发；另一方面也反映了在国家总体发展规划和制度设计上，城市和农村、工业和农业、市民与村民之间利益分配的失衡，使农村资源开发利用、环境保护和社会建设都处于弱势地位。

（二）农业生产模式制约与基础设施建设及科技支撑投入不足

首先，超小农生产模式是中国农业污染的一个重要原因。目前，广大农村地区以数量庞大、高度分散、生产规模细小为特征的超小农生产模式，不但对生态环境产生负面影响，而且制约着生态农业的发展。作为农业生产主体，小农户在三十年来的市场化进程中，其经济活动的自主性增强。但作为农业污染主体，由于缺乏技术指导、法律规范等原因，其行为受到的约束性减弱。这是造成中国农业污染问题的原因之一。为实现有限资源下的成本最小和产出最大，小农户们普遍采取大量使用化肥、农药而不是有机化肥、生物防治等方法来提高单位面积产量和抵御病虫害。同时，由于技术服务体系不完善、法治不健全等因素，造成化肥施用不科学、利用率低，农药使用剂量大、毒性高等问题。此外，随着不可降解塑料农膜的大范围使用，农村土壤结构的破坏也愈发严重。这些都使农产品质量下降、土地肥力降低、农业水源污染问题突出。

其次，农村基础设施建设投入严重不足导致农村环境污染问题突出。长期以来，城镇地区的交通、能源、供水、排污、教育、医疗卫生等基础设施建设以及生态环境保护等方面的投入基本由国家财政支付，但是对于地广人多的农村地区，投入却十分有限。而且，有限的资金又分散于多个部门，再加上地方政府配套能力不足，使资金更显匮乏且使用效率低下。目前，很多城市的生活垃圾处理系统、生活污水排放管网已经建成并日趋完善，而广大农村的公共卫生设施却极端缺乏，环境卫生状况处于无管理或半管理状态。当前，农村地区生产、生活污水的排放量，垃圾的数量和种类都在迅速增长，落后的基础设施与日益加大的污染负荷之间的矛盾正日益突出。

最后，缺乏面向农村地区生态经济系统的科技支撑体系。农村地区生态经济系统的科技支撑体系，主要是指农业生产和废弃物处理等方面的技术供给与服务体系。它是连接生态系统和经济系统的中介，对人与自然和谐发挥重要作用。但是，当前适用于农村的技术支撑体系存在着不同程度的缺失，相关技术的供给无法满足农民的需求。在农业生产技术的研发环节，科研人员的研究方向与农民实际需求相脱节，或没有考虑农民对技术的承受能力，使研究成果难以应用，影响了农业生产技术的进步；在技术推广环节，缺乏针对小农户分散经营方式的农业技术服务体系，加上政府投入不足，造成基层农技人员下乡积极性较低，使农村技术服务体系的供给严重不足；在农村废弃物处理环节，由于缺少优惠政策、资金投入及社会关注，致使农村环保适用技术的开发和推广薄弱。目前，普遍缺乏农村生活垃圾资源化利用、秸秆综合利用、畜禽粪便综合利用、污染土壤修复等技术，尤其缺少投入、运行费用低、操作维护简便的生活污水处理技术。

（三）农村环保法治体系建设滞后

从总体看，距离生态文明建设的实际需要还有很大差距。

第一，生态安全保障性法规立法滞后，表现为数量滞后和质量滞后。数量上，除了国家相关政策外，在法律法规中极少对农村生态文明建设事项做出明确规定。质量上，对农村生态文明建设做出规定的纲领性法律法规没有出台，而相关法规也存在“碎片化”情况，农业法、农村经济行政法规比较多，但符合生态文明理念和市场经济要求的法规极少，关于农产品绿色流通、居民生活环境保护、农民权益保障的法律法规欠缺。生态文明建设相关法规修订滞后，难以满足不断深化建设的需要。

第二，在主客观因素影响下，生态执法能力建设不足。农村地域广阔，生产生活区域分散，导致执法过程中普遍存在取证难、认定难的问题；基层执法的设施设备落后，执法主体人员少、依法行政观念薄弱、素质不高，影响执法质量和效率；立法不足，使执行中可塑性太强，自由裁量空间太大，造成法规执行随意性强，对违法企业的处罚力度、执法力度不足，个别地方甚至执法犯法，降低了法规的权威性和实际执法的效果。

（四）农村资源环境管理机制体制不健全

随着城乡收入差距日益拉大，增加农民收入成为农村发展的第一要务，因此，为了一时的经济增量而牺牲环境的行为在各地农村极为普遍。同时，受城市工业化高耗能高收益发展方式的影响，许多农村居民对生态问题的理解还处于无意识状态。在此背景下，生态文明的美好未来还不足以激励广大村民约束自己的行为，切实可行的管理制度才是推动生态文明建设的必要手段。较之城市环境治理成效的凸显，农村环境没有大的改变，其中一个重要原因是当前农村资源环境管理体制难以满足实际需求，规划、管理、治理制度未能跟上生态文明建设本身的进程。

第一，管理体制薄弱。在国家层面，虽然有环保、林业、农业等职能部门积极推进农村生态文明建设，但并未形成综合性决策管理机构，导致各项生态建设政策缺乏统一部署和推进，而基层乡镇规模大小不一，特别是经济欠发展地区，受经费、人员等影响，关于生态文明建设的职能定位不清，并明显存在监管力量不足的问题。以环保系统为例，在省市县三级已经全面设立环保专职机关，在乡一级却未设立专门的环保部门或配备专职工作人员，且设备落后，不利于监管职责的发挥。

第二，组织实施的机制分散。就农村环境治理单项工作而言，发改委支农项目重点支持农业和农村基础设施建设、农村社会事业；农业部开展测土配方施肥、户用沼气、农业综合开发项目；水利部开展农村饮水安全工程；卫计委推行农村改水改厕项目等。由于这些项目都是按照部门职责归口组织实施，因此在管理上就形成了多个部门“齐抓共管”的模式。这一模式的优势是有利于发挥各部门在农村改革和生态文明建设中的作用，但容易导致重复建设、重复投资和激励空白。

第三，缺乏长效资金投入机制。农村的生态文明建设，不仅要下大力气进行农业产业结构调整，还需要加强农村基础设施等建设，保障资金投入，进行农村生态环境的综合治理。目前，在我国农村基层政府普遍财力紧张、农民收入不高的情况下，不可能要求农民将“生计资本”投入到生态，仅仅依靠基层和农民自给自足式发展是明显不足的。

（五）农村居民生态环境保护意识淡薄

工业化、城市化和农业现代化是中华人民共和国成立以来的基本发展战略，到20世纪70年代，环境保护才被提上政府议程，80年代环境保护成为基本国策，90年代开始实施可持续发展战略，21世纪开始实施生态文明战略。但是战略设计与实际执行仍然存在较大的距离，其中一个原因就是人们的观念和利益取向没有根本转型。

第一，一些基层政府的政绩观错位，特别是经济发展相对落后的西部地区，仍然将GDP增长、财税收入等放在更为重要的位置，为追求经济增长速度不考虑生态环境质量的现象仍然突出。

第二，在农村地区，由于受教育程度和经济发展水平较低，导致包括部分基层领导干部在内的广大居民环境意识不高，缺乏生态文明认识，对生态破坏和环境污染的潜在危害缺乏了解或根本不了解，如生活垃圾随意丢弃与焚烧、生活污水随意排放水渠和沟渠，造成土壤和地下水二次污染；部分地区滥砍滥伐、毁林毁草开荒等现象屡禁不止等。

第三，农村居民对于自己在生态建设中的主体地位不明确，从众心理强，主体意识、自主意识较弱。尤其是小农经济的生产方式决定了小农意识中保守、分散、缺乏凝聚力、缺乏公共精神等特点，由此引发了一些破坏生态环境的行为。如为了追求土地高产，大量使用化肥和农药而破坏土壤平衡度，大量使用地膜并留有残余使土壤丧失自我调节恢复能力；部分地区农民在收获季节，不顾各地出台的禁止焚烧秸秆等措施与办法，为减少麻烦，趁无人监管的午间或夜间大量焚烧秸秆，对当地空气质量及耕地土地造成极大破坏等。

四、农村生态文明建设的方向

基于中国农村的现实处境，我国农村的生态文明发展应着力突出环境问题，加大生态环境保护力度，改革生态环境监管体制，推动绿色发展，走效益型的发展道路，把绿色产业作为农村经济的发展方向。

（一）发展理念方面

建设生态文明是人类社会行为模式的一次深刻变革，必须转变和更新思想观念。把生态文明建设融入经济、政治、文化、社会建设各方面和全过程，协同推进新型工业化、城镇化、信息化、农业现代化和绿色化。绿色化是以习近平同志为核心的党中央继“四化同步”战略以后确立的新的发展战略，并由此一并成为统筹经济社会和生态系统协调发展的“五化协同”战略。从实践层面看，绿色化是“五位一体”中国特色社会主义建设事业总布局重要组成的生态文明建设治国理念的具体化、可操作化。

换言之，绿色化是建设生态文明的重要路径、方法和手段。因此，必须把绿色化内化为农村生态文明建设的重要路径和重要抓手，以大力发展绿色产业和绿色经济为引领，以实质创新、应用和推广一批绿色核心技术为突破口，以大力发展生态农业，全面构筑现代绿色农业产业发展新体系。

目前，在城市和农村中“重经济轻环境、重速度轻效益、重局部轻整体、重当前轻长远、重利益轻民生”的问题仍然存在，甚至不惜以牺牲生态环境为代价片面追求GDP的高速增长。因此，要在各级领导干部和广大群众中深入开展科学发展观和生态文明理念教育，尤其要把生态道德纳入社会运行的公序良俗，切实转变农村中各种不符合科学发展观和生态文明要求的思想观念、发展方式和陈旧习惯。

（二）资源循环利用方面

农业废弃物资源化利用是农村环境治理的重要内容。强调要围绕解决农村环境脏乱差等突出问题，聚焦畜禽粪污、病死畜禽、农作物秸秆、废旧农膜及废弃农药包装物等五类废弃物，以就地消纳、能量循环、综合利用为主线，采取政府支持、市场运作、社会参与、分步实施的方式，注重县乡村企联动、建管运行结合，着力探索构建农业废弃物资源化利用的有效治理模式。通过试点，形成可复制、可推广、可持续的模式和机制，辐射引领各地加快改善农村人居环境，建设美丽宜居乡村。

未实现资源化利用无害化处理的农业废弃物量大面广、乱堆乱放、随意焚烧，给城乡生态环境造成了严重影响。但这些废弃物既是造成面源污染的源头，又是农业生态系统的重要养分来源。只有放错了位置的资源，没有不可利用的垃圾。通过秸秆还田、生物质发电、发展沼气等，大量废弃物都可以变为有机肥料和生物质能源，实现废弃物减量化、无害化、资源化，创造经济价值、环境价值和民生价值。应加强政策扶持和引导，鼓励农民使用有机肥，逐步减少化肥使用量；鼓励运用生物技术防治病虫害，减少农药使用量；鼓励废弃物再利用，减少环境污染。这些方面各地已有成熟的经验、做法，应当认真总结，积极推广。

（三）科技创新与应用方面

1. 有机肥料生产和使用技术的突破

未来我国农业增产，化肥仍然不可或缺，但要逐渐减少用量。重点围绕全国有机肥资源（农作物秸秆、绿肥、规模化养殖场畜禽粪便和农家肥）的转化利用，组织科研力量攻关，力求在配套技术和设备上有重大突破。

2. 良种培育技术的突破

保护地方特有品种，加强对野生资源的驯化和新品种的培育，不断开发出丰产性好、抗逆性强、适应性广、品质优良的新品种。

3. 新型肥料的开发

针对不同农作物、不同栽培方式，专门研制叶面肥、微量元素肥料、氨基酸肥料、缓控释肥等各种新型肥料，增产增效，减少污染。

4. 生物农药研制技术的突破

随着化学农药的普及，我国传统土农药使用逐渐减少。实际上，土农药采用现代技术开发，不仅灭虫效果好，而且无药害。

5. 污染修复技术的突破

为有效根治环境污染，近年来国内外研制了一系列污染修复技术，包括植物修复、微生物修复以及物理修复、化学修复、生物工程修复技术，或兼而有之的复合型修复技术。这些技术在一定区域内试验、应用，都取得了较好的成效，但目前还没有一种修复技术可以治理各种类型的环境污染。

改革开放以来，我国经济社会事业快速发展，成就辉煌。相比之下，城市快于农村、工业快于农业，农业农村发展相对滞后。党中央及时做出了工业反哺农业、城市带动农村、推进城乡一体化的战略决策：在整个扶农强农的政策倾斜中，需要重点支持生态化现代农业农村建设，加快“石油农业”向“生态农业”转化，特别应当加大对农业废弃物综合开发利用、循环农业和绿色有机农业发展以及面源污染治理的扶持。尤其是在政绩考核方面，要按照建设生态化现代农业农村要求，修订单纯考核经济指标、忽视生态环境和社会民生指标的考评标准、办法，加大经济发展质量、生态环境、社会和谐、民生改善方面的权重，使政绩考核对农业农村又好又快发展起到引领、导向、保障作用。

第四节 乡村振兴战略背景下农村生态文明建设路径

实施乡村振兴战略，就是要坚持农业农村优先发展，按照产业兴旺、生态宜居、乡风文明、治理有效、生活富裕的总要求，建在健全城乡融合发展体制机制和政策体系，加快推进农业农村现代化。农村生态文明建设是国家生态文明建设的一个重要组成部分，与城市及其他领域的生态文明者，应站在全局高度，严格遵循农村发展规律，按照公平公正的原则，在优先保护自然生态环境的基础上，将生态文明理念融入农村政治、经济、文化和社会制度的建设和优化过程中去，推动农业生产、农民生活、农村生态协调发展，实现城乡共同发展。

一、完善顶层设计，统筹规划农村生态发展

所谓顶层设计，就是指政府按照农村生态文明建设的目标，从国家整体发展高度出发，对农村未来发展做出的总体构想和战略设计。

（一）立足总体战略，确立农村生态文明建设目标

要按照全面建成小康社会各项要求，统筹推进经济建设、政治建设、文化建设、社会建设、生态文明建设，实施乡村振兴战略，按照“产业兴旺、生态宜居、乡风文明、治理有效、生活富裕”的总要求，建立健全城乡融合发展体制机制和政策体系，加快推进农业农村现代化。因此，农村生态文明建设也必须按照这一指导思想，确立正确的建设目标，保证经济、社会、自然与人的协调发展。坚持生态文明发展理念，实现农业农村现代化，就是要实现经济社会的生态化和生态环境的人文化。“经济社会生态化和生态环境人文化”是生态文明建设的理想目标和方式，“经济社会生态化”促使现有的产业结构、技术、组织、消费和社会向低碳、环保转变，是一种适应性转型；“生态环境人文化”则更为贴合农村产业和功能定位。农村生态文明不是工业化背景下的现代化，应发展绿色农业优势和地球生态屏障的功能，按照生态环境空间的特征，将生产生活环境与自然高度融合，以换取大自然人文化的生态发展回报。

（二）注重生态公平，促进农村生态文明建设可持续发展

生态公平是生态文明的重要理论支点和实现方式，其涉及人与自然和人与社会关系的协调解决。从根本上说，生态公平就是人类在利用、保护自然资源方面承担着共同的责任。主体对于自然的开发和补偿应是对等的，谁在资源共享上获益多，谁对自然资源保护责任也越大。在人类实践活动中，由于人的实践方式和效能的不同，对自然界产生的影响也不同，从不同的实践行为的差别和效能出发，来制定生态补偿机制，这是构建生态公平的基础性工作。因此，加强农村生态文明建设，国家要构建生态公平的产业补偿和地区补偿机制，不同的产业对自然的利用、保持及获益程度是不同的。农村生态文明建设不仅要缩小城乡公共服务差距、提高农村居民生活质量、让

农村分享城市和工业带来的有益成果，还应避免城乡“生态环境保护的二元化”，公平对待城乡资源开发利用与环境保护问题。按照农业和农村的特点和发展规律，通过经济、政治、社会、技术和文化等现代元素与传统农村文化的整合，形成有利于农村经济与生态可持续化的体制、机制和法制。

（三）科学决策和规划，保证农村生态文明建设的科学化

现代社会发展日新月异，绿色技术、绿色产业发展相继迸发，越来越成为反映一国核心竞争力强弱的重要标志性因素甚至是制约性因素，也必然成为反映一国、一个民族综合国力大小、生产力发展水平高低的重要因素。千百年来，人类社会过分强调人类自我改造自然及征服自然的能力，却有意无意地忽略了自然生产力的力量。因此，加强农村生态文明建设，必须克服盲目性和随意性，按照生态文明建设要求，体部署农村资源环境和发展规划。一是划定生态红线，尽快制定科学合理的国土资源开发保护制度，明确城乡资源的开发利用和保护强度，运用市场机制推动实现城乡资源同价交易；开放人口流动机制，实现农村人口与环境承载力的平衡；合理设计城乡发展规划和格局，科学推动城镇化建设。在此基础上，各级政府要根据当地农村硬件基础，合理规划种植养殖区、乡村产业区、农民居住区，促使农村资源能源有效循环。二是完善生态规划制度，完善国家生态宏观战略性指导意见，鼓励地方特色化发展，科学审核地方生态发展规划，监督规划执行情况，并及时将规划内容上升为法律法规和制度，从而保证规划的延续性和有效性。各地可以根据当地农村特色发展优势产业，打造地域性生态产品及品牌。三是建立政府科学决策和评价制度，形成正确的发展观和政绩观，积极推动公众参与生态文明建设，建立重大问题集体决策制度以及建立专家咨询和社会听证等制度。

二、推进农村法制建设，完善农村生态环境保护监管和治理体系

农村生态文明建设离不开有效保护监管和长期治理，构建保护监管和治理体系是保证农村生态文明建设的根本。

（一）建立完整的农村生态文明建设相关法律法规体系

按照公平公正的原则，国家制定统一的《自然资源保护法》，补充修订《环境保护法》，明确界定城乡资源产权和环境保护制度，强化《中华人民共和国农业法》等法律中关于防治农业生态环境破坏的措施。国家各部门应梳理

各类与农村发展相关的政策法规，剔除不符合国家生态文明要求和不适应农村生态文明建设的规定，制定统一的农村生态文明建设条例，引导发展生态农业、保护资源环境，普及生态教育等。各级地方政府及相关机构应在各类政策、措施、办法制定过程中融入生态环境保护理念。促进农村经济发展的前提必须是对农村生态环境的保护，只有如此才能保证农村经济的健康可持续发展。

（二）建立高效能的行政执法和监督机制

加强执法队伍建设是提高执法能力的首要条件，要按照农村居住特征，配备流动或固定的行政执法和公共服务机构和人员，加强基层执法设施设备。细化执法标准和程序，提高执法权威性。健全农村生态环境监管制度，扩大监管范围，加大监测检查频率，强化监管队伍的执法力度，真正做到防患于未然。同时，要完善执法监督机制。公众监督、行政监督和司法监督是建设生态文明的重要监督途径。农村生态文明建设需要严格司法形成强大的生态法律的社会威慑力，推动执法的公平正义。

（三）完善农村生态文明建设治理体系

围绕中央提出的“完善党委领导、政府负责、社会协同、公众参与的社会管理格局”，地方政府应强化行政的公共服务职能，发挥基层自治组织、协会等社会主体的作用，完善农村生态文明建设治理体系。

一是完善行政管理体制机制。按照生态文明的要求，行政部门应以社会公共利益维护者的身份，为广大农村居民提供便利的公共服务，并依法履行监督管理和行政执法职责。在国家层面上，要在厘清职责的基础上建立推动农村生态文明建设的协调机制，将各部门生态投资和配套措施集中投放，充分发挥部门“齐抓共管”的合力。在基层组织机构建设上，采用行政和自治相结合的方式，建立县、乡镇、村和村小组四级生态环保工作机构和人员配置，推动农村资源和生态建设目标的实现。

二是提升资源环境管理和保护能力，构建双向的实施机制。在相对传统和封闭的农村地区，要通过自上而下的资源环境管理制度将科学发展理念和现代管理方式传播进去，有效遏制生态破坏行为；同时，要构建自下而上的居民自治为主的管理制度，通过发挥市场的激励作用，推进生态文明建设。

三是建立生态建设的长效投入机制。农村生态文明建设能否长久保持，在很大程度上取决于是否形成了由政府和社会各方共同参与的长效投入机制。国家加大农村生态投入，不仅是建设生态文明的要求，而且也是城乡公平发展的重要内容。因此，科学制定资金投入标准，固定国家财政投入、省级财政补贴、地方配套和农民自筹，并通过吸引社会和其他组织融资、贷款等方式，以直接的资金投入机制、间接的生态技术支持为农村生态文明建设谋取长效发展之道。

三、加大农村环境保护基础设施建设，形成农村生态文明建设参与制度

（一）加大农村环境保护基础设施建设

农村环境保护基础设施建设是农村生态文明建设的基石。第一，政府要进一步加大农村环境保护基础设施建设的资金投入，加强监管，让政府资金真正用于农村环境保护基础设施建设。第二，扩宽融资渠道，引入社会资本进入农村环境保护基础设施建设，尤其是吸纳农村当地的厂矿企业资金进入其中。第三，地方政府应给予农村环境保护基础设施建设一定的优惠政策和措施，同时对于在生产生活过程中主动修建污水处理、废气处理、垃圾回收处理等基础设施的农村集体、农村厂矿企业等，在一定条件下给予补偿或有偿转让等措施或办法。

（二）推广农业新科技发展生态农业

推进农村生态文明建设必须要发展农业新科技。第一，农业科技部门应主动适应各地农民需求推广农业新科技，长期开展农业科技服务活动，推动农业科技下乡下田，让农民掌握最新农业科技知识和技能，提高化肥和农药的利用率，提升农业灌溉率。第二，农业科技人员应鼓励农民发展生态农业，经过科技人员讲解和田间试验让农民接受并发展生态农业，真正从源头上推进农村生态文明建设。

（三）加强农村生态文明建设教育

从文化的角度看，乡村是农业文明的产物，工业化集中高消耗的发展方式本身不符合农村发展规律。然而抵制和克服工业文明带来的物质主义、病态消费主义和唯 GDP 主义等负面影响，保护农村美丽的自然风貌和完整的生态功能，需要乡村全覆盖的生态技术和生态知识普及教育制度。具体包括对基层领导干部生态价值观教育、企业组织的生态社会责任观教育和农村居民的生态健康观教育，促使领导干部形成正确的政绩观，培育村民和企业

组织的自然优美环境的自豪感。同时，要注意汲取中国五千年传统文明精华，充分挖掘寻求乡村本土的公共秩序和善良风俗与生态文明理念的契合点，催生新型农村生态化“公序良俗”。

（四）提升农民生态文明意识

农民是农村生态文明建设的重要成员，提升农民生态文明意识是推动农民生态文明建设的重要环节。第一，农村基层工作人员作为带头人要深入群众中进行生态环境保护教育。第二，通过电视广播、墙报、文艺演出等活动形式加强生态环境保护宣传。第三，要充分利用新媒体进行多渠道宣传，通过手机微信、网络平台等制作微知识、微动漫进行生态文明知识宣传，使生态环境保护意识逐步提升。第四，在教育和宣传的基础上，完善村民自治委员会制度，鼓励农业协会等组织积极参与本地生态建设决策过程，为广大村民参与生态文明建设开拓渠道，通过制定村规民约、聘请义务监督员等方法，普及生态化的生产生活方式，加强监督管理，推动农村生态文明建设不断发展。

第七章 乡风文明建设

第一节 乡风、家风、民风与乡风文明

建设乡风文明既是乡村建设的重要内容，也是中国社会文明建设的重要基础；乡风文明不仅反映农民对美好生活的需要，也是构建和谐社会和实现强国梦的重要条件。乡风文明建设不能通过急功近利的运动方式来完成，也不可能通过搞涂脂抹粉的形式主义来实现。而是要把传统优秀文化和现代文化融为一体，潜移默化地渗透到乡村生产和社会生活方式中，并转变成人们的自觉行动，内化为人们的信仰和习惯。

“实施乡村振兴战略”写进了十九大报告，并明确“产业兴旺、生态宜居、乡风文明、治理有效、生活富裕”为总要求。这是新时代新农村的新蓝图，乡风文明成为实施乡村振兴战略的重要内容之一。因此，以好家风涵养民风，以好家风促乡风文明，不仅尤为必要，而且变得更加重要：要坚持物质文明和精神文明一起抓，注重培育文明乡风、良好家风、淳朴民风，不断提高乡村社会文明程度。

乡风是指长期依托某农村区域，形成的一种共有的区域特色、思维方式，以及历史文化传统的乡村文化随着农村经济的发展，人们物质生活水平的提高，广大农民群众对精神文化有了更高更多的需求，但也要看到，在轰轰烈烈的城镇化建设中，价值的迷失、认识的差距，导致我们行为的失范。一方面，盲目地大拆大建、人为造城使曾经风格迥异、魅力独特的传统村落难觅踪影。

另一方面，更为突出的是在新型城镇化背景下，城乡结构和乡村传统遭遇了许多重大的问题和挑战，集中表现在农村民风变化，优良乡风民俗日渐丢失。一些农村文明健康的生活习惯尚未养成，陈规陋习仍然影响着一部分农民群众的思想和行为，制约着农村的全面发展。这就要求我们必须重视农村精神文明建设工作，通过培育文明乡风，筑牢广大农民群众的精神家园，为实现乡村振兴奠定坚实基础。

文明乡风是实现农业农村现代化的重要支撑。培育文明乡风，有利于营造宽松、文明、充满活力的经济发展环境，增强对各种生产要素的吸引力；有利于凝聚精气神，点燃干事创业的热情，增强农民群众团结一致、努力拼搏的信心。对于贫困地区而言，文明乡风能够激发内生动力，进一步调动农民群众参与脱贫攻坚的积极性、主动性、创造性，为打动脱贫攻坚战、加快推进农业农村现代化提供强大精神力量。文明乡风是实现农村和谐稳定的重要保证，文明乡风能优化农村人文社会环境，激励人们崇德向善、孝老爱亲、爱国爱乡，促进社会和谐稳定。实践证明，培育文明乡风，有助于改变广大农民精神风貌，使农村更加充满生机活力；有助于促进社会公平正义，营造和谐有序的社会环境；有助于形成健康文明的生活理念和科学的生活方式，促进人的全面发展。

我们可以通过以下两个方面来打造淳朴文明的良好乡风。

一是大力培育和践行社会主义核心价值观。紧紧围绕培育和践行社会主义核心价值观，不断创新方式方法，让社会主义核心价值观在农村落地生根，为推动乡风文明建设提供精神指引和支撑。旗帜鲜明地用正确的思想引导农民群众，用健康的公共文化服务和产品吸引农民群众，教育农民群众自觉抵制落后思想意识的影响，使他们培养起良好的道德品格、健康的心理素质和积极向上的文化情趣。要积极倡导尊老爱幼、邻里团结、遵纪守法的依好乡风民俗，用文明言行抵制各种歪风邪气，树立文明新风，全面提升农民素质，提高农村社会的文明程度，形成团结、互助、平等、友爱的人际关系，构建和谐家庭、和谐乡村及社会主义核心价值观是当代中国精神的集中体现，凝结着全体人民共同的价值追求。培育文明乡风，就要将社会主义核心价值观融入农村精神文明建设的方方面面首先是融入村规民约。要根据社会主义核心价值观制定或修订完善村规民约，让社会主义核心价值观有效引导和规范农民群众行为。其次是融入各项群众文化活动，运用群众喜闻乐见的形式，广泛开展健康向上的文化活动，使广大农民群众在潜移默化中受到社会主义核心价值观教育。最后是融入农村思想文化阵地建设。大力推动村民中心、文化广场、村综合文化服务中心建设，让这些思想文化阵地成为宣传社会主义核心价值观的有效载体。

二是扎实开展形式多样的乡风文明建设活动。风俗正而民风清，民风清而风气明，要以习近平新时代中国特色社会主义思想和精神为指引，不断坚定文化自信，传承发扬优秀传统文化和现代文化，积极顺应农民群众对文化生活的热切期盼，大力发展雅俗共赏、丰富多彩、富有特色和时代特征的农村乡土文化。积极挖掘、整理和保护好具有地方特色的民间艺术，延续历史文脉，把美丽乡村建设成有历史记忆、地域特色、乡土气息的文化之乡。重视保护根植于乡村文化的历史村镇、民居祠堂和特色街巷，构建传统内涵与现代精神相结合的文化景观体系。积极利用和挖掘传统节约资源，广泛开展群众性节门民俗、文化娱乐和体育健身活动，利用传统节日和重大节庆倡导和弘扬传统文化、传统美德且以系列文明创建活动为载体，文明乡风需要通过各种丰富的文明创建活动来推动形成，要广泛开展“星级文明户”“五好文明家庭”等创建活动和“身边好人”等特色评选活动，营造崇德向善、孝老爱亲、爱国爱乡的浓厚氛围，充分发挥典型的示范作用，通过培养一批群众看得见、摸得着、信得过的身边典型，激励人们比学赶超、向上向善，使讲文明、树新风成为农民群众的自觉追求撰要因地制宜，不断探索，勇于创新，紧密结合社会主义核心价值观，从优秀传统文化中汲取营养，大力弘扬诚信友善、爱国敬业、埠老爱幼、扶弱济困、公平正义等美德，使好的家风渗透到农村日常生产、生活各个领域，润泽广大党员干部和百姓，以形成文明乡风。

在实施乡村振兴战略的时代背景下，打造淳朴文明的良好乡风，是乡村振兴战略总要求的有力抓手。要结合农村实际，满足农民群众文化需求，让乡风文明在农村开花结果。积极培育文明乡风，提高乡村社会文明程度。

一、传承好家风，争做文明人

家风，简言之，就是一个家庭的传统和风气，或者说是家庭的文化氛围，通常是指一个家庭在长期发展过程中遵从优良传统、吸纳优秀文化而形成的，指导家庭成员做人做事的价值观念和行为准则。家风作为一个家庭为人处世的价值标准，对乡风文明影响深远。一个家风传承良好的农村社区，总是洋溢在一种老人祥和、子女孝顺、家业兴盛、邻里和谐的氛围之中，其中浸润着令人艳羡的文明乡风。

自古以来，“修身、齐家、治国、平天下”的传统信条以自我完善为基础，通过管理家庭和治理国家，直到天下太平，是几千年来中国人的最高理想。其中，“修身、齐家”是“治国、平天下”的基础。显而易见，如果每个家庭的“家风”都很正，从这些家庭成长起来的人也会很正，再放之社会，就能形成风清气正的社会风气。

优秀传统家风，增强群众的家园归属感，引导全乡群众向善向上向好，促进乡村文明。传承好家风，是传承优秀传统文化的一部分……对优秀家风文化及身边优秀家庭的挖掘，为乡风文明建设和乡村治理提供了有效的抓手和载体家风既是一个家庭的传统和风气，也是党风廉政建设的“晴雨表”。一个好的家庭，应该要有好的家风。因为度好的家风会内化为一种潜在动力，使我们今后的人生道路越走越宽。良好的家风，往往来自好的家训：中国古代家训史源远流长，包罗万象，广泛涉及个人修身、齐家以及治国平天下等方方面面。这些优秀的、闪耀着中华民族智慧的精神遗产，体现了中国传统伦理文化的基本精神、价值取向和人文关怀，对我们当代的思想品德教育同样具有极强的借鉴价值。要将传承良好家风家训家规当践行社会主义核心价值观有机统一起来。在社会主义核心价值观个人层面“爱国、敬业、诚信、友善”的规范中，就体现出对我们良好家风家训家规的培育和要求，要恪守这些基本道德准则，我们就应当从回味和传承良好的家风家训家规做起。

因此，应当通过“传家风，立家规，树新风”“讲文明、树新风、扬正气”等宣传和文化活动，发好声音，弘扬社会正能量，倡导积极健康的生活方式，引导广大群众自觉抵制铺张浪费、黄赌毒、地下邪教及封建迷信等消极文化现象的侵蚀，重塑健康文明的乡村新风尚。家内满室馨香，里巷必然和美。好家风可以影响人、教育人、塑造人，是乡风文明的助推器、乡民和谐的润滑礼推进乡风文明，仅在某方面着力还远远不够，必须在建设美丽乡村的同时，注重家庭、注重家教、注重家风。原因很简单，基础设施建设上去了，绿化、美化、亮化了，改水、改厕、改厨，乡村文明程度也就得到了全面提升。

事实证明，好家风是宝贵的精神财富，不仅可以让家族忠孝、和睦、尊老爱幼的家族文化和淳朴民风代代相传。同时，也能为更多人创造人生出彩的机会，提升农村精神文明建设水平。家风建设抓好了，就是抓住了乡风文明的“牛鼻子”。千万个好家风撑起农村好风气之际，必将是乡风文明大有改观和高度彰显之时。

二、抓民风建设，促乡风文明

厚养淳朴民风，能够促进乡风文明建设。要深入挖掘农耕文化蕴含的优秀思想观念、人文精神、道德规范。支持农村地区优秀戏曲曲艺、民间文化等传承发展。建立文艺结对帮扶工作机制，深入开展文化惠民活动，持续推进移风易俗，弘扬时代新风，遏制大操大办、厚葬薄养、人情攀比等陈规陋习。

要持续深化移风易俗行动，健全完善乡规民约、红白事理事会等，广泛开展道德评议、村民评议等活动，推动形成勤俭节约、尊老爱幼、崇尚科学的文明生活方式。发挥农村优秀基层干部、乡村教师、文化能人等新乡贤的带头示范作用，大力营造风清气正的淳朴民风。运用农民文化礼堂、道德讲堂等开展思想政治教育和科学文化知识普及等活动，不断提升农民的道德修养和科技文化素质。向陈规陋习挥手作别，让文明之风盛行乡里，对老家规、老族训予以挖掘、保护、提炼和传承，形成全体村民认同、具有本村特色、符合村情民意的村规民约，让老家规再次焕发出新活力，就要采取多种方式方法引导、教育农民，比如举办农民喜闻乐见的文化活动、文艺表演，利用农民身边的典型宣传农村传统美德与传统文化，有条件的地方还可以定期播放一些乡风文明宣传片等，使农民逐步形成良好的生活、行为习惯和蓬勃的精神风貌，营造出平等友善的和睦村风，让文明乡风助力乡村振兴。

要在深化星级文明户、文明家庭评选以及文明村镇创建活动上下功夫，投入足够的财力，使这些活动成为乡风文明建设的有力手段，要坚持以社会主义核心价值观为引领，在宣传展示家风家训家规、传承发展提升农村优秀传统文化上出实招、树典型，使之成为广大农民群众修身齐家的不竭动力和源泉。

坚持法治先行，在法治育人上抓培训。深入开展普法教育活动，组织群众参加法制教育培训，培育“农村法律明白人”，组织群众观看反邪教影片，发放各类宣传资料等，引导村民学法、用法、遵法、守法；组织专人查访民情民意，及时了解村民的所思所想，及早化解矛盾纠纷，及时制止危害社会的不良风气。实现无群体上访，无刑事和治安案件，无民族宗教矛盾，人民群众安居乐业，幸福指数不断提高。使法治、德治和村民自治有效结合，提升干部群众的综合素质，文明乡风建设成效日益显现，形成文明办丧、节俭办喜事的风气，各类农村精神文明建设先进典型层出不穷，在推进移风易俗、树立文明乡风工作中起到很好的示范带动作用。乡亲们不再攀比，民风更容易形成，对民风的改善起到积极的引领和推动作用。

村规民约提升民风。村规民约是村民自治组织依据党的方针政策和法律法规，结合本村实际，为维护本村的社会秩序、公共道德和村风民俗而制定的；为全体村民所认同的、约束和规范村民行为的一种规章制度。每个村的村规民约在乡风文明建设方面都发挥了很好的促进作用，尽管村规民约缺乏相应的处罚权，但对村民的言行仍然具有很强的约束性。依据村规民约，村委会可以通过星级管理公示、取消有关福利待遇等方式，彰显遵规守约的荣光，导引民风的走向。

在农村传统文化方面，如何厚养淳朴民风，需要具体问题具体分析，可能会有继承、有吸收、有发扬，也可能会有摒弃、有改善或者是创新。具体到当下实际，我们要在农村倡导尊老爱幼、邻里团结、遵纪守法的良好乡风民俗，用文明言行来抵制各种歪风邪气，抓好农村移风易俗工作，坚决反对铺张浪费、婚宴大操大办等陈规陋习，消除各种丑恶现象，树立文明新风，全面提升农民素质，提高农村社会的文明程度，形成团结、互助、平等、友爱的人际关系，构建和谐家庭、和谐村组、和谐村镇，打造农民有情节可安放、有乡愁可寄托的精神家园。喜事新办、丧事简办成为群众共识。

总之，厚养淳朴民风，固然需要我们注重从乡村社会之外引入文明新风，但也要意识到，乡村社会自身蕴藏着许多优秀传统文化。只要精心发现和用心开发，并加以创造性转化和创新性发展，农村精神文明建设的空间将变得更加宽广。特别是由于这些传统文化一直栖身于乡村社会，长期存在于乡民生活之中，因而从这些传统文化中培育出来的乡风，无疑与农民的相容性及其在农村的生命力都更强。从古至今中国素有“礼仪之邦”的美誉，因此开展必要的礼仪活动，不仅具有凝聚精神的功能，还能够规范人们的一言一行。

要深入挖掘优秀传统农耕文化蕴含的思想观念、人文精神、道德规范，培育挖掘乡土文化人才，弘扬主旋律和社会正气，提高乡村社会文明程度，焕发乡村文明新气象，坚持惠民利民，在群众致富上重实效。严格落实便民服务室监管机制，对群众诉求和办理事项实行“一站式”服务，确保惠民政策的公平、公正落实，要推动乡村生态振兴，坚持绿色发展，加强农村突出环境问题综合治理，推进农村“厕所单命”，完善农村生活设施，打造农民安居乐业的美丽家园，让良好生态成为乡村振兴的支撑点。

第二节 道德建设、公共文化建设与乡风文明

乡风文明表现为农民在思想观念、道德规范、知识水平、素质修养、行为操守，以及人与人、人与社会、人与自然的关系等方面继承和发扬民族文化的优良传统，摒弃传统文化中消极落后的因素，适应经济社会发展，不断有所创新，并积极吸收城市文化乃至其他民族文化中的积极因素，以形成积极、健康、向上的社会风气和精神风貌。习近平总书记指出，要推动乡村文化振兴，要加强农村思想道德建设和公共文化建设，实施乡村振兴战略，要繁荣兴盛农村文化，焕发乡风文明新气象。乡村振兴，既要发展产业、壮大经济，更要激活文化、提振精神，两者缺一不可、不可偏废。

我们要在解决“富口袋”的同时，加快“富脑袋”，使得群众的物质、精神文化生活更加富足。现阶段我国农村道德建设滞后，精神文化生活比较匮乏，赌博盛行，城镇化让工业文化、城市文化快速进入农村，一定程度上冲击甚至切断了乡土文脉，导致乡村文化“水土流失”。随着计算机、互联网和智能手机的普及，许多新生代的农村子弟也用起了QQ、微信等即时通聊天工具，这本身无可非议，但就农村而言，却是有利有弊。微信在农村的青年男女当中也流行起来。但是因为有些乡村比较偏僻，网络信号在个别地段时断时续，而这并不影响微信的流行，村民们除了抢红包，还会用微信通联外界。但是他们对网络诈骗的防范意识基本为零，上当受骗的事情时有发生。对于大多数文化素质不高的村民而言，村里的娱乐方式大多是单调的麻将与纸牌。家里往往是年长者弓腰驼背操持家务、照看孩子，而坐在牌桌上的大多是一群身强体壮的中年男女和敢于下赌注的年轻

人，这种风气在今天的农村很普遍。特别是春节期间，从大年初一到元宵节，是农村赌博牌局最火爆的时间。走亲串门的人也多起来，新旧牌友们汇聚一堂，不分白天黑夜地“厮杀”，一天下来便是成千上万元的输赢，这或许就是一年来辛辛苦苦打工的血汗钱。农村的虚荣攀比之风越来越盛，农村是个特别喜欢攀比的地方。放鞭炮要攀比，临近春节，许多农户无论贫富都要购买烟花爆竹，每户花销少则三五百元，多则超过千元修房子、嫁娶、过生日做酒席要攀比，连办丧事也要攀比！比谁家排场大、亲戚多，谁又清了几套戏乐、花鼓，葬礼不再是逝者的哀悼会，而是吃喝玩乐的派对。种种现象来看，农村道德建设迫在眉睫。

要传承优秀传统文化。例如，乡贤热爱家乡造福桑梓的传统、邻里守望相助的传统、村民敬老爱幼的传统等，所有这些都蕴含着积极健康的价值观，如何运用这些价值观强化广大村民的集体主义核心价值观，发挥道德的引导作用，积极发扬农村传统文化品德，倡导为他人服务的集体主义价值观；还要开展移风易俗行动，加强农村思想道德建设，摒弃和打击不健康的文化因素，积极监管和取缔打牌赌博、封建迷信、邪教信仰等不健康的文化活动，引导农民积极向上，努力提升农民精神风貌，让文明新风滋润乡村大地，使乡村文化重新绽放绚丽异彩，吸引更多的人回到乡村、建设乡村、繁荣乡村。

当前，农村社会一些优良的文化传统在城镇化和人口迁徙流动中受到了巨大冲击，这既是乡村文化振兴要解决的问题，也是面临的困境。乡村社会的文化传统，包括伦理文化传统，是建立在人口流动极小、社会变迁缓慢，没有外部强势异文化冲击的农业社会基础上的。当下的乡村社会，外有现代性的强势异文化冲击，内有空前的社会流动——乡土社会边界大开，一切以稳定为传承前提的文化面临拷问、挑战和冲击。农民在文化上的弱势地位，使其很容易不加思考地接受外来文化，甚至笨拙地模仿和引入外来文化。迫切的现实生存和社会竞争的需要，更加助推了传统伦理文化和乡土文明的解体，以及便利了功利文化、轻浮文化的侵入。这些年，一些地方的农村出现的老年人赡养问题，在红白喜事上大操大办，甚至出现低俗仪式、天价彩礼嫁妆、赌博、地下邪教等，都是这种表现。

培养高尚的道德是移风易俗、践行社会主义核心价值观的第一步。要从讲、看、听、行入手，着力让“德”融入群众的精神世界，衍化为群众的自觉行动。讲，让德无处不在。”领导干部带头讲、宣讲小组巡回讲、农村喇叭经常讲、新兴媒体随时讲”等多种宣讲方式并行推进，使宣讲做到理论深刻又通俗易懂，鼓励增强群众的价值判断力和道德责任感。

乡村文化振兴，需要推动公共文化建设，以社会主义核心价值观为引领，深入挖掘优秀传统农耕文化蕴含的思想、观念、人文精神、道德规范，培育挖掘乡土文化人才，弘扬主旋律和社会正气，改善农民精神风貌，提高乡村社会文明程度，焕发乡村文明新气象，物质文明的进步需要精神文明同时跟上。实施乡村振兴战略，乡风文明不能落伍。而如何建设乡风文明，营造淳朴友善乡村文化，是新时代的新课题。

优秀传统文化是一个国家、一个民族传承和发展的根本，如果丢掉了，就割断了精神命脉。乡风文明骨子里继承和渗透了传统文化，这个与生俱来的基因是人所共知的事实。要从弘扬优秀传统文化中寻找精气神。今天我们正在进行和深化的乡风文明建设，当然应该从传统文化中汲取营养，不断激活其中的有益成分，使之服务于社会主义新农村建设。激活传统文化，滋养文明乡风，关键在于创造性转化、创新性发展。

乡风文明本身就是中华优秀传统文化的重要组成部分，为弘扬中华优秀传统文化提供了一个传承载体。在中国传统的乡村治理中，形成了“皇权不下县”的社会治理结构，自古以来，乡村就是依靠传统道德观念、村规民约自治系统进行治理，形成了很多道德教化，乡风文明得到彰显。随着城镇化进程的加快，人才、信息、技术、文化等在城乡之间快速流动，一些低俗的文化反而在部分农村地区快速膨胀，金钱观念变得越来越重，人情往来变得越来越淡薄，原来的邻里互助变成了有偿服务，人情往来变成了金钱往来，有的兄弟、父子甚至为了利益大打出手等。对生产的发展也成了竭泽而渔，田毁了、树砍了、塘填了……生态文明不断被破坏。在当前的历史条件下，中国的乡村治理体系是法治前提下的乡村自治模式。但很多事仅靠法律的约束是远远不够的，所以十九大报告指出，要坚持依法治国和以德治国相结合。而随着社会的发展和经济的增长，在公共场所中大声喧哗、排队不遵守秩序、随地吐痰、“出口成脏”、没有主动让座等现象还是屡见不鲜。值得欣慰的是，随着新农村建设进程的不断推进，各个乡村地区逐渐出现了很多新礼仪，并且不断在农村地区流行。积极营造移风易俗的良好氛围，对殡葬实施了改革，主要包括四项内容：一是倡导简办丧事，反对乱埋乱葬和铺张浪费，提倡以科学、健康、文明的方式告慰逝者；二是倡导移风易俗，鼓励文明祭扫，要求文明、低碳祭祀，不可在林地、山地、水源地、景区等焚烧冥纸；三是倡导厚养薄葬，弘扬传统美德，提倡从俭治丧，文明祭祀；四是鼓励积极参与革命先烈扫墓、网上祭奠英烈等活动，缅怀革命先烈。虽然起初执行农村殡葬制度改革难度较大，但是通过当地治丧委员会和村党支部书记的不懈努力，逐渐得到了群众的理解和支持，确保了所有丧事均按照标准执行。

要加强农村文化基础设施建设，不断丰富农村公共文化活动。重视乡村社会文化基础设施建设，就需着力推进乡村社会文化站、文化广场、农家书屋、农民体育健身、民俗博物馆、农村文化综合服务中心等文化设施建设；还要将乡风文明建设与群众文化活动紧密结合起来，落实国家送戏下乡、送书下乡、送电影下乡等活动，不断丰富群众的文化生活，推动乡风文明传播，将乡村建设成为广大农民群众的精神家园、人文家园、和谐家园。丰富文化活动载体，弘扬农村优秀传统文化，可以更好地满足人民群众日益增长的精神文化需求。乡村文化振兴的突破口在于，瞄准重点人群，聚焦突出问题，回应现实需求，乡村社会的重点人群是常年在村的老弱妇儒群体，也就是俗称的“三留守”人员。他们是乡村社会中相对弱势的群体，外出务工经商的青壮年群体又有着紧密的社会关联，他们有丰富的闲暇时光，旺盛的文化生活需求，他们的精神面貌和文化生活质量直接关系到其他群体的生活品质乃至人生预期，并直接影响着乡村社会的文明程度，以他们为重点人群，乡村文化建设就有了实实在在的推进和载体。他们的需求便是最需要回应的需求，他们反映的问题便是最突出的问题。最主要的两点：一是从具体的移风易俗入手，遏制赌博、大操大办、低俗仪式等歪风邪气，弘扬积极健康的文化风气；二是通过基层组织将老人、妇女等组织起来，自己动手开展形式多样的文化活动，丰富闲暇生活，彻底改变农民有钱有闲却没意思的精神文化生活的匮乏状况，从根本上阻断低俗文化甚至邪教传播的渠道。按照有规划、有标准、行硬件、有内容、有队伍的目标，健全农村公共文化服务体系，按照片区化建设的思路，统筹临近乡村资源，进一步推进农村基层综合性文化服务中心建设，实现农村公共文化服务全覆盖，不断提升服务效能，优化服务质量。深入推动文化惠民，积极打造文化服务品牌，公共文化资源向乡村倾斜，提供更多更好的农村公共文化产品和服务。围绕乡村振兴战略，支持和鼓励相关题材的文艺创作，创造更多更好的弘扬时代旋律、反映农民心声、贴近农村实际、贴近农民生活的优秀文艺作品，丰富农民的文化生活，提振农民群众的精神面貌。通过实施一系列公共文化建设工程，促进街道文明程度的全面提升和各项事业的稳步推进。在解决现实问题、回应农民需求的同时，要将优秀传统文化和社会主义现代文明同乡村社会特点结合起来，注入到具体的工作实践当中，以润物无声的方式深植到农民文化生活中，逐步引导和培育具有中国特色时代特点的新型乡村文明，真正开创乡村文明的新气象。

要以弘扬优秀传统文化为依托。优秀传文化资源是培育文明乡风的土壤。安积极开展各种乡村文化节庆活动，打造特色乡村文化品牌，在保护传承的基础上，创造性转化、创新性发展，不断赋予优秀传统文化时代内涵、丰富表现形式；加强对优秀传统文化的整合利用，深入挖掘其中蕴含的优秀思想观念、人文精神、道德规范，充分发挥其在凝聚人心、教化群众、淳化民风中的重要作用；深入开展“我们的节日”主题活动，利用重要传统节日开展民俗文化活动，让人们在感受乡情中传承优秀文化、弘扬文明新风。乡村社会蕴含着许多优秀传统文化，只要精心发现和用心开发，并加以创造性转化和创新性发展，农村精神文明建设的空间就能变得更加宽广。

要突出文化共享，开展丰富的群众文化活动，打造乡村文化聚合体与乡风文明新引擎。我们要紧紧围绕“用文化养人，德育人”的主题，夯实“文化小康”以丰富的文化活动浸润群众心田，有效促进优秀传统文化浸润心灵，涵养人的精神内涵。有机融入社会主义核心价值观宣传。围绕加强“中国梦”教育、培育和践行社会主义核心价值观等主题，结合乡村资源与特色，绘制一批贴近生活、导向鲜明、新颖活泼、群众喜闻乐见的“美德文化墙”，使广大群众在潜移默化中得到熏陶，精神文化生活更加丰富多彩，脱贫致富路上有文化作为一种基本、深沉、持久的力量，为乡村振兴战略提供精神激励、智慧支持和道德滋养。持续培育和践行社会主义核心价值观，有利于传承弘扬农村优秀传统文化、强化公共文化建设、走好乡村文化兴盛之路、不断提升农民的精神风貌和乡村社会文明程度。

第三节 优秀传统文化传承与乡风文明

一、弘扬优秀传统文化是乡村振兴的必然要求

习近平总书记在十九大报告中提出了实施乡村振兴战略这一伟大事业的构想，这为我们今后一个时期加强农村思想道德建设和文化建设明确了目标和方向。

（一）乡村文化振兴是实施乡村振兴战略的题中之义

乡村振兴的总要求是“产业兴旺、生态宜居、乡风文明、治理有效、生活富裕”。要围绕破解人民日益增长的美好生活需要和不平衡不充分的发展之间的矛盾，既接续千年乡村文脉，又创造符合新农村、新农民特点的文化，就要着力满足乡村群众品质更高、样式更丰富的文化生活需求，加快缩小乡村与城市文化内容、共享方式、参与途径等方面的差距，实现城乡公共文化服务均等化、一体化，以文化的繁荣兴盛来推动乡村振兴。

（二）弘扬优秀传统文化是实现乡村文化振兴的重要路径

在乡村振兴战略中，对思想文化工作提出了四项具体任务，主要内容：一是要以有效方式，大力弘扬民族精神和时代精神；二是立足乡村文明建设，在保护传承的基础上，推动优秀传统文化创造性转化、创新性发展；三是健全乡村公共文化服务体系，公共文化资源要敢于向乡村倾斜，提供更多更好的农村公共文化产品和服务；四是广泛开展群众性精神文明创建活动，丰富农民群众精神文化生活，提高农民科学文化素养。以上四个方面构成了乡风文明、乡村美丽。

（三）立足乡村文明建设，弘扬传统民俗，丰富节日文化，树立文化自信

传统民俗是中华文化历久弥新的见证，也是今天我们固本开新的精神动力。以中国特色社会主义新时代这一历史方位为出发点，大力弘扬传统民俗中的爱国主义精神和伟大民族精神，积极倡导文明、和谐、喜庆、节俭的理念，努力发展健康向上的节庆文化。吸收精华、剔除糟粕后的传统民俗，是弘扬和培育乡风文明的重要载体，是满足人们精神文化生活需要的重要渠道。

（四）立足传统工艺振兴，推进创造性转化、创新性发展，带动农村变美、农民致富

传统工艺，具有历史传承和民族地域特色、与日常生活联系紧密，是创造性的手工劳动和因材施艺的个性化制作。传统工艺在形成发展过程中不是一成不变的，必须坚持创造性转化、创新性发展的方向，传承与发展传统文化，涵养文化生态。要通过传统工艺的振兴，更好地发挥手工劳动的创造力，发掘手工劳动的创造性价值，促进就业，实现精准扶贫，增强传统街区和村落活力，带动农村变美、农民致富。

二、优秀传统文化是乡风文明之源

所谓“乡风文明”，主要指的是乡村文化的一种状态，是有别于城市文化，也有别于以往农村传统文化的一种新型的乡村文化。它表现为农民在思想观念、道德规范、知识水平、素质修养、行为操守，以及人与人、人与社会、人与自然的关系等方面继承和发扬民族文化的优良传统，摒弃传统文化中消极落后的因素。传承其他民族文化中的积极因素，以形成积极、健康、向上的社会风气和精神风貌。适应社会的发展要求，能否打造美丽乡村，乡风文明建设具有举足轻重的作用。乡风文明的本质是弘扬社会主义先进文化、保护和传承中华优秀传统乡土文化，乡村振兴，乡风文明是保障，要不断提升农民的思想道德素质和科学文化素质，提振精神风貌，不断提高乡村社会文明程度，着力培育文明乡风、良好家风、淳朴民风建设。乡风文明既是乡村建设的重要内容，也是中国社会文明建设的重要基础；乡风文明不仅是反映农民对美好生活的需要，也是构建和谐社会和实现强国梦的重要条件。乡村振兴，乡风文明是重要组成部分，更是重要保障。乡村文明其实就是社会主义精神文明在农村的具体化。在推动乡风文明建设过程中，必须坚持物质文明和精神文明一起抓，提升农民精神风貌，培育文明乡风、良好家风、淳朴民风，不断提高乡村社会文明程度。

实现乡风文明，农村思想道德建设是基础。从农民群众日常生活中找准思想的共鸣点和情感的交汇点，培养教育正确的道德判断和道德责任，引导形成积极的道德意愿和道德情感，把社会主义核心价值观内化成农民群众的思想自觉和行为自觉。

实现乡风文明，传承优秀传统文化是关键。中华文明源远流长，历久

弥新，孕育了丰富而宝贵的优秀传统文化。当前，广大农村依然保留着许多历史风俗和文化传统，充分保留地方地域特色，在扬弃中传承仁爱、忠义、礼和、谦恭、节俭等中华优秀传统文化，并阐释赋予新的时代价值和时代意义，主动让农村优秀传统文化与现代乡风文明发展融合一致，做到传承致远。

三、优秀传统文化涵育现代文明乡风

文化的主体是人，乡村文化的主体是农民。乡村经济发展使农民的精神文化需求开始上升，但随着城市化的进程加快和乡村经济的冲击，传统乡村文化的传承出现断裂，许多乡村壮劳力开始逃离农村到城市谋求创业发展，逐渐非农化，留守在农村的只剩下老人、儿童和部分妇女，他们很难肩负起文化传承的重担，很多传承已久的乡村物质和精神文化后继乏力。调查发现，许多乡村的所谓传统文化就是老年人的寺庙活动，传统的节日祭祖、婚法嫁娶、动土上梁等传统仪式逐步被简化，传统的建筑、服饰、刺绣、剪纸等，艺后继无人。有些乡村老艺人身怀绝技，也想把自己的技艺传承下来，可是因为资金等原因，再加上没有政府的大力支持，其个人力量终究有限，所以这些物质的和非物质文化遗产，都只能在人们的惋惜声中没落于历史长河里。有些民俗文化技艺、手工生产、产量无法和机器相比较，作坊式的生产模式根本不具备竞争力。只有为这些特殊的文化传承和技能设立一种保护机制和量身定制的宣传策略，才会给这些技艺带来复苏和传承，也会给这些民俗文化传承带来勃勃生机。

中华优秀传统文化是中华民族独特的精神标识和中华民族生生不息、发展壮大的丰厚滋养，对延续和发展中华文明、促进人类文明进步，发挥着重要作用。今天，中国经济社会深刻变革、对外开放日益扩大、互联网技术和新媒体快速发展，各种思想文化交流交融交锋更加频繁，对中华文化提出了严峻挑战。能不能守住中华文化的根基，增强中华民族的文化自觉和文化自信，是我们面临的迫切任务。需要我们进一步深化对中华优秀传统文化的认识，深入挖掘其价值内涵，激发优秀传统文化的生机与活力，用中华优秀传统文化铸造中华民族之魂。

保护传承农村优秀传统文化。中国文化的本源是乡土文化，中华文化的根脉在乡村，我们常说乡土、乡景、乡情、乡音、乡邻、乡德、节日、饮食、民俗、民歌等等，构成了中国的乡土文化，也使乡土文化成为中华优秀

传统文化的基本内核，成为不可磨灭的乡村文化。在实施乡村振兴战略过程中，要把地域文化作为提升内涵的灵魂进行精准定位、深入挖掘，比乡村更具魅力。一是深入挖掘农村传统道德教育资源，充分发挥家规家训、村规民约在教化民风、熏陶民众和文化传承中的独特作用。二是要把当地传统文化融入村庄规划建设的全过程，充分发掘乡土文化资源，尤其是对旧民宅、名木古树、民俗文化、文化遗产等发掘保护的规划设计，发掘每个村的人文、生态特色内涵，打造文化长廊、文化团队、文化活动、文化产业品牌，搞好“一村一特色、一村一品牌”规划设计。要加大对农村传统村落、古建筑、古树木和文化遗产等的普查、宣传和保护力度，使其与乡村建设相互辉映、相得益彰，充分彰显文化魅力，让居民望得见山、看得见水、记得住乡愁，让乡村留得住人，支持农村地区优秀戏曲曲艺、少数民族文化、民间文化传承发展发掘本地特有的文化资源，牵头组建一些民间文艺演出队伍，并引导他们利用农闲时节进行“文化走村串户”，开展特色文化活动。要把当地的文化遗产和民俗文化融入乡村建设，建立非物质文化遗产演示馆，加强传承、演示人员的培训，支持、扶助演示馆向村民、游客开放。加强与学校、企业的合作，对非物质文化遗产进行研究、创意开发，把非物质文化遗产及其资源转化为文化产品；三是在村庄建设中，要尊重历史记忆，对于有景观价值和文化底蕴的旧民宅及古树名木等历史遗存，应予以保留保护。在民居外部改造上严格按照地方风格和特色进行打造，在内部装修上要融合现代生活方式，实现传统风貌与现代设施的有机统一。

构建优质农村公共文化服务体系。一是硬件建设。以公益性、基本性、均等性、便利性为原则，以政府为主导、公共财政为支撑、公益性文化单位为骨干、农村居民为服务对象，切实保障农村群众基本文化权益。按照有标准、有网络、有内容的要求，加强广播电视村村通、乡镇综合文化站、农村电影放映站、农家书屋等文化惠农工程建设，健全乡村公共文化服务体系，实现乡村两级公共文化服务全覆盖。二是软件建设。要加强乡村文艺创作、文艺编导、文艺演出、文化管理等专业人员的培训培养。举办农民书画展、摄影展、农村非物质文化遗产展演、文艺汇演、体育赛事等，为农民群众搭建展示自我的平台鼓励农村群众以传统文化、当地风俗、美丽乡村为主题，自编、自导、自演文艺作品。

要为乡村提供更多更好的公共文化产品和服务，创作更多反映农村新风貌的文艺作品，乡风文明无法速成，要靠久久为功去养成，这就需要挖掘农村本土文化人才，鼓励引导各界人士投身乡村文化建设，形成一股新的农村文化建设的力量，达到优秀传统文化孕育文明乡风的终极目标。

广西恭城瑶族自治县部分农村在传承文化、孕育文明乡风方面有着不错的探索。恭城历来重视传统文化，县内至今仍保存有文庙和武庙。部分成绩优秀的初中毕业生，县长甚至会对他们进行家访，努力将这些孩子留在当地高中就读。为了让优秀传统文化在大众中“生根发芽”，当地不断推动乡村传统价值体系的回归和再造。当地组建了专业的传统文化教育师资队伍，深入村庄进行宣传。“忠孝仁义”成为当地不少领导干部在各个场合不断倡导的道德标准。一些村屯重新修订村规民约，对传统仁义孝道等内容进行规定，好家风家训被家庭重新学习认定，用以规范族内子孙的言行举止，推动移风易俗、树立文明乡风工作深入开展。

第四节 建立促进乡风文明的体制机制

步于中国乡间的小路，干净整洁的路面，苍翠的林间掩映着或砖红、或藏青色瓦屋的普通民居。嵌在花海里的村间小路被村民打理得十分规整，而街道宣传墙上村民亲自手绘的 24 字社会主义核心价值观格外醒目。如果细心一点，你还能看到这样的情景：村民集中居住的乡道内，运送材料的货车司机主动踩一脚刹车，让过往的居民先过；村里带头的致富赢家月入数万元，仍然要回到田间地头带头组织村民共同致富……可以说，乡风文明新体制机制建立的成果早已浸入村民日常生活的点滴，成为乡村振兴的重要保障。

自中华人民共和国成立以来的几十年时间，中国广大农村的文明风貌呈现出了翻天覆地的变化。而如此体现乡风文明新风貌的细节背后，离不开中国深耕数年的农村乡风文明建设。乡风文明是乡村振兴战略的重要内容，实施乡村振兴战略，实质上是在推进融生产、生活、生态、文化等多要素于一体的系统工程。目前，中国仍在努力探索出一套让城乡文明程度和居民素质同步提升、吸引人人参与创建乡风文明活动、保持创建乡风文明生机与活力的体制机制正如“一树新栽益四邻”，这套体制机制将汇聚成一股内生动力，为扎根在中国广袤农村地区的乡村文明之木提供源源不断的营养，使其枝繁叶茂、植被成林，最终惠及中华儿女。

农村乡风文明体制机制的建设是一项系统工程，工作千头万绪，涉及方方面面。针对中国现阶段农村乡风文明体制机制建设中可能存在的问题，借鉴发达国家乡风文明体制机制建设的成功经验，建设生产发展、生活宽裕、乡风文明、村容整洁、生态良好、人与自然和谐相处的社会主义新农村，必须建立和完善管理体制，加强组织领导和统筹协调，形成齐抓共建的工作格局；必须建立和完善工作机制，加大指导和考核力度，化虚为实。

一、建立和完善管理体制

建立党委统一领导、党政齐抓共管、部门大力支持、村（居）组织发动、群众积极参与的农村乡风文明建设管理体制。具体由区新农村建设领导小组领导，区农办牵头，区精神文明建设委员会指导，区文广新局、农口和群团等与农村乡风文明建设相关的职能部门支持，乡镇宣传统战委员、村（居）党组织负责。区农办负责制定各职能部门支持农村乡风文明建设的目标考核办法，纳入区委、区政府对这些部门的年度重点了作考核内容，具体到每个部门每年做哪些工作、完成哪些指标。区文明办负责制定街道镇乡农村乡风文明建设的年度工作目标考核办法，明确街道镇乡在农村乡风文明建设中加强组织领导、进行政策引导、推进载体建设、开展创建试点等具体要求，并配合区农办，每年对农村乡风文明建设工作情况进行考核评比，对先进典型进行表彰奖励。

二、建立和完善投入机制

农村乡风文明建设，关键要调动农民群众的积极性，切勿由政府包揽。事实证明，群众不热心，政府花再大的力气、投再多的资金、建再好的设施，作用都不大。但政府的投入又是必要的，需要通过政府投入起到引导和推动作用。一方面，按照一级财政一级事权的原则，建立与农村乡风文明建设相适应的财政投入体制机制；另一方面，将部门项目资金切块一部分，归口区农办统筹，并由区财政建立专户，作为农村乡风文明建设配套奖励资金。制定配套奖励资金的使用办法，按以奖代补的方式，为农户建设基础设施、改善生活环境给予补助，对农村组建文化队伍、开展文化活动进行奖励，最终按区里奖励一点、乡镇解决一点、农民自筹一点的办法，解决农村乡风文明建设资金问题。同时，开展城乡共建活动，动员组织机关、企事业单位和各级文明单位与村镇结对帮扶，做到资源共享、优势互补、城乡携手，共同发展。

三、建立和完善创建机制

文明需要养成，创建依靠机制。加强农村乡风文明建设，必须建立和完善相应的“乡风文明”建设机制，建立评比表彰制度。

深入生活、立足现实、依靠群众、服务群众，用农民群众熟悉的语言、身边的事例、喜闻乐见的形式、容易接受的办法，广泛开展各种创建活动，运用评比表彰奖励的手段，激发群众的荣誉感，引导群众在创建活动中自我教育、自我提高，推进星级文明户、文明院落、文明村（居）创建活动，帮助农民消除封闭、保守、落后观念，树立正确的荣辱观、道德观，培养遵纪守法、科技致富、文明卫生、优生优育、团结和睦等意识。推进“家庭美德”评议活动，评选“好媳妇”“好公婆”“好夫妻，弘扬家庭传统美德。推进以“欢乐新农村”为主题的村民文艺体育活动，丰富群众精神文化生活。推进“向老人尽孝心”“向留守儿童献爱心活动，让老人安享幸福晚年，让农村留守儿童身心健康成长。

从某种程度上来说，养成优秀的农村乡风文明是政策管出来的、法律规范出来的。用优秀的中华传统文化来治理中国乡村，并不是就意味着我们不需要法治。在任何时候，德治都需要依靠法治作为保障。十九大报告强调，全面依法治国是国家治理的一场深刻革命，必须坚持厉行法治，推进科学立法、严格执法、公正司法、全民守法。近年来，中国农村的法治建设工作在不断强化，但仍存在着很多薄弱环节。例如，一些人的法治意识淡薄、法律意识水平低等。在个别农村，因涉及土地收益分配、征地拆迁补偿、扶贫专项补助等产生的利益冲突，甚至引发家族械斗、群体性上访等事件屡见不鲜，这些都需进行依法管理、依法打击，在农村地区建立和完善相关有效的法制机制。

四、建立和完善组织机制

党政军民学，东西南北中，党是领导一切的。矢志不渝地加强党的组织机制建设，是构建农村乡风文明的法宝之一。而抓好基层党建，是乡风文明体制机制建设的最本质抓手。我们要以提升农村基层组织力为重点，突出乡风文明建设过程中党的政治功能，把企业、农村、机关、学校、科研院所、街道社区、社会组织等基层党组织建设成为宣传党的主张、贯彻党的决定、领导基层治理、团结动员群众、推动改革发展的坚强战斗堡垒。这就需要我们在建设乡风文明的过程中，党的基层组织牢牢掌握意识形态工作领导权，培育和践行社会主义核心价值观，深入挖掘中华优秀农村传统文化蕴含的思想观念、人文精神、道德规范，结合时代要求继承创新，在农村形成向上向善、尊老爱幼、邻里互助的良好社会风气。

通过促进农村乡风文明建设的体制机制，进一步推进中国农村乡风文明建设，逐步将广大农村建设成为“生产发展、生活宽裕、乡风文明、村容整洁、生态良好”的和谐家园。

由此，促进乡风文明的体制机制建设，要靠政府引导，要靠广大乡村人民的自觉践行。政府是乡风文明体制机制建设的重要推动力量，需要加强政府的引导、动员和扶持作用；同时，也需要充分发挥农村基层党组织的战斗堡垒作用和核心作用，高度重视农村干部的推动作用；乡村人民是乡风文明建设的主体力量，需要充分发挥村集体和农民主体作用；还需要深化体制机制改革，不断完善全覆盖的乡风文明机制建设监管体系；最后，要积极搭建与城市党政机关、企事业单位、大专院校、社会团体以及新经济组织和新社会组织有机融合的平台来共建乡风文明，动用社会各方面的力量来帮助乡村改善文化条件，发展各种服务。

五、聚焦：问题、思考、对策

（一）乡风文明是乡村振兴的精神支撑

首先，乡风文明是乡村建设的长期任务，不是短期内可以完成的，更不可能一蹴而就，是实施乡村振兴战略的核心内容，也是难点所在，需要坚持不懈地努力。长期以来，由于乡村建设存在重经济发展、轻文化建设的倾向，乡风文明建设没有得到足够的重视，以致出现经济发展而道德滑坡的现象。一些地方村落共同体解体，德孝文化和诚信文化削弱，守望相助传统消失。邻里矛盾突出，干群关系紧张，乡村增加了不和谐的音符，各种矛盾的积累甚至成为社会不稳定的因素。因此，建设乡风文明既是乡村建设的重要内容，也是中国社会文明建设的重要基础；乡风文明不仅反映农民对美好生活的需要，也是构建和谐社会和实现强国梦的重要条件。乡风文明建设不能通过急功近利的运动方式来完成，也不可能通过搞涂脂抹粉的形式主义来实现。而是要把传统优秀文化和现代文化融为一体，潜移默化地渗透到乡村生产和社会生活方式中，并转变成人们的自觉行动，内化为人们的信仰和习惯。这就需要把乡风文明作为一个系统工程长期坚持。

其次，乡风文明对建设产业兴旺、生态宜居、治理有效以及生活富裕的乡村产生了重要影响，是乡村振兴的重要保障。乡风文明建设要渗透到乡村建设的各个方面，是乡村建设的灵魂所在。乡风文明与乡村产业互为因果、相互促进。产业兴旺是乡风文明的物质前提，乡风文明既为产业兴起提供保障，同时也是产业兴旺的重要资源。文明乡风赋予农业和农产品以乡村文化内涵，可以提高农产品文化品牌价值，实现农业、文化、旅游的融合，成为有效增加农民收入、实现农民生活富裕的重要途径，乡风文明与生态宜居的关系是显然的，生态宜居需要生态的生产方式与生活方式做保障环境友好型的生产方式、低碳的生活方式以及生态信仰和习惯，都是实现生态宜居的重要条件文明乡风与乡村治理的关系更为密切，有效的乡村治理就是建设文明乡风的过程。

充分利用文明乡风中的优秀传统文化，如家风、家训、村规民约、道德示范等，有助于构建自治、法治、德治的治理体系，提高乡村治理的有效性。

再次，乡风文明在中国进入新时代以后具有了全新的内涵。一是新时代的乡风文明是传统与现代的融合。习近平总书记在十九大报告中指出，中国特色社会主义文化源自中华民族5000多年文明历史所孕育的中华优秀传统文化，铸就党领导人民在革命、建设、改革中创造的革命文化和社会主义先进文化，植根于中国特色社会主义伟大实践。乡风文明建设正是在传统与现代的结合中形成时代特色。乡风文明不仅要传承优秀的家风、村风，继承和发扬尊老爱幼、邻里互助、诚实守信等优秀传统文化，同时也包含了“五位一体”“五大发展理念”等文明乡风建设的新内容。二是新时代的乡风文明要实现乡村文化与城市文化的融合。不仅要体现乡村传统民俗、风俗等乡村文化，也要让农民在原有村庄肌理上享受现代城市文明。三是新时代的文明乡风建设要体现中国文化与世界文化的融合。文化自信，首先要体现在乡村文化的自信，中国乡村是文化宝库，蕴含着丰富的生态文明理念，中国的文明乡风建设在吸纳世界文明成果的同时，也要对世界文明做出中国贡献。

（二）中国乡风文明建设的经验

中华人民共和国成立以来的乡村发展战略具有较强的延续性，同时也会根据不同时代的特点、既有的发展经验和农业农村农民的发展需求进行不断的调整和优化建设。近年来，中国各地农村的乡风文明体制机制建设有力地助推了当地经济社会的快速发展的经验可借鉴。

1. 党政重视是促进乡风文明体制机制建设的前提

加强农村乡风文明体制机制建设，唯有党委政府的高度重视，特别是乡镇党委政府和村（居）两委的重视，才能保证组织领导有力。除了市委、市政府高度重视、加强领导，街道、社区居委会也把乡风文明体制机制建设作为一项重要工作来抓，专门设立乡村文明建设工作委员会，按照“以人为本、以德为魂、以洁为美、以和为贵”的理念，持之以恒地推进乡村文明体制机制建设。同时，通过加强乡村文明体制机制建设，创造良好的政务环境、招商环境、法制环境、创业环境、人居环境，增加了乡村投资和对人才的吸引力，真正做到物质文明与精神文明的“两不误、两促进”。

2. 群众参与是促进乡风文明体制机制建设的根本

乡风文明体制机制建设，思路靠政府、“战场”在农村、主体是农民。近年来，通过进行社会主义乡风文明建设宣传，农民群众对建设文明和谐、环境优美的新农村充满向往，成为农村乡风文明体制机制建设的动力之源。换句话说，加强农村乡风文明体制机制建设，必须举各方之力，特别是要重视并大力发挥广大人民群众的力量。中国农村传奇乡村文明成果风貌取得的经验就是要充分相信群众、发动群众、依靠群众，让群众既是乡风文明体制机制建设活动的参与者，又是乡风文明体制机制建设成果的受益者。

3. 选好载体是加强乡风文明体制机制建设的关键

乡风文明体制机制建设涉及内容广泛，涵盖思想观念、道德情操、行为习惯等诸多方面，包括遵纪守法、文明有礼、生态环保等意识。要让农民群众能够主动接受，在内心形成乡风文明的观念与意识，需要通过适当的载体，虚工实做，变无形为有形，把总体布局要求变为具体执行任务，从一件一件人民群众身边的小实事抓起。

例如，制定“五改（改水、改厕、改路、改圈、改厨），三提高（提高村级组织的战斗力，提高农民素质，提高生活质量）”的政策要求，在不同的村落选好载体，结合实际，因地制宜，在帮助农民群众解决生产生活实际问题的同时，把新思想、新理念、新风尚送到农村，引导农民发展经济，建设新型农村乡风文明体制机制。

4. 典型示范是加强乡风文明体制机制建设的途径

榜样的力量是无穷的，“耳听为虚、眼见为实”，农村乡风文明体制机制建设的成功范例和先进经验，对推动体制机制建设工作的全面深入开展具有重要的示范引导作用。由于各地农村区域经济基础有强有弱，自然条件有优有劣，加之行政资源中的人力、物力、财力有限，农村乡风文明体制机制建设应鼓励条件较好的地方先试行。而近年来，众多农村乡风文明体制机制建设的实践进一步证明，在群众主动性、积极性不强的时候，选择条件较好的村建设示范点，充分发挥示范带动作用，以点带面，实现创建工作的整体推进，是一条行之有效的途径。

5. 政策引导是加强乡风文明体制机制建设的保证

改革开放以来，农村经济社会得到了较快发展，从根本上说，取得成就的原因主要得益于农村家庭联产承包责任制等一系列国家扶农政策措施的实施。农村的经济发展固然需要政策支持，而乡风文明体制机制建设同样需要政策引导。例如，在动员农民群众进行“五改三提高”，建设绿色生态家园时，利用国家扶持贫困地区建沼气池的相关鼓励政策进行引导；在鼓励农民群众开展院落文化活动时，利用国家扶持贫困地区采取对村民购置设备给予适当补贴的办法加以引导。以上的种种做法都证明，只有适应农村经济发展需要，在设施投入、经费支持、群众动员等方面，制定完善农村乡风文明体制机制建设的具体政策和配套方案，才能有效地调动农民群众参与建设的积极性。

（三）乡风文明建设存在的突出问题

1. 农村基层干部的思想认识有待进一步提高

一些农村基层干部对乡风文明建设重视不够，没有将其放到应有的位置，把主要精力都放在抓经济发展上，认为只要经济发展上去了，乡风自然就会文明；有的认为乡风文明建设是“软指标”，工作没有深入去抓，流于形式，因而效果不明显。

2. 农村文化阵地建设有待进一步完善

许多村集体资金薄弱，文化基础设施落后，而且现有的设施也没有发挥出应有的作用，有的成为闲置资源。各级财政投入的经费偏少，多数村的文化阵地建设仍然存在较大的困难和问题，虽然一些村在新农村建设中修建了包括文化活动中心、图书室、篮球场等文化场地，但仍无法满足人民群众日益增长的文化需求，与建设社会主义新农村的基本要求相距甚远。

3. 农村陈旧落后的思想观念有待进一步转变

一部分农民的思想观念落后，缺乏健康的精神追求，缺乏创业精神，特别是部分青年农民缺乏艰苦创业、勤劳致富、遵纪守法的思想与精神。有的地方陈规陋习根深蒂固，不良风气滋生繁衍，封建愚昧思想有抬头的倾向。赌博歪风普遍存在，造成好吃懒做等坏习气，容易引发家庭矛盾，影响社会安定，同时也影响文明乡风的形成。

4. 农村环境卫生有待进一步整治

农村“脏、乱、差”的问题仍然存在。相当一部分村没有垃圾点，没有垃圾处理设施，禽畜养殖污染严重，门前“三包”难以落实，农村环境卫生状况形势严峻，整治力度需要不断加大。

5. 青年信仰缺失

在市场经济大潮冲击下，许多农村青年认同“知识无用论”“一切向钱看”，以致许多地方政府在拆迁安置等工作上受到很大阻力，许多农民为了更多经济利益，打架“闹拆迁”，不断无理上访，给农村信访稳定造成很大压力。

（四）乡风文明建设的对策与措施

乡村振兴，乡风文明是保障，而如何建设并巩固好乡风文明，营造淳朴友善的乡村文化，是新时代的新课题。近年来，中国农村的广袤区域大力推进乡风文明建设，深化体制机制改革，全覆盖的乡风文明体制机制建设监管体系基本建立并不断发展中。

一是加强基层监管能力建设，提高乡风文明建设保障水平。全国各乡镇（街道）继续推进设立监管机构，配备监管人员，在村（社区）设立义务监督员队伍，乡风文明体制机制建设监管体系延伸至镇街、村社区，目标是实现全覆盖。如此一来，使得基层监管能力明显增强，乡风文明体制机制建设保障水平明显提高。

二是强化乡风文明体制机制建设政府的职责，落实属地管理责任。破解乡级政府职责明显偏弱的农村保护体制“唯题”，明确乡镇政府承担乡风文明体制机制综合建设、农村生态保护、主题宣传教育等若干项职责，全面落实乡镇政府的乡风文明体制机制。

三是实施“互联网+”建设行动，统一乡风文明体制机制建设监管体系：推动互联网与乡风文明建设深度融合，全面实施体制机制建设计划，启动乡风文明建设监管网络建设工程，加快整合相关部门间的数据，搭建全市统一的乡风文明建设监管平台；建立乡风文明建设数据库，加快建设与互联网深度融合的乡风文明体制机制建设监管体系，构筑横向到边、纵向到底的乡风文明建设处置体系，实现智慧人性、动态监管、处置高效。

四是积极拓展投融资渠道，构建乡风文明建设多元投入格局。加大农村乡风文明财政投入，将乡风文明体制机制建设纳入市委民生实事；加大农业、传统村落保护、新农村建设和扶贫开发等资金的整合力度，大力支持农村乡风文明基础设施建设；创新农村娱乐投入机制，加快建立农村乡风文明基础设施建设、运行、维护“一体化”的管理运行机制。

第八章 乡村基层治理

第一节 乡村治理的内涵及现实意义

乡村社会是国家治理的重要场域，乡村治理的成效直接关系到我国乡村振兴战略的成败。随着城镇化和工业化的快速推进，处于现代化进程中的乡村社会结构发生巨大的变迁，乡村治理面临前所未有的挑战。如何在新时代实现乡村治理有效，维护乡村社会良好秩序发展，是乡村振兴战略的重要议题之一。

本节在梳理乡村治理内涵的基础上，分别从和谐美丽社会的建构、加快城乡一体化的进程以及全面建成小康社会的实现三个方面对实现乡村治理有效的现实意义开展分析。

一、乡村治理的内涵

关于乡村治理内涵研究，学术界主要从以下几种视角切入：一是功能主义视角。治理一词最早来源于英文，意为控制、引导和操纵，后来主要指“在一个既定的范围内运用公共权威维持秩序，以增进公众的利益”。乡村治理本质上是“统治者或管理者通过公共权力的配置和运作，管理公共事务，以支配、影响和调控社会”。“治理”界定为：治理是各种公共的或私人的个人和机构管理其共同事务的诸多方式的总合，它是使相互冲突的或不同的利益得以调和并且采取联合行动的持续过程。治理理论的创始人罗西瑙认为，治理指的是一种由共同的目标支持的活动，这些管理活动的主体未必是政府，也无须政府的力量来实现。治理是通过一定权力的配置和运作对社会加以领导、管理和调节，从而达到一定目的的活动治理是借助一定的规则、权威对其进行管理的过程，这样做的目的是确保公民的利益和权利在这种机制下得到应有的保障。由此可见，“治理”已经超越了传统意义上的自上而下的“统治”概念的含义。

二是国家法治与乡村自治互构视角。作为治理理念的延伸，乡村治理同样是一种协调相关主体的权力运作方式，其目的是充分体现乡村各主体的公共利益诉求，有效实现社会稳定。可以说，乡村治理概念的提出反映了治理理论在乡村研究领域的应用。乡村治理是指通过解决乡村面临的问题，实现乡村的发展和稳定。乡村治理是指如何对中国的乡村进行管理，或中国乡村如何可以自主管理，从而实现乡村社会的有序发展。乡村治理是指乡村社会处理公共事务的传统和制度，包括选举首脑、监督政府工作和设置政府更迭的程序，也包括政府制定和执行政策的能力，以及居民对这些制度的服务状况。乡村治理就是治理理论与中国实际相结合，用来解决中国乡村现实问题的一种新模式。乡村治理主要是指运用公共权威对乡村社区进行组织、管理和调控，构建乡村秩序，推动乡村发展。乡村治理包括乡镇范围以内的乡镇、行政村和自然村庄在内的三个层次之间，包括政府组织和乡村社会以及其他主体在内的一种围绕公共权力与资源配置运用的多向治理关系，是对传统政府一元统治模式的超越，目的在于实现乡村的善治。乡村治理是指乡村政府为基础的国家机构和乡村其他权威机构，为了维持乡村秩序，促进乡村发展，依据法律、法规和传统习俗等，给乡村社会提供公共服务的活动，是乡村多元主体协同公共管理乡村的过程。

三是目标管理视角。从乡村治理的内涵和外延来看，其实也包括村民自治和村治等概念。《中华人民共和国村民委员会自治法》中明确指出，村民自治就是让广大农民群众自己当家做主，村民通过民主的形式组织起来，进行自我管理、自我教育、自我服务，共同办理好本村的各项事务。村民自治主要包括四个方面，即民主选举、民主决策、民主管理、民主监督。村民自治实质上是村民通过一系列的民主制度实现自主管理村庄事物的一种乡村治理模式。有的学者又提出来“乡政村治”。“乡政”以国家强制力为后盾，具有行政性和集权性，是国家基层政权所在；“村治”则以村民意愿为后盾，具有自治性和民主性，由村民自己处理基层社会事务。乡村治理的最终指向是实现“善治”，善治就是使公共利益最大化的社会管理过程，其本质特征是政府与公民对公共事务的合作管理，是政府与市场、社会的一种新颖关系。由此看来，乡村治理本质上蕴含着“治理”“善治”理念，是各种权力对乡村社会的组织、管理与调控的过程和绩效。

二、实现乡村治理有效的现实意义

（一）乡村治理有效有利于和谐美丽社会的建构

要把我国建设成为富强民主文明和谐美丽的社会主义现代化强国。和谐、美丽的社会一直是党和国家致力于建构的社会状态。随着经济和社会的发展，群众生活水平的不断提高，人们的幸福指数不断攀升。但同时，农村经济形式和意识形态也逐渐多样化，对乡村治理带来了很大的挑战，在一定程度上影响了社会理想状态的实现。中国要强，农业必须强；中国要美，农村必须美。在乡村振兴战略提出的背景下，积极开展法治化、民主化、制度化、现代化的乡村治理，在绿色发展理念的指导下，解决当前农村存在的社会治安差、干群关系紧张、环境污染等问题，为推进美丽乡村、和谐社会的建构提供治理途径。

（二）乡村治理有效有利于加快城乡一体化的进程

城乡一体化是我国实现农村城镇化、化解城乡差距的主要举措之一。长久以来，我国受城乡二元体制的影响，城乡在经济发展、资源配置、公共基础设施和服务等方面存在较大差距，有失公平和公正，在一定程度上影响了农民投身建设的积极性。因此，推进乡村治理有效有其现实基础。乡村治理有效是实施乡村振兴战略的基石，对于解决“三农”问题，建立健全城乡融合发展体制机制和政策体系，加快推进农业农村现代化具有重要意义。一方面，可以化解乡村治理矛盾，使村民获得与城市居民同等的权利和资源，体现社会公平公正；另一方面，通过优化乡村治理机制，推动城乡一体化的实现。

（三）乡村治理有效助攻全面建成小康社会的实现

小康社会是我国实现共同富裕、社会公平正义的重要举措，也是国家推进改革红利共享的政策支持之一。小康不小康，关键看老乡。可见，全面建成小康社会，关键在于农民是否能够过上小康生活。乡村治理有效是全面建成小康社会的必然要求，科学的乡村治理为农村经济、政治、文化、社会、生态的发展提供稳定环境，更好地解决农村发展不充分、城乡发展不平衡等重大问题，加快补上“三农”这块全面建成小康社会的短板，助力小康生活的实现，最终夺取新时代中国特色社会主义伟大胜利。

第二节 乡村治理面临的困境及缘由分析

在工业化、城镇化以及市场经济改革的纵深推进中，我国乡村社会结构在“建构—解构—重构”中深度裂变，导致当前我国乡村治理面临较大困境。究其原因也是多方面，需要加以综合考虑。

一、我国乡村治理面临的困境

（一）农村“空心化”致使乡村治理主体虚化

自“坚持走中国特色新型城镇化道路”提出以来，我国工业化、城镇化、农业现代化得到显著发展，越来越多的资源向城市集聚，包括人力资源、生产资料、生活资料等。然而，这些资源的流出导致支撑乡村可持续发展的资源，尤其是人才资源严重匮乏。一些拥有一定知识、才能的农民选择进城务工，一些从农村走出去的大学生学有所成后选择留在城市，直接造成乡村人口急剧减少，留下老人、妇女、儿童，乡村逐渐出现“空心化”现象。由于青壮年和乡村精英的外流，乡村治理主体虚化，甚至出现村委会选举时没有合适人选的局面。村民大会有时也会因参会村民数量过少而无法召开，这些问题都在逐渐离散乡村社会，弱化乡村治理。

（二）乡镇政府日常运转陷入困境

农业税费改革前，我国乡镇政府的主要财政收入来源于农业税收，而随着农业税费改革，取消征收农业税使乡镇政府丧失了用于日常运转以及乡村公共建设的主要资金来源，改革之后的乡镇政府财政来源主要依赖上级政府对乡村的转移支付经费获得，而在多数贫困地区，特别是发展相对落后且受限的少数民族地区，其区内县级政府一直是“吃饭财政”甚至是“讨饭财政”，其本身财政已经难以满足自身发展需要，很难真正在维持自身运转的同时补贴乡一级的财政缺口。

（三）乡村自治模式陷入困境

农业税费改革之后，乡镇政府不再拥有农业税征收和实物缴纳的一些乡村治理“实权”，国家会定期将补贴直接打到村民的银行账户上，村民在减少与村干部关于收税环节上发生冲突的同时，也减少了与村干部的接触。我们还可以看到，当前我国的农村自治机制尚未完备，村民自治意愿和能力尚未完全达到。我国《村民委员会组织法》颁布并实施，这样的探索是我国乡村治理和民主建设的重要突破口，然而在实施和运行的过程中，还没有形成一整套完备的体制机制，再者受历史文化的影响，长期以来我国的农村自治组织发展较慢，农民自治意识也没有得到完全的激发，虽然在很多地区已经实行了村务公开并定期举行村民大会，但由于监督机制的不完善，这些民主监督与村民自治往往流于形式，偏离了村民自治的核心，使自治的效果大打折扣，并未对乡村治理起到实质性的推进作用。而后农业税时代中日渐松散的干群关系也在一定程度上给乡村自治带来负面影响，传统的乡村自治陷入困境。

（四）乡镇治理相关主体职责不清

人民政府对村民委员会的工作给予指导、支持和帮助。然而，在当前乡村治理的实际过程中，乡镇党委政府、村党支部和村委会三者关系不明确，存在职责不清的问题，在工作协调和合作中出现了一些不和谐的现象。一方面，村委会是乡村治理主体，是村民的代表，也是乡镇政府在村庄管理中的代理人。法律虽然规定乡镇政府与村委会不是领导与被领导的行政隶属关系，但在实践中乡镇政府往往采用行政命令的方式，对乡村社会进行行政领导和直接控制，包办村民自治的事项，出现职能“越位”。另一方面，村级党政关系紧张也直接影响乡村治理有效性的最大化。村党支部是管理乡村社会的领导核心，在直接参与村庄管理中，与执行机构村委会产生分歧、发生冲突不可避免。另外，当前的乡村干部不仅要维持村庄秩序稳定，更要发展乡村经济，带领农民奔小康。因此，村干部被期待的角色和扮演的角色存在一定差异，部分村干部的动员能力和整合能力逐渐变弱。这些问题都加大了乡村治理的成本，降低治理有效性，阻碍了国家治理现代化进程。

（五）农村公共产品供给陷入困境

后农业税时代之前，乡镇政府是乡村公共物品供给的绝对主体，乡村公共物品供给的资金主要来源于国家财政拨款、乡镇自筹、农民集资提留三部分，其中征收农业税是主要来源。在税费改革之前，乡村公共物品的供给和建设资金是按照村民对公共物品需求来确定各项税费收取标准的，只要按时征收税费就能基本维持公共服务供给的资金来源。村干部在征收各项税费的同时，村民也有机会表达自己真实的公共物品和服务需求，所谓“自己出钱办自己的事”。然而进入后农业税时代，国家对于乡镇的财政拨款主要依据当年的财政预算，国家拨款的专项资金也会相应地直接投入到指定的乡村项目中去，在这种情况下，村民难以表达自己真正的偏好和需求，因此当前乡村公共物品在供给过程中存在村民实际需求与供给物品和服务不相匹配的困境。随着农业税征收的取消和逐渐松散的乡村干群关系，村干部与村民之间不再有直接联系，只能依靠上级拨款方向制定村庄公共物品供给和基础设施建设，而国家对乡村一级的公共物品供给现状和需求状况不可能做到全盘了解，因此在资金转移的过程中会出现一些公共物品项目重复建设，而一些农民更需要的公共物品和基础设施却比农业税费改革之前更加匮乏。比如，农村教育基础设施不健全；农村文化娱乐设施破旧；乡村社区医院设施简陋，达不到基本标准，农村医疗救助和医疗保障体系不完善等。财政能力欠缺的地区很难满足农村公共产品和服务的需求，造成乡村硬件设施不完善、公共事业发展滞后等问题，势必影响我国国家整体治理水平的提高。

（六）乡村发展普遍陷入”内卷化”困境

“内卷化”这一概念起初源于人类学，后被广泛运用到社会学、政治学、经济学等领域。早期被人类学家戈登威用以描述当某种文化模式达到了一定的最终形态后，既无法稳定下来，也无法转变为新的形态，而只是在内部变得更加复杂。随后被广泛运用于农业领域的研究。

我国乡村治理过程中的“内卷化”近年来被学界关注并进行研究，可以基本概括为在乡村治理和发展过程中，虽然国家对乡村的资源投入总量不断增多，但效果并不明显，是一种“没有发展的增长”。我国乡村治理的“内卷化”主要表现在两方面，一是中央对乡村的投资边际效益递减，二是在乡村治理中乡村内部分化现象进一步凸显。

二、我国乡村治理困境的缘由分析

（一）城乡经济发展差异，精英等资源流失

改革开放以来，农村经济获得显著发展，但原有的城乡二元结构带来的问题仍然存在，城乡之间存在较大差异，产生巨大的虹吸作用。在一些农村，村级集体经济发展不充分，更多村民更愿意涌入城市谋求更好的发展机会。随着农村仅有的少数精英人才资源以及物质资源的流失，在促进城市经济发展的同时，也使乡村治理面临治理主体虚化、物质资源匮乏的困境。一些经济富足的农村，出现“逆淘汰效应”。经过农村政策的调整，许多率先富起来的农民相继出现，但这些农民考虑到城乡社会保障和基本设施的巨大差距，仍然选择带走资源、技术和大量农村财富。可见，农村中的经济精英对乡村治理持冷漠和旁观态度，民主意识较城市居民弱化。同时，乡村中的政治精英法治素养不高，许多自利行为侵犯农民利益，迫使农民前往城市工作并长期留在城市。

（二）乡村“空心化”致使传统乡村自治模式日渐式微

我国在乡村发展的过程中提倡乡村向城镇化过渡和发展。乡村的城镇化一般指农村人口和各类资源要素向城镇中心集中，这是我国农村发展过程中从传统向现代化发展的一种乡村发展思路和方法，然而在这个转变过程中，中央的宏观思路到地方上可能会发生政策执行偏差。很多地方乡村在近年来出现人口、资本严重外流的“空心化”状况。乡村往往由青壮年先行进城打工，之后分批次将家庭重心由乡村向城镇迁移，在此过程中产生大量农村留守儿童、留守老人，城镇中则开始出现“农民工”群潮。长此以往在乡村内部留下的成员多为老弱病幼，乡村人口外流的同时资本外流同样严重，人口和资本的流失使得传统的乡村自治逐渐瓦解。

在费孝通先生的《乡土中国》中，我国传统的乡村社会主要是以血缘、宗族为维系和治理的基础，乡村内部的格局为差序格局，乡村中人与人之间的关系较为亲密。在这样的格局中，乡村自治主要以村庄内有名望的宗族、乡绅等主导，除法律治理外，更多依靠乡村内部约定的公序良俗进行日常治理。而我国在推进乡村城镇化建设的过程中在一定程度上打破了传统的乡村治理平衡，一方面，大量乡村人口外流导致传统乡村宗族逐渐分崩离析，同时，人口外流意味着乡村精英治理缺位；另一方面，人才的外流带来资本的

流失，乡村自身缺乏吸引力，招商引资越来越困难。传统乡土文化的弱化、人口和资金外流带来的乡村“空心化”问题最终致使传统的乡村自治模式日渐式微。

（三）乡镇政府财权、事权失衡致使其日常运转困难

税费改革之后中央重新划分了中央、地方两级税费种类，从当前看，地方税种的特点主要体现为：税种少、来源分散且不便征收。中央收归了主要且集中的税费来源，这一改革的初衷在于“倒逼”乡镇政府精简机构、裁撤冗员以提高办事效率，然而在税费改革的过程中并没有完全考虑到与税费改革相配套的各项财政体制改革，乡镇一级政府的日常运转资金自农业税改革之后主要由上级政府依据当年的财政预算向乡镇一级政府下发一般性转移支付资金，乡镇政府的资金由税改之前的“向下汲取”转为“向上汲取”。而在实地调查过程中了解到，这些转移支付资金具有迟滞性，乡镇政府发放官员工资已经很吃力，对于日常工作的运营更是有心无力。财权上移的同时由于乡村事权持续下放，乡镇一级政府在缺乏资金的情况下承担更多的乡村事务明显力不从心，在财权与事权失衡的双重压力制约下，多地乡镇政府运转困难。

（四）乡村治理结构的制度性缺陷，维权渠道不畅通

科学合理的体制机制是乡村进行有效管理的基石和保障，制度约束从根本上限制了乡村治理的改革，阻碍了乡村治理现代化的进程。首先，乡村治理结构是指乡村治理权力产生、运作与变更的制度安排与组织架构，具体由一系列制度规定。乡村治理过程中不仅需要经济政治规则和法律约束，也需要辅以道德文化、社会习俗等行为规范。而当前，乡村治理中自治、法治、德治并没有充分有效结合。比如，村民自治立法存在盲区、村委选举存在拉票贿选、村务信息公开落实不彻底等问题。其次，从乡村治理组织看，乡镇政府作为基层政府，职能转变还没完全到位，农村党支部、村民委员会作用发挥不够，存在“越位”和“缺位”问题，且个别地方还有村支两委不和的情况，极大地影响了乡村治理的效果。

（五）村民缺乏利益表达渠道致使乡村公共物品供给梗阻

乡村公共物品供给梗阻主要表现为：上级所供给的公共物品和服务与村民实际需求匹配度不高。这主要是因为后农业税时代以来乡村公共物品供

给主体由乡镇政府转移为上级政府，国家依据财政预算对乡村公共物品进行供给，而乡镇一级政府由乡村公共物品的“提供方”转为“接收方”，职能角色由主动变为被动，也就是说，后农业税时代的到来在很大程度上消减了乡镇政府的存在感。

乡镇政府的存在感被弱化给乡村公共物品的供给带来实质性的困局。税费改革之前，我国的乡镇政府实际上最能反映村民的利益偏好，村民的利益需求也大都有乡镇一级政府和村干部代为向外表达和向上输出，在上级政府与村民之间起到关键的维系作用；后农业税时代到来后，中央对基层政府权力的弱化在一定层面上影响了村民的实际利益表达，近年来，各地乡村上访数量不降反增，“越级上访”成为村民维护自身利益的“撒手锏”。由于公共物品自身的属性，村民难以以一己之力满足自身各种需求，“搭便车”现象也时有发生，而现行体制下的乡村公共物品面临着供给不及时、投放不精确的现实困境，这种现象的出现反映了乡镇政府职权弱化下的潜在社会问题，村民在失去乡镇政府这一利益表达主体之外并没有获得更为合理的利益表达渠道，实际需要和权益无法向外申诉，公共物品供给梗阻现象普遍存在。

第三节 乡村治理的实施路径

针对乡村治理面临的困境及缘由分析，本节提出如下实施路径：重塑乡村共同体，提高乡村自身吸引力，引导人才回流；调整中央—地方财权与事权，完善乡镇财税体制；建构多元主体共治格局，积极发挥合力作用；加强干部队伍建设，发挥领导班子核心作用；创新乡村治理理念，形成“三治结合”的乡村治理体系；完善乡村治理体制机制，畅通群众参与治理渠道；加快城乡一体化发展进程，夯实治理现代化的经济基础；提升农民自身“造血”能力，进一步打通资源与农民之间的直接通道。

一、重塑乡村共同体，提高乡村自身吸引力，引导人才回流

我国乡村建设在很长的一段时间里仅仅强调“走向城镇化”这种单一的发展思路，然而这种思路导致乡村内部的“空心化”加剧，因此在今后的乡村发展和振兴的过程中，应重新重视乡村本身文化和吸引力的建设，引导乡村人口回流。国家应进一步加大对乡村特色产业的发展，鼓励有资历、有

能力的绿色环保大型企业扎根乡村，提高对这些企业的政策和资金扶持，大力鼓励乡村品牌的发展，从而重新将村民的自身利益和乡村发展的红利融合起来。同时加大传统文化的宣传和推广，进一步加强乡村风貌的建设，只有从发展红利和传统文化着手，从根本上提高村民对故土的认同感，切实从自己的乡村发展中得到实惠、获得价值，重拾乡愁，重振乡风，重塑乡村共同体，使乡村自治重新焕发活力，才能真正从内部推动乡村的发展和振兴。

二、调整中央一地方财权与事权，完善乡镇财税体制

传统的中央—地方关系调整方案是将财权重新下移，这种调整思路更应向事权上移的方向调整，财权与事权的平衡最关键的因素体现在有足够的资金办好百姓所需要的事情，因此在下一步的中央—地方财权事权调整的过程中，应在对乡村治理现状做充分细致调研的基础上，适当将一部分事权和支出责任上移，将一些乡镇政府无力承担的乡村公共发展事务上移至县市级政府的职责中。相应地，面对乡镇政府普遍负税的情况，上级政府应制定细致可行的条例，重新调整乡村建设中的支出责任，杜绝“下达任务不见经费”的情况，逐渐将乡镇一级的财权和事权控制在一个合理均衡范围之内，理顺中央一地方财税体制关系。进一步推进权责利清晰化、科学化、合理化，适当丰富和拓展乡镇政府的合理资金来源，使乡镇政府重回正常运营的轨道上，从而更有助于履行其应有的职权和责任，更好、更近、更具体地为乡村建设和发展服务。

三、建构多元主体共治格局，积极发挥合力作用

治理是政治国家与公民社会的合作、政府与非政府的合作、公共机构与私人机构的合作。随着我国“国家治理体系和治理能力现代化”和社会治理体制创新进程的不断加速，适应治理现代化要求的乡村治理体系和乡村治理格局也应该逐渐形成。过去我国乡村治理的主要模式是乡镇政府和村支两委作为乡村治理的主体。为实现乡村治理现代化，我们必须打破原有的治理模式，构建“多元主体，同心同向”的合作治理格局。依据当前我国特殊的农村经济社会关系，将农民、新型农民合作组织、其他农业社会组织、乡村企业等纳入乡村治理体系中来，探索出一条党委领导下的政府、社会和市场等多元主体参与的乡村治理之路，实现共建、共治、共享的社会治理新局面。

在多元合作治理过程中，国家要积极出台相应优惠政策，以吸引和鼓励更多精英返乡，为乡村事务出谋划策，解决乡村实现小康的人才短板；创新合作治理方式，建立相邻村庄的村书记组成的党委，村庄间成立共同体，形成抱团式发展，积极发挥合力作用。

四、加强干部队伍建设，发挥领导班子核心作用

建设高素质专业化干部队伍，注重在基层一线和困难艰苦的地方培养锻炼年轻干部。人才队伍是农村发展的短板所在，也是解决“三农”问题的关键所在。因此，在乡村治理中，要培养造就一支“懂农业、爱农村、爱农民”的“三农”工作队伍，提升乡村干部的素质和战斗力，为乡村振兴、打赢脱贫攻坚战提供坚实的人才保障。

（一）党的领导是乡村治理现代化的根本保证

在加强干部队伍建设中，尤其要将党的干部素质提升放在首位，充分发挥乡村党支部的核心领导作用。通过公开选拔把群众拥护的、办事公正合理的、能够带领农民致富的优秀党员选拔到乡村组织中，给予配套的干部教育培训，帮助党员干部找准自己的位置，切实解决农村农民的实际问题，带领群众共同富裕，这对促进农村改革、发展、稳定至关重要。

（二）理顺权力配置关系是乡村治理现代化的必要条件

在多元主体共同治理的格局下，必须理顺乡镇政府、村党支部和村委会的关系，界定明晰各自权力和职责范围，为民主合作型的乡村治理创造一个和谐有序的环境。一是在法律上明晰乡镇政府与自治组织的职责范围，按照制度和程序办事。明确乡镇政府对村委会的指导范围和方式，改变过去命令式或直接控制、包办乡村事务的做法。二是厘清村支两委的职能关系，党支部不以党代政，村委会也不脱离党支部开展工作。通过宣传教育，让两委干部认清各自职责，使其拥有的权力与履行的职能相对称，从而为改善乡村治理创造条件。

五、创新乡村治理理念，形成“三治结合”的乡村治理体系

乡村社会在不断发展，乡村治理环境在不断变化，相应的乡村治理思维和理念也必须突破和创新。要做到从“政”到“治”“集权”到“分权”的转变，要坚持法治为主、德治为辅，促进村民自治的健康发展。法治建设

既是依法治国的组成部分，也是国家治理体系建设的重要内容。十九大报告要求“依法治国要全过程、各方面贯彻落实”，即覆盖到农村。通过完善农业农村立法、强化公正执法和司法、强化法制监督、动员全民守法，提高干部和群众的法治素养和法治意识，避免乡村管理中出现“家族势力”和“经验管理”等不合法行为。领导干部要带头运用法律手段解决乡村治理过程中的矛盾和问题，把依法行政的理念贯彻到乡镇政府工作的各个方面，切实保护农民的合法权益。德治在乡村治理中起着基础性作用，以一种温和的方式解决社会矛盾，与法治在价值取向上相向而行。通过建立村规民约健全的乡村自治制度，积极开展立家训家规、革除陈规陋习、倡文明树新风等活动，将社会主义核心价值观融入乡村，确立道德风尚，建立行为自律机制，形成自治法治德治“三治结合”的乡村治理体系。另外，要深入挖掘中华优秀传统文化的精髓，通过重塑新乡贤文化，唤醒村民参与治理意识，激发农村管理的内生动力，以“软约束”与“软治理”、教化乡民的方式使村民遵循行为规范、价值导向，让管理乡村的成本降到最低，提升治理有效性。

六、完善乡村治理体制机制，畅通群众参与治理渠道

建立符合当下经济社会条件的乡村治理机制是乡村治理现代化的制度保障，保证农民在乡村治理中的选举权、参与权、监督权、知情权是缓解基层政府与农村居民矛盾的必由之路。要提高乡村治理现代化水平，必须立足于乡村内部制度的改革，尊重村民民主权利。一是规范民主选举，凸显村民选举权。选举按照民主、公开、平等公正的原则进行，杜绝拉票行贿、暗箱操作。完善民主管理制度，保障村民参与权。深入群众宣传村民自治的本质，由全体村民共同制定自治章程和村规民约，培养村民的自治意识。二是规范民主决策机制，确保决策权的落实。定期召开村民委员会，结合民主议政日、民主听证会等方式，将与农民利益相关的重大事务交由群众决议。三是健全村务公开，强化民主监督。村务公开，尤其是财务公开是民主监督的前提，利用公告栏、村民大会等真实全面地公开，让村民知情；畅通村民利益表达机制，干部要经常向村民汇报工作，接受村民提出的意见和建议，积极解决村中矛盾和问题，保证乡村社会的稳定发展。

七、加快城乡一体化发展进程，夯实治理现代化的经济基础

在党的十九大精神指导下，我们要坚持农业农村优先发展，建立健全城乡融合发展体制机制和政策体系。乡村治理困境的根源在于城乡的二元体制结构，城乡一体化发展的不充分，加快城乡一体化发展进程有利于缩小城乡基础设施差距，使物质和人才资源合理流动，促进乡村治理现代化的实现。只有乡村经济真正发展起来，农民富裕起来，实现乡村治理现代化才有坚实的物质基础，才能让农民共同享受现代化的成果。一方面，要大力发展农村集体经济，在深化土地制度改革的基础上，发展规模化、专业化的农业经营；完善权能、明晰产权，农民凭借“两个资本”增加财产性收入，增加农村集体经济的积累，为乡村有效治理构建动力机制。另一方面，要实现乡村治理中公共产品的有效供给。加大公共产品供给力度，完善乡村基础设施建设；坚持公平公正的分配原则，实现农村公共产品供给模式的转变，为乡村有效治理构建平衡机制。另外，坚持贯彻党的十八大和十九大的“绿色发展”理念，对农村资源进行优化配置，开发并保护农村自然绿色生态，推动农村地区的可持续发展，实现乡村治理效益最大化。

八、提升农民自身“造血”能力，进一步打通资源与农民之间的直接通道

乡村在今后的发展及振兴过程中，最根本的思路和办法是充分发挥村民的主观能动性，将传统的“输血式”“救济式”扶贫模式彻底转变为“造血式”“开放式”自主脱贫模式。在这个过程中，上级政府和相关部门需要对乡村做深入细致的调研工作，真正挖掘出乡村自身的优势和特色，引导村民依托本村的特色产业进行生产经营从而脱贫致富。乡村特色产业的发展能够提升乡村自身的吸引力，这样既可以实现乡村振兴，又可大大缓解乡村人口外流及其造成的留守问题，使村民在自家门口也能享受发展红利，获得充分价值感。

地方灰黑势力的抬头与乡村治理“内卷化”在一定程度上都与普通农民缺乏渠道获取较为全面和准确的资源项目信息有关，因此在接下来的乡村发展与振兴的过程中，上级政府仍要进一步促进有利于乡村发展且与农民脱贫致富息息相关的资源和项目信息公开化、透明化，鼓励更多农民有机会亲身参与到乡村建设中来。这种资源共享和参与的渠道一旦被细化和完善，对

乡村发展中所涉及的公平和公正问题大有裨益。只有当村民真正投身于乡村建设中，他们才更有动力建设自己的美丽乡村，越多村民的参与同时意味着更少的“搭便车”行为出现。资源与项目的进一步公开化以及监督手段的多样化也能在一定程度上抑制地方灰黑势力与地方官员形成利益合谋。

第四节 乡村人居环境整治

一、美丽乡村环境污染问题分析

（一）目前乡村环境污染的主要问题

随着农业技术的不断改革创新，我国的乡村农业得到了极大的发展。而在农村经济不断发展的同时，由于我国的人口众多，我国的农业发展情况多呈传统型发展而非密集型发展。目前，乡村农业的科技水平还较低，由此导致了我国的农村生态环境保护成为一个十分棘手的问题。并且，乡村发展中暴露出的乡村环境污染问题也正呈日趋严重的形势，关于如何对乡村环境进行保护和治理，已成为我国新农村建设中的首要任务。只有进一步对当今乡村环境中出现的污染问题进行研究和分析治理，才能还原我国本该有的美丽乡村。

目前，我国乡村比较突出的环境污染问题如下。

1. 土壤污染问题

由于我国的国情一直处于人多地少的状态，人们为了提高土地的产出水平，常常大量的使用化肥和农药，从而对生态环境造成了严重的污染和破坏。如果以耕地面积作为化肥使用量的计算标准，我国的用量远超其他发达国家的用量。但是乡村的化肥使用不科学，不仅利用率低而且流失率高。化肥的不合理使用，很容易使河流受到污染，导致一些水生植物的迅速疯长，使得水体富氧化。并且，农民在化肥的使用量上有时不能很好地把握“导致土壤容易板结，出现酸碱性比例严重失调和地力下降。而农药的不合理使用，容易影响土地的质量，也使农产品受到农药残留污染。而其中喷式的农药，喷洒在农作物上后，实际能落在作物表面的农药则并没有多少，大多数的农药还是在喷洒后停留在了空气中，造成空气污染，人们将有毒气体吸入体内后，对人体的健康也会造成直接的影响。加上大棚农业出现后，开始使用地膜，却没有完整的地膜处理管理系统，使得难以降解的地膜碎片长期掩埋于土壤中，更加剧了土壤的污染。

2. 废水和生活垃圾污染问题

目前，我国正在加快城镇化建设，农村居民聚居点的规模也在不断扩大。由于建设过程中的重点在城镇的总体建设规划上，相对的基础配套设施建设却普遍没有跟上，导致城镇居民在生活中产生的生活垃圾和生活废水不能得到有效的处理。大多数情况，这些垃圾和废水都直接的排入了周边的环境中。

3. 动物粪便污染问题

随着畜禽养殖业的兴起，开始出现大规模的养殖企业，但大部分的企业都规模较小、投入的资金较少，能够配套处理的基本设施也都没有跟上，从而导致了严重的粪便污染问题。畜禽的排泄粪便不仅对地表水，甚至还会对地下水造成有机污染和富营养化污染。畜禽粪便的恶臭味进入大气中还会产生空气污染，影响人们的生活质量。除此以外，畜禽粪便中还含有一些容易致病的病原体，对人类和动物的健康都构成了很大的威胁。

4. 乡镇企业带来的污染问题

近年来，乡镇企业开始不断发展，逐渐成为农村经济增长不可或缺的推动力，给农村经济的发展带来了较多的机遇。但是一般受财力、技术和人员的问题影响，容易形成规模小、技术含量低的小型乡镇企业。这类小企业常常不顾是否会对周围的环境造成影响，排放出大量的工业污水，有的企业甚至私自设置了排污口，进行偷排，使得农村的生态环境产生了严重的工业化污染问题，最后导致生态环境的破坏。近年来，由于我国乡镇企业常常存在布局不合理的问题，使得企业废水 COD 以及固体废物等的污染物排放量在我国工业污染物总排放量中占据了 50% 以上，并且污染物的处理率也比工业污染的平均处理率低。

除了以上这些列举的主要乡村环境污染问题，还有秸秆焚烧带来的环境污染问题和矿产资源的不合理开发造成的污染问题等等正在一点点的破坏我们原有的美丽乡村。

（二）导致乡村环境污染问题的原因

导致乡村出现环境污染问题并不是一朝一夕的事情。只有从根源上分析产生农村环境污染问题的原因，将农村生态环境的保护问题提上议程，并付出在实际行动上，才能更好地解决环境污染问题。在尊重和保护农村生态环境的同时，让农村的经济得到更长远的发展。以下是分析后得出的一些产生农村环境污染问题的原因。

1. 对污染问题的重视不够，使得污染更加严重

近年来，农村不断推行大力发展经济，开始从各方面招商引资，对农村工业的发展更加重视。而经济在不断发展和增长的同时，却恰恰把农村环境的保护问题抛在脑后。人们总以为农村现在处于地广物博的状态，在农村环境保护问题上也认为是没有必要的，不能深刻地认识到目前现代工业的快速发展会对农村环境带来极大的破化性和不可修复性。这使得农村生态环境开始不断恶化，受到的污染也越来越严重。有一些农村的地方政府部门领导总是在对待政绩上的观念较强，却在对待环境问题的重要性上意识淡薄。往往认为，只有先加快步伐发展经济，然后再回过头来整治环境问题和恢复生态也不迟。

但是，最后在生态环境被污染和破坏后的再进行治理其实是相当困难的。不仅是乡村地方政府不重视的问题，很多地方的农民的环保意识也很弱。例如，为了减轻人工的劳动量以及增加农作物的收成，开始大量的使用化肥和农药，他们往往只是在看到了化肥和农药在使用后所带来的经济效益，却忽视了增收背后其实是牺牲了周围生态环境的代价。

目前，我国在环境保护上，尤其是在针对工业污染的防治上，一些制度的建立并没有把农村污染与城市污染很好的对等起来，明显在城市污染上的环境管理制度会比在农村污染上的环境管理制度更好、更合理。这使得农村现代化进程的步伐变得缓慢，而且在笼统的环境管理体系下的方法，当放在解决农村的环境污染问题时实用性和适用性都不强，并且对于环境污染问题的处理结果也不太理想，效果不明显。除此以外，相对于城市，农村更缺乏针对环境保护的管理机构和管理人员。

2. 缺乏资金，不易对农村污染的有效治理机制进行建立

长久以来，我国将治理污染的资金很多甚至全部投入在了城市的建设中。我国大部分农村地区的地方人民政府每年在对生态环境问题上用于保护和建设方面所投入的资金占总财政支出的比例很低，甚至支出比例已经远远低于国际水平和全国平均水平。随着农村环境污染问题的加重和污染的不断

扩散，想要从财政部门获取用于建设农村污染治理问题的资金往往少之又少，甚至想要申请专门用于环境治理的专项资金都很困难。正是因为乡镇以及农村的一级行政组织都出现普遍资金短缺的情况，农村的污染治理和管理的基础设施才会很难得到治理和发展。

3. 对污染的治理方法不得当，治理污染的效率不高

在治理农村生态环境的污染问题上本来就受到资金匮乏的严重影响，农村由于人员和管理机制的建立不完善，使得在应对环境污染问题的方法上往往也使用不当，没有植用合理和科学的方法。目前农村在治理污染的模式上还存在很大的问题，技术支持上也不到位。例如，地膜使用的问题，本来地膜在使用后的管理上就存在较大的问题——地膜使用后的面源污染没有有效的污物收集措施，加之本身地膜具有难以降解的特性，在农村当前现状下没有技术和管理的支持，只能使得环境污染问题更加严重。这些也让在解决其他类污染的问题上也出现了既治理不起又治理不干净的情况。与处理规模较大的工业企业污染的问题相比，农村中出现的生活垃圾污染问题和乡镇企业带来的污染问题以及乡镇的集约化家禽养殖场污染问题，更难以得到很好的解决，也没有采取有效的治理措施。

二、美丽乡村环境污染问题保护策略

（一）重视乡村环境保护制度与考核体系的建设

为了促进农村环境保护工作行之有效，需要深入研究当前乡村环境现状和其存在的问题，采用各种农村污染防治手段去治理，建立农村环保监管机制去监管，建立农村环境保护制度与考核体系去管控，从法律法规上去支持农村环境保护制度的建立，确保农村环保有法可依。

1. 乡村环境保护制度

根据国家相关要求，结合农村实际情况，要制定完善的农村环境保护政策、法规以及环保标准体系就需要建立起“政府主导、农民践行、多方协同，联合推进”的工作机制，它是建设美丽乡村的前提，其主要内容包括以下四方面。

（1）制定保护乡村环境的防治措施

制定农村污染防治手段实施的应用领域、技术标准及相关规范。根据农村不同的自然条件、环境现状，研究、推广适合不同区域特点的农村污染

防治治理措施及其标准。

（2）制定保护乡村环境的专项制度

制定有关农村生活垃圾和污水治理、家畜家禽的养殖污染治理、各类污染源，包括临近工厂废水废料排放污染治理等方面的专项环境整治规范、标准以及相关制度。

（3）建立农村环境保护监管及监测预警机制

按照国家环境监测站建设的相关要求，快速落实县级监测站的常规监测能力建设，将农村的常态环境保护纳入监管范围。

（4）制定具体可落地的实施规则

如《农村环保工程整治实施方案》《垃圾分类制度》《门前三包责任制》《保洁员工作职责》《环境保洁村规民约》和文明卫生户创评等。

（5）建立多部门协同推进机制

县环保局负责工作牵头和日常管理，与各重点单位一起建立环境整治工作小组，各司其职，共同推进环保专项整治工作。如环保局抓好垃圾焚烧炉相关工作；县水务局做好县域内河道清理工作，做好水源头污染防治工作；县教育局协调组织农村中小学校的环保整治工作；县交通运输局负责整治交通干道乱搭乱建现象。通过部门积极配合、相互协作，形成了部门联动、齐抓共管的工作机制。

随着各类农村环保政策法规、规范的逐步落地，带动乡村企业及个人去学习和按要求实施，促进农村环境脏、乱、差的问题得到改善，使农村地区环境质量不断提高。

2. 乡村环境考核体系

乡村环境考核体系是保障环保相关制度、措施得以落地执行的重要保证。只有把责任落实到人、考核标准清晰、考核制度严明、考核制度得以贯彻实施，才能确保乡村环境的改善落在实处。

（1）明确考核责任部门及人员，落实承包责任制

一是建立挂点帮扶制度。成立了以县长为组长，相关单位负责人为成员的农村环保专项治理领导小组；二是实行县、乡、镇及相关领导与各农村结成点对点帮扶队伍，实行包乡、包镇、包村的责任制；三是农村环保专项治理工作的效果纳入承包责任人的年度工作考核体系，其农村整治效果成为

其重点绩效考核指标。

（2）制定中、长期治理规划，明确考核指标

一是明确每一阶段的工作范围、目标任务；二是建立一系列农村环境整治考核指标，如生活污水处理率90%，生活垃圾集中收集率100%，生活垃圾无害化处理率100%。建立环保家工作、环保田园工程、畜禽整治工程、无害化排污工程、屋前屋后绿化工程和水源头保护工程等的实施标准。

（3）建立长效监督管理机制

为促进乡村企业和个人自觉执行和维护环境保护的相关内容，长效监督管理机制，一是要结合县环保监测站的监测结果进行专项整改；二是以当地乡村干部为主、农民为辅的农村环保工作组，制定当地村民需在日常生活生产中的环保注意事项，并实施按周、月、季或年的固定周期的通报批评和环保标兵评比；三是加强日常卫生保洁员的管理，要求保洁员对各自保洁片区做到“四无四净”，即无积水、无杂物杂草、无瓜果皮壳、无人畜粪，路面净、路沿净、绿化带净、房前屋后净。

（4）严格考核

建立县考镇、镇考村、村考组、组考户的层层考核制度和实行新农村建设中农村环保整治工程“一票否决”制度。要求有检查、有通报、有考核、有奖惩。检查的排名结果以文件的形式进行通报，并通过媒体公布，排名位于最后一名的乡镇，由乡镇有关人员在大会上作表态性发言，连续两次及以上做表态性发言的，进行约谈、启动问责机制。考核结果还与单位评先评优挂钩、与党政负责人评先评优挂钩，并作为干部调整的重要依据。

通过建立体系化的考核机制，促进养成“人人不乱丢垃圾，时时注意环境卫生”的良好习惯。同时，通过对乡镇考核机制的进一步完善，实现县、乡、村、组四级垃圾处理工作网络，形成了“县有领导、督查组，乡镇有环卫所、焚烧炉，村有中转站、保洁员，组有垃圾池，户有分类桶”的综合治理格局。

（二）加大资金投入，多渠道筹集治理建设资金

根据原环境保护部和财政部联合印发《中央农村环境保护专项资金环境综合整治项目管理暂行办法》的要求，为有效解决农村突出环境问题、改善农村环境质量而开展的环境污染防治设施建设和综合性污染治理项目，各

级政府提供农村环境保护专项资金支持。但是由于农村区域面积较广，环境较恶劣，环境管理及整治的难度较大，仅靠各级政府提供的专项资金支持，整治力度有限，因此，建立多元投入机制，进行多渠道筹措资金，是确保农村环保整治得以顺利进行。

乡村环境保护专项整治工作需要乡村负责人打开思路，不拘泥于形式，既要向上争取省、市环保资金，向本地争取财政补助，充分利用各项奖补政策，又要充分挖掘民间力量，村收入投入一部分、社会企业招商引资一部分、政策性贷款一部分、社会捐助一部分、农民自筹一部分以及市场化运作筹集一部分等多种融资模式，积极筹措资金，确保更多资金用于农村环保工程，确保环保设施长期有效运行。

1. 地方人民政府应投入专项资金用于乡村环境的治理

地方人民政府要将环保投入预算纳入本级财政支出的重点内容，考虑农村环保与城市环保同步推进，并加大对农村污染防治、生态保护的资金投入。各级政府财政分别承担一定比例的资金，采取专项资金进行农村环境保护和管理或设立农村环境治理基金专门用于解决乡镇、乡村环境治理，重点解决所辖地区废水污水和生活垃圾。

在农村环境综合整治项目建设工程中，乡村环保建设工作组要积极主动取得县委县政府的关心和支持，积极争取职能部门的力量，整合资源，协同推进环保工作。比如，县财政局、县委农工部的一事一议项目资金，县卫计局的农村卫生厕所改造项目资金，县林业局产业、绿化配套项目资金，以及县环保局的环境整治项目资金等，尽量争取向农村环保工程倾斜，使农村环境整治项目达到综合整治的明显效果。

2. 采取政府投入和企业参与相结合的措施

对于环保或促进当地环保建设的单位，政府也可给予一定的税收优惠，并在相关政策上给予强有力的支持，这样做的目的：一是促进企业在发展过程中自觉做好环保工作；二是促进单位在资金、技术、物质、信息和项目等方面，为农村环保工程提供力所能及的帮助和服务；三是引导社会资金参与农村环境保护基础设施和有关工作的投入，继而完善政府、企业和社会多元化环保融资机制。

3. 引导农户以生产与环保相结合的方式推动环保工作

一是通过农民建立沼泽地，采用规模化畜禽养殖场，推广利用沼气技术变废为宝的污染治理成功经验和做法，树标杆，列典型，加大宣传力度促进推广；二是建设生态蔬菜、果园等，促进农户、自然环境及社会经济环境的自然融合，引导农民建立优质安全农产品生产基地，并在政策、资金和技术等方面扶持无公害农产品、绿色食品和有机农产品的生产，在获得经济效益的前提下，维护好农村环境；三是要在农村积极发展立体种植模式，将畜禽污染综合治理与生态建设紧密联系。

4. 引导社会资金投入推动环保工作

一是引导社会企事业单位投入、捐资捐物支持农村环保工程；二是吸引和利用一些外国政府和国际机构的赠款和贷款，逐步建立和完善农业环境保护的投资增长机制；三是鼓励乡镇采取市场化运作方式，鼓励民间资本参与环境基础设施建设，通过承包、招商引资等方式引导社会企业参与；四是充分调动农民参与的积极性，发动农民筹资，适当向农户收取保洁费，以实现环保资金多样化，确保环保工作顺利推进。

资金短缺是农村环境保护工作开展的严重问题，是制约农村环境卫生整治效果，使其达不到预定目标的根本因素，关系到农村环境卫生整治的长久和成败。如果缺乏资金会导致环保工作重建设、轻管理的情况发生，即设计时只预算了初建的投资资金，没有预留或没有足够的运行、维护和管理所需经费，运行费用得不到有效保障。久而久之，极大影响整治项目使用效果。因此，农村环保工作需要全方面寻找资金来源，持续注入资金，促进环保工作稳步开展，才能将环境卫生整治工作继续下去，打造生态环境良好的美丽乡村。

（三）加大治理力度，多角度治理乡村环境污染

由于经济快速发展和各种人为因素影响，农村生态环境质量持续下降，使得农村的环境污染状况日益恶化，由原来的局部生态破坏拓展为区域性破坏，目前已经成为影响水质、生态安全的重要问题。

1. 我国农村环境污染治理的问题

（1）缺乏长效管理监督机制

农村基础环保设备落后、环保监管力度较弱，村民环保意识淡薄，长期行为习惯不够卫生，使农村环境污染难以有效控制。

（2）污染治理费用高，污染源普遍存在

畜禽养殖场的污染治理费用高，企业难以承担。同时农村散养畜禽、人粪便污染普遍存在，改厕、改圈未全面普及。

（3）生活垃圾与污水排放不规范

农村生活垃圾和污水沿江随意排放，造成土壤和水质的严重污染。

（4）化肥与农药使用过量

化肥与农药使用过量，造成环境污染加大，土地对污染物的消纳能力降低。

（5）整治力度缺乏依据

对农村污染危害的严重性认识不充分，对农村进行环境保护的法规还不完善，整治力度不够。

面对农村生态环境恶化遭遇的严峻挑战，我国政府提出对农村环境保护加大力度，多角度治理乡村环境污染。基于上述问题，必须要从多角度出发，协调配合，全面治理乡村环境污染。

2. 积极防治农村土壤污染

（1）土壤保护应做好预防工作

一是杜绝污水灌溉农田；二是减少农药和化肥的施放，引导农民采用高效、低毒及低残留的农药进行科学施肥和防治病虫害，减少农药对土地的污染。

（2）做好污染土地的修复工作

一是对废弃厂房土壤进行修改；二是对重金属、有机污染等严重超标的土地进行综合治理；三要重视对塑料农膜的污染防治。一个塑料袋埋在土地里需要200年以上才能腐烂，且严重污染土壤，因此增加塑料农膜的回收，防止塑料制品严重影响土壤质量。

3. 建立和完善农村环境保护支撑体系

研究、改进和推广农村生活垃圾处理、农业水源污染防治以及改善农村生活等方面的环保实用技术，促进节能、减排，引导发展节土、节水、不污染环境资源的可循环利用的环保型工业，促进农业用地、农村环境可持续发展。

4. 综合实施农业废弃物的利用

积极探索和改进畜禽粪便、农作物秸秆、农产加工废物方面采用环保、节能的方式进行综合利用的可行性，促进农业经济和生态发展的良性循环。

（1）加强农村生活垃圾处理

一是建立农村垃圾站，对生活垃圾实行固定存放，集中收集、处理；二是依托现有的城镇垃圾处理站，按村进行收集、集中处理。

（2）提高农村生活污水处理能力

对人口密度低的农村采用净化沼气池、微型人工湿地等方面进行分散处理，对人口密度高的乡镇，需要根据生活污水的水质与数量，采用沉淀池或沼气池净化，同时也可将生活污水纳入城市污水管道。特别对于“农家乐”性质的农户，要加强污水处理能力的设施建设和整改。

（3）大力推进农村绿色能源

大力建设不排放污染物的农村绿色能源项目，逐步改善农村能源结构。比如发展农村沼气，大力推广沼气池、畜禽舍、厕所、日光温室，以发展绿色生态模式，通过对太阳能建设光伏实现自助发电等。

5. 积极推广生态农业

加大对有机、绿色食品生产基地的建设和环境监督，积极发展有机食品，加强生产基地的水质、土壤和环境质量监测。

6. 加强畜禽养殖污染防治

对不按规定标准进行污染物排放的规模型畜禽养殖企业进行监督整改，对分散式畜禽养殖采取建养殖小区的方法进行处理：一是科学划定养殖区；二是对规模型畜禽养殖企业要求严格执行生态环境评估相关规定和制度，对污染物排放超标的企业限期整改；三是鼓励建设生态养殖场和养殖小区，通过发展沼气、生产有机肥等措施，实现养殖废弃物的再利用。

7. 加强农村自然生态保护

合理利用山、水及美丽乡村营造的景区，开发旅游、水利等产业，并加强对生态环境的监督，以起到保护生态环境、恢复生态环境的效果，从而营造出和谐的自然生态环境。与此同时，还要避免引入如水葫芦等有害外来物种破坏本地生态环境，以保护本地生态环境为重点，促进农村区域生态健康。

8. 严格控制乡村工业污染

制定和完善村镇环境保护规划，依法加强对工业企业的污染控制，防止城市工业污染向农村转移。督促乡村产业必须符合乡村环境保护要求，引导乡村企业节能减排，清洁生产。同时，坚持有计划开发和规范开采，防止破坏性开发。

农村环境综合整治是一项系统工程，农村环境污染的治理要坚持习近平总书记提出的“绿水青山就是金山银山”的理念，全面、系统地进行科学合理的规划，坚定不移地推进各项整治工作，才能推动实现良好的农村生态环境、人与自然和谐的环境，继而推动农民走上生产发展、生活富裕的道路。

（四）加大环境保护宣传力度

为了建设美丽健康的乡村家园，创建良好的生态环境，面对农民传统生活方式、落后的生产行为，必须要提高农民的环境保护意识。因此，应明确政策导向，加大农村环保宣传力度，充分利用广播、电视、网络和宣传册等载体，采取多种形式广泛开展环保知识和环境法律知识的普及教育，推广实用新技术，让环保意识深入人心，人人自觉遵守。

1. 深刻认识农村环境卫生整治宣传工作的重要性

各县、区、乡、镇及村上的领导干部要带头将琼境卫生整治宣传工作纳入工作绩效考核，从思想上高度重视、行动上积极准备、宣传上创新策划，采取多种方式统一广大干部群众的思想和行动，积极参与无垃圾农村环境卫生整治行动中，建立良好的环境保护氛围。

2. 将环保宣传工作充分落实

一是充分利用各村街道、公路悬挂横幅，刷写墙体标语，环境卫生宣传栏，环境评比黑板和乡村集会等群众熟悉的方式进行环保宣传；二是利用现代网络如微信公众号、微信群、助农 APP 等进行环保宣传；三是号召党支部宣传美丽乡村环境卫生整治的目的和举措，广泛开展各村的环境卫生整治专项活动，组织先锋模范队伍，率先做出环保行为的表率，调动群众参与环境卫生整治的积极性；四是结合地方特色，将农村生态环境治理的相关内容改编成简洁易懂、易于传播的宣传方式，通过扫盲举办专门的环保培训班，文艺演出等活动，将环保意识潜移默化地灌输给农民，使之具备环保共识。

3. 促进环保宣传工作多维度、无缝隙地覆盖

（1）深入宣传农村环境卫生整治的重大意义

深入宣传环境保护基本国策，宣传农村环境卫生整治是全面建成小康

社会，改善农村人居环境和发展环境，建设美丽乡村的现实需要，是改善农村面貌，提升农民生活质量，建设村庄秀美、环境优美、生活甜美、社会和美的美丽宜居乡村的重大举措，宣传全镇无垃圾的重要意义，做到家喻户晓，深入人心。

（2）深入宣传农村环保生产的科学知识

持续深入开展宣传教育进村庄，加强对农民环保生产发展的教育，把绿色有机蔬果食品的生产标准和生产技术、生态环境保护知识、未来的经济效益等作为农技培训的重要内容。

（3）加强环保意识进校园

在中小学生中间广泛开展环境保护教育，让学生了解到环境保护的重要性，树立起环境保护的理念，并通过学生带动家长进行环保意识的培养、行为的纠正，从而以点带面、全面推进，引导教育广大群众养成良好的生活习惯。

（4）加强日常规范行为的宣传

如宣传农村养殖禽畜、院前院后清洁卫生、田间道路和森林水源保护等方面的科学知识和保洁方法。引导农户做到包卫生、包绿化、包秩序。包卫生要做到“四无”，无瓜皮、果壳、纸屑、烟蒂，无垃圾废土，无积水污泥，无脏乱杂物；包绿化要做到环境绿化、美化；包秩序要做到“四不一无”，不乱搭乱建、不乱堆杂物、不乱停放车辆、不占道妨碍交通、无露天废缸和露天厕所，引导广大群众培养良好的卫生习惯。

（5）大力宣传农村环境卫生整治中涌现的好、坏典型

对成功的做法和经验要及时予以肯定、总结，注重培育典型，挖掘典型，要在宣传推广先进典型上做文章，用身边真实的事教育身边的人，不断提高整治行动的整体工作效果。同时也要及时曝光破坏农村环境的典型案例，引导农户改变传统不良的习惯，树立维护公共环境环保健康的意识。

深入宣传美丽乡村无垃圾行动，着力改善村容村貌，促进农村呈现出一派清新整洁、生机盎然的新气象，创建可持续发展的、宜居的生态环境，以及提升群众生活品质是农村环境综合整治的最终目标，因此必须坚持大力宣传环保知识，全力做到人人参与、家家行动，引导广大农户主动参与到农村新风新貌的工作中去。

第九章 乡村振兴发展趋势

第一节 乡村的未来发展趋势

乡村是具有自然、社会、经济特征的地域综合体，随着国家乡村振兴战略的全面深入实施，未来五到十年我国乡村发展将处于大变革、大转型的关键时期。随着我国经济由高速增长阶段转向高质量发展阶段，以及新型工业化、城镇化、信息化和农业现代化“四化同步”的深入推进，我国城镇化的质量与城市带动农村的能力将进一步提升和增强。虽然大量农民生活在农村的国情不会改变，乡村发展的差异性和多样性趋势仍将延续，解决农业农村发展的短板问题也不能一蹴而就，但从总体趋势上看，农业生产、农村形态、农民生活、城乡工农关系等诸多方面都会呈现新的特点和变化趋势。

一、乡村振兴与新型城镇化双轮驱动将成为新常态

乡村振兴不能就农村论农村，坚持乡村振兴和新型城镇化双轮驱动，统筹城乡国土空间开发格局，优化乡村生产生活生态空间，分类推进乡村振兴。因此，乡村振兴与新型城镇化双轮驱动将成为新常态，而城乡关系、工农关系的重塑是新时代做好“三农”工作、促进农业农村现代化、实现乡村振兴的重要抓手。

（一）城乡融合发展是实现乡村振兴的路径与导向

城市和农村是人类经济社会活动的两个基本区域，推动城乡融合发展既是经济社会发展的内在规律，也是我国建设现代化强国的重要内容和发展

方向。从发展经济学理论上讲，工农关系决定了城乡一体化或者融合发展的水平，农业和工业之间、城市和农村之间存在有机的内在联系，彼此互为补充和依赖，不能人为割裂二者的联系。城乡融合发展必须破除城乡二元结构，这也是未来乡村振兴的方向与路径。

1. 中国改善城乡关系的政策演进不断取得创新突破

必须建立健全体制机制，形成以工促农、以城带乡、工农互惠、城乡一体的新型城乡工农关系，赋予广大农民群众平等参与现代化进程、共同分享现代化成果的权利；建立健全城乡融合发展体制机制和政策体系，城乡融合发展的重要性可见一斑。由城乡统筹发展、城乡一体化发展到城乡融合发展这种重大政策导向的演变，反映了我党对新型城乡工农关系的认识正在逐步深化，在科学处理城乡工农关系的理论和政策创新方面不断实现了新的突破和跨越。

2. 新时代乡村振兴亟待重塑新型城乡工农关系

随着近年来我国城镇化水平的不断提高，新农村建设的持续深入推进，城乡之间的相互联系和影响作用明显增强，城乡之间的人口、资源、要素、产权流动和交叉整合日趋频繁，产业之间的融合渗透逐步深化，城乡之间呈现“你中有我，我中有你”的发展格局。越来越多的问题表现在“三农”，根子在城市；或者问题表现在城市，根子在“三农”。这些问题的解决，需要系统的制度设计，不能简单地“头痛医头、脚痛医脚”。城乡统筹主要强调政府资源的统筹分配，但在引导社会资源资本和人才支持“三农”发展方面却表现乏力，容易成为薄弱环节。城乡一体化发展则更侧重于加强对“三农”发展的外部支持和“以城带乡”，弥补“三农”发展的短板，逐步缩小城乡差距。相比之下，推动城乡融合发展与前两者一脉相承，但站位更高，内涵更丰富，更容易聚焦城乡之间的融合渗透和功能耦合。目前，单靠城乡统筹和促进城乡一体化发展，已经越来越难以适应新时代社会主要矛盾的变化和城乡关系的重塑。因此，建立健全城乡融合发展体制机制和政策体系，引导更多的社会资源和人才参与“三农”建设，解决城乡发展失衡、农业农村农民发展不充分的问题，让广大农民在工商共建共享乡村振兴的过程中有更多的获得感、幸福感，对满足城乡居民不断增长的美好生活需要具有重要意义，坚持城乡融合发展是实施乡村振兴的重要途径和战略需要。

（二）新型城镇化是促进乡村振兴的重要推动力

推进新型城镇化与乡村振兴都是我国建设现代化强国的重要内容，二者相互促进。由于农村自身所具有的相对封闭性、滞后性特点，发展的动力不足，决定了乡村振兴不能就农村而言农村，必须在“四化同步”推进的宏观背景下，结合新时代城镇化的新要求，加快城乡互动促进乡村振兴。各国实践证明，一个国家和地区的城镇化水平越高，城市支持农村、工业反哺农业的条件和能力就越强，农业农村发展步伐就越快。城镇化进程在很大程度上促进了农村自然经济形态的瓦解，对乡村振兴的带动作用主要表现在三个方面。

1. 通过吸纳农村剩余劳动力为乡村振兴创造条件

城镇化是农村剩余劳动力转移的重要渠道随着现代生产力水平的不断提高、国家开放政策的不断深化和市场经济的体系更趋成熟，城市现代产业发展对人口的集聚能力显著增强，农村剩余劳动力的城镇化转移，使农民在获得工资性收入的同时，还获取了必要的现代产业技能和城市生活方式，有利于农民工返乡创业并促进乡村发展。

2. 城镇化为现代农业发展创造了新的机会和需求

随着城镇化水平提高，城市发展对农村产品提出了更大的需求，对农村的粮油蔬菜供给保障能力和农产品质量也提出了更高要求。特别是将加速农业经济形态的转化，农产品精深加工、休闲观光农业、乡村文化旅游、农村电子商务等三产融合发展态势将不断增强。随着新时代城乡居民消费结构加快升级，多元化、个性化的中高端消费需求将快速增长，从而有利于推进农业由增产导向转向提质导向，服务城市需求的现代农业将得到大力发展。

3. 城镇化有利于形成全社会共享发展成果的机制

城镇化是一个城乡双向互动的过程，在促进农村人口向城镇集聚转移的过程中，农民的生产生活方式得到了较大的改变，现代城市文明也加速向农村传播和扩散，城市基础设施、公共服务产品等也逐渐向农村延伸，从而促进城市资本、人才向农村流动。这一互动过程有利于城乡要素交换和公共资源的均衡配置，加快实现城乡基本公共服务均等化，使农民能享受到改革发展的成果，有利于推动形成全社会共享发展成果的机制。

二、新型职业农民将是推动乡村现代化的重要力量

伴随乡村振兴战略的深入实施，我国农村土地制度改革、户籍制度改革将持续深入推进，农业农村发展的政策红利将进一步释放。同时，新型城镇化和工业化进程加快，城市支持农村、工业反哺农业的能力明显提升，推动农业农村高质量发展和乡村现代化建设步伐将进一步提速，城乡要素流动性也将进一步增强，乡村将成为创新创业者和投资者青睐的热土，新型职业农民将成为乡村振兴的重要力量。

（一）各类创新创业要素将加快向乡村流动

乡村振兴离不开城市资本、人才、信息、技术等要素的参与支撑，新时代各类创新创业要素将加快向乡村流动。

1. 城乡基础设施互联互通增强要素流动的便利性

城乡融合发展是乡村振兴的重要导向，随着以交通、信息、能源、公共服务设施为代表的城市基础设施向农村延伸，农村综合生产生活条件将发生重大改变，城乡要素市场一体化水平将大为提高，城市要素流向农村的基础设施瓶颈得以破除，要素流动的自由性和便利性明显增强。

2. 城市资源配置，需要新的发展空间

随着城市人口的大量集聚，城市建设和功能拓展均将受到内部发展空间的制约，城市资本需要新的投资领域，城市部分功能需要向乡村外溢，城市居民需要新的创业就业载体和空间，因而服务城市需求的农村新型产业将带来大量新的投资机会，为城市资源的优化配置提供了新的广阔空间和有利条件。

3. 乡村自身现代化发展需要城市资源要素的支撑

农村人才资源和创新要素匮乏是制约农村实现现代化的最大障碍，无论是乡村综合环境的整治、乡村产业的振兴，还是乡村文化的繁荣都需要城市创新资源的支撑，特别是随着乡村综合条件的改善，对城市资源的吸引力将逐步增强，乡村将成为新时代创新创业的载体和热土。

（二）农民从身份到职业的转化进程将加快

长期以来，我国实行严格的城乡户籍制度，农民和城市居民成为两种截然不同的身份，附着在户口上的是城乡基本公共服务和社会福利待遇的不平等。随着工业化、城镇化的快速推进，大量农民为了脱离农村“农民”身

份的束缚，向非农产业转移成为“农民工”或者变为正式的城市居民，从而导致农村凋敝和一系列社会问题，而且农业农村的现代化也不是仅仅依靠传统意义上的农民就可以实现的。随着乡村振兴和城镇化双轮驱动发展，“农民”去身份化和职业化必将成为新的发展趋势。

1. 现存的“农民”身份在制度设计上将逐步淡化

户籍制度改革是破解我国城乡二元结构难题、推动新型城镇化的重要内容和举措。自国家提出统筹城乡发展以来，各地在推动户籍制度改革方面已经做了多方探索，逐步取消户口的农业和非农性质差异已成为共识，这也是以城乡融合发展推动实现乡村振兴的内在要求，“农民”身份将逐渐淡化。

2. 新型职业农民是未来乡村创新创业的主体

城镇化和户籍制度改革可以缩小城乡差距和促进城乡居民基本公共服务均等化。但无论社会如何发展，农业作为一种产业存在就必然会有职业“农民”存在，农业产业经营也必然要遵循市场机制和规则以实现利润最大化，“农民”本身属于职业的范畴。在“农民”去身份化的过程中，新型职业农民群体将大量出现。在新时代，农业生产现代化的核心因素将取决于农业劳动力的素质，具有高素质的职业农民是推进乡村振兴的主体和生力军。新型职业农民是指具有科学文化素质、掌握现代农业生产技能、具备一定经营管理能力，以农业生产、经营或服务作为主要职业，以农业收入作为主要生活来源，居住在农村或集镇的农业从业人员。

三、先进科技和要素渗透将推动乡村产业深刻变革

当前，大数据、物联网、人工智能等现代科技信息技术蓬勃发展，现代产业正面临科技进步带来的深刻变革，新业态、新模式以及个性化的新需求正加速推动产业融合发展，产业的边界日趋模糊。同样，随着乡村振兴战略的深入实施、现代科技管理知识在农业农村领域的深度应用，技术创新和管理创新成果正在借助产业结构调整，以渐进、渗透、跨界方式改造着农村产业，乡村产业发展也会呈现新的特点和变化趋势。

（一）科技兴农的战略支撑作用将进一步增强

科技兴农就是运用科学技术解决“三农”发展中的实际问题，推动农业农村现代化，这不仅是推动乡村振兴的发展共识，也是我国实施创新驱动发展战略的重要内容，更是适应新型工业化、城镇化、信息化发展的客观需

要。未来国家强化农业的科技支撑主要体现在三个方面。

一是更加重视农业科技创新水平的提升。进一步加快完善农业科技创新体系，培育符合现代农业发展要求的创新主体，强化财政资金对农业基础研究领域的投入。重点增强种业创新、现代食品、农机装备、农业污染防治和农村环境整治等方面的科研工作，加快推动农业科技成果的转化应用和绿色技术供给，进一步健全农业技术推广体系。

二是更加重视农业科技创新平台基地建设。鼓励建设打造一批国家级和省级农业科技园、一批科技创新联盟、一批农业科技资源开放共享与服务平台，培育一批农业高新技术企业，强化形成具有国际竞争力的农业高新技术产业。

三是深入推动现代互联网、物联网等信息技术在“三农”领域的应用。国家鼓励发展智慧农业、农村电商，推动农村就业创业及公共服务的信息化网络化，提升“三农”发展的信息化水平。总之，科技兴农工作的成效将成为决定乡村振兴战略实施成败的关键所在。

（二）乡村产业融合与经营组织变革更趋明显

产业融合发展是现代产业发展的趋势，也是工业化、城镇化、信息化发展到一定阶段的必然结果。随着我国“四化”协同发展的持续推进，城乡一体化融合发展的水平将明显提升，农村也不再是单纯的农业生产场所，三次产业的多种业态相伴而生，互为补充和依赖，产业的界限和业态更趋模糊和多样化，经营组织模式也在不断变革创新。近年来，我国“三农”发展已取得明显成效，农村产业融合发展态势已初步显现，城乡产业发展的关联性更加紧密，但产业融合发展的层次总体依然较低。从未来发展趋势看，乡村产业将呈现以下四个方面的特点。

一是农业与旅游文化生态等元素融合促进农村传统产业转型。目前我国经济社会发展已经步入旅游经济时代，旅游业也从过去的观光发展到休闲度假，特别是城市人口对乡村旅游服务需求较大。我国广大农村具有丰富的自然生态、特色种植、地域民俗、农耕文明、传统村落、历史古镇等诸多乡村旅游资源，发展乡村旅游的基础条件较好。乡村旅游可以促进农村传统生产向特色花卉苗木种植、田园创意、特色餐饮、高端民宿、文化表演、休闲康养等现代都市休闲农业方向发展。从本质上看，休闲农业是以农业活动为基础，把农业和旅游业相结合的一种新型多功能的高效农业，通过“旅游+”促进旅游与其他产业融合将成为未来乡村产业振兴的重要方向。

二是农业自身产业链延伸型融合提升产业附加值。即一些涉农经营组织，以农业为中心向前向后延伸，将种子、农药、肥料供应与农业生产连接起来，或将农产品加工、销售与农产品生产连接起来，或者组建农业产供销一条龙。

三是先进技术对农业的渗透型融合促进业态多元化。信息技术的快速推广应用，既模糊了农业与第二、第三产业间的边界，也大大缩短了供求双方之间的距离，这就使得网络营销、在线租赁托管等都成为可能。譬如通过推动互联网、物联网、云计算、大数据与现代农业结合，构建依托互联网的新型农业生产经营体系，促进智能化农业、精准农业的发展；支持发展农村电子商务，鼓励新型经营主体利用现代信息技术在农产品、生产生活资料以及工业品下乡等产购销活动中，开展线上网络交易；利用生物技术、农业设施装备技术与信息技术相融合的特点，发展现代生物农业、设施农业、工厂化农业等。因此，产业融合发展是农业产业化的高级形态和升级版。

根据国内外的大量研究和实践经验看，产业融合是由于技术进步和制度创新，发生在产业边界和交叉处的产业业态、模式以及产品特征出现了变化，导致产业边界模糊化和产业界限重构。

产业融合发展的分类方式：从市场角度看，有供给方面（技术融合）和需求方面（产品融合）的融合；从融合程度看，有完全融合、部分融合，也有虚假融合；从融合方向看，有横向融合、纵向融合，也有混合性融合；从融合形式看，有高新技术产业渗透融合、产业间延伸融合、产业内部重组融合等。

农村产业融合的概念与内涵：农村产业融合是以农业为基本依托，以利益联结为纽带，以新型经营主体为引领，通过技术渗透、集聚、产业联动、体制创新等方式，将资本、技术以及其他资源要素进行跨界整合并实现集约化配置，使农业生产、农产品加工、乡村旅游、休闲康养、文化创意、电子商务等现代服务业有机协同发展，最终实现农业产业链延伸、农业附加值提升、农村产业范围扩展，促进农民有效增收。其中，农业是产业融合发展的基本前提，技术渗透、要素集聚、产业联动、体制创新是实现产业融合的途径和手段，专业大户、家庭农场、农民合作社、农业产业化龙头企业以及进入农业的工商资本等是产业融合发展所依赖的新型经营主体，促进农业现代化和实现农民增收致富是产业融合的目的。

四是新型农业经营组织将蓬勃发展。现代信息和管理技术的运用，将促进家庭农场、专业合作社、协会、龙头企业、农业社会化服务组织以及工商企业等多元化经营组织加快发展，成为推动乡村产业振兴的重要组织力量和经营模式。这些新型农业经营组织，无论是在商业模式创新还是在品牌培育方面都将发挥至关重要的作用，经营组织变革也将进一步促进多种形式的农村产业融合发展。

四、特色小镇将成为助力乡村振兴的新经济模式

近年来，我国特色小镇蓬勃发展，已成为经济新常态下各地实践探索出的新经济模式，与田园综合体、美丽乡村共同成为乡村振兴的重要载体，随着乡村振兴战略的深入实施，特色小镇的发展模式和呈现的新形态将更加多元化。各类特色小镇的兴起和发展也是我国乡村供给侧结构性改革的生动实践和重要特色，对推动新型城镇化建设、促进农村经济转型和乡村现代化具有重要意义。

（一）我国特色小镇的发展现状及作用

特色小镇不同于特色小城镇，在我国特色小镇刚刚起步，这两个概念经常被混淆。特色小镇主要指聚焦特色产业和新兴产业，集聚发展要素，不同于行政建制镇和产业园区的创新创业平台。通常是在几平方千米的土地上通过集聚特色产业，促进生产生活生态空间融合发展。中国的小城镇常指有行政区划单元的建制镇、乡集镇，还包括县城所在地的城关镇，是我国城镇体系中最基层的城镇级别特色小城镇，一般拥有数十平方千米的土地和一定的人口和经济规模，是特色产业鲜明的行政建制镇。

1. 国内特色小镇的发展现状

在特色小镇快速发展的过程中，也出现了一些不好的苗头和问题，主要表现在特色小镇房地产化，究其原因在于一些地方过度依赖传统发展路径。从地方政府层面看，只要争取到特色小镇这顶“帽子”，就可以拿到项目获得国家财政资金支持和增加土地财政收入，立竿见影解决政府缺钱的问题。从企业发展角度看，以特色小镇名义拿地容易，成本也相对较低，可以有效

解决企业缺地问题。于是，部分地方政府急于求成，行政干预过多，纷纷推出一大批文旅小镇、康养小镇、体育小镇等。很多不具备产业基础的地方也盲目“跟风”，尤其是大量房企以发展特色产业的名义介入，在城市周边拿地，炒概念、造景观、建住宅、破坏生态，政府也把建设特色小镇当作融资平台变相举债。结果是很多小镇没有真正形成特色产业支撑，聚不起人气，特色小镇徒有其名，反而加剧了地方政府债务风险，让特色小镇变成了“地产小镇”“风险小镇”和“空镇”。

2. 特色小镇的特点与作用

不同于一般的小城镇建设，特色小镇是新时期城镇化推进过程中的一种模式创新，是典型的集约化、特色化发展。一般来说，围绕乡村振兴而发展的特色小镇应具备六大特征：产业特色集聚效果突出、发展的机制创新活力较强、社区综合服务功能基本具备、文化生态特色效应显著、旅游服务功能相对完善、政府引导市场化运作，是一个“生产、生活、生态、文化、旅游”五位一体的新的经济增长平台和创新创业的综合承载体，能顺应新型城镇化的发展趋势和要求尤其要注意的是，特色小镇在规划、建设、管理的全过程中，要突出企业的主体地位，充分发挥市场配置资源的决定性作用。同时，也不能把城市文化、城市建设思维强加到小镇上。只有这样，特色小镇才能可持续健康发展，从而避免“问题小镇”“风险小镇”等情况发生。

具体来看，特色小镇对实现农业农村现代化具有四个方面的促进作用。

一是在乡村或城市周边发展起来的特色小镇可以带动和促进现代农业的发展，特别是促进乡村旅游与农村产业的深度融合。

二是特色小镇通过集聚特色产业，有利于形成规模化、品牌化效应，提升小镇区域影响力，形成吸引城乡要素的洼地。

三是特色小镇通过产业和人口的集聚，可以带动农村社会化服务体系的建设，增强社区功能，有利于缩小城乡公共服务水平差距。

四是特色小镇通过集中的社区功能，有利于推动乡村文明建设，促进乡村治理现代化。因此，加快规范引导特色小镇建设，对促进乡村振兴、提升城镇化水平意义重大。

（二）特色小镇未来发展重点和趋势

特色小镇为新时代城镇化创新发展的产物，虽然目前在发展过程中出现了一些不足和偏差，但其作为新的经济增长平台和发展新模式，未来发展潜力很大，将成为助力乡村振兴的重要支撑。

从今后的发展趋势和发展重点看，特色小镇建设必须做到“五个结合”。

一是特色小镇建设要与区域城镇化战略相结合。国家实施城市群战略是我国新时期城镇化的重大导向，譬如加快建设京津冀城市群、长三角城市群、关中平原城市群、成渝城市群、长江中游城市群等，各地方各区域也将形成若干次级城镇群，推动区域城镇群建设发展有利于生产力空间的优化布局和人口合理集聚，促进土地等资源的集约化配置利用。特色小镇作为新的城镇化形态，好比嵌入以行政区划为主导的城镇群上的颗颗明珠，增进城镇群的经济互动联系，提升城镇化水平。

二是特色小镇建设要与城乡资源要素配置相结合。通过对资金、土地、劳动力、公共服务等资源的统筹配置，促进城乡资源要素有序合理流动，提高资源配置效率，充分发挥资源要素集聚的支撑作用。

三是特色小镇建设要与乡村产业振兴相结合。特色小镇处在城乡接合部，是城镇联系农村的纽带，有利于城镇的中小加工制造业、现代服务业向农村延伸，促进传统农业升级发展，特别是有利于突出产业的特色和创新，譬如形成一批科创小镇、文创小镇、旅游小镇、电商小镇、康养小镇等。

四是特色小镇建设要与创新农村服务供给相结合。通过特色产业和人口的集聚，带动公共服务设施建设和社区功能配套，促进服务供给和服务模式创新，弥补“三农”发展面临的服务短板。

五是特色小镇建设要与推动农村实现全面小康相结合。重点培育特色小镇带动贫困农村脱贫致富的功能，切实发挥产业扶贫带动作用，改善农村贫困家庭生活质量，增强脱贫致富的造血功能。

同时，需要指出的是，从特色小镇与特色小城镇的现实实践来看，二者也并不是完全并行而不可融合的两种形态和载体。在江浙发达地区，由于城镇化和现代化水平较高，特色小镇与小城镇融合发展态势较为明显。随着乡村振兴战略的深入推进、城乡一体化发展水平的提升，特色小镇与特色小城镇的融合发展态势也将更趋明显。

总体来看，随着国家乡村振兴战略的深入推进，我国“三农”发展将面临深刻的变革和新的发展机遇，但同时我们位必须客观看待乡村振兴中存在的各种矛盾和问题。我国农业农村长期以来积累的问题不可能短期内就能得以彻底解决，特别是改革开放以来我国城镇化和工业化快速推进导致的农村凋敝、乡村社会治理难度大、乡村民俗文化的传承后继乏人等现实问题，以及农村土地改革推进较慢、发展现代农业人才匮乏、老少边穷地区的贫困状态依然严峻等问题，这些问题的叠加会导致乡村发展的差异性和多样性趋势仍将延续，因此，实现乡村振兴将是一个艰巨的长期的战略性任务。

第二节 乡村振兴的改革政策取向

目前，我国“三农”发展已迈入新时代，农业农村现代化是乡村振兴战略总目标，农业农村优先发展是乡村振兴总方针。新的时代，国家和农民关系的重心必须转移到乡村振兴战略上，必须充分考虑我国乡村振兴任务的长期性、艰巨性，从而保持历史耐心，制定更加公平、激励有效、充分保障农民权益的改革政策，推动农业农村优先发展政策落地，深化新一轮农村改革，完善乡村振兴法律法规，扎扎实实地把中国“三农”领域的重大改革和制度创新全面推向前进。

一、继续坚持农业农村优先发展政策导向

坚持农业农村优先发展是我国乡村振兴战略的总方针，必须在干部配备上优先考虑，在要素配置上优先满足，在资金投入上优先保障，在公共服务上优先安排，切实把这“四个优先”要求落到实处，牢固树立农业农村优先发展的政策导向，加快补齐农村基础设施、公共服务和生态环境等领域短板，着力推动城乡要素平等交换和公共资源城乡均衡配置，从根本上改变城乡二元结构。

（一）在干部配备上优先考虑

村看村、户看户，群众看干部。干部是落地农业农村优先发展政策的决定因素。践行农业农村优先发展总方针，要在干部配备上优先考虑农业农村工作，把优秀干部特别是年轻干部优先安排到农业农村，优先提拔在农业农村工作中成绩突出的干部，选优配强“懂农业、爱农村、爱农民”的“三农”干部队伍，引导全社会人才投身乡村振兴，凝聚全社会支持乡村振兴的战斗力。

（二）在要素配置上优先满足

资源要素配置失衡是我国城乡发展不平衡的主要因素。必须围绕“人、钱、地”等核心要素供给，抓住关键环节，在要素配置上优先满足乡村发展需要，不断激发乡村发展的内生动力。首先要从税收政策和奖励机制上鼓励企业和各类人才参与农村发展，让人“流”入乡、留在乡村，改变不合理的乡村人口结构。其次要采取操作性强的举措鼓励各类社会资本投向农村，形成多元投入格局，实现要素配置优先满足，让钱“流”进村。最后要继续深化农村土地制度改革，激活乡村沉睡的资产、盘活乡村闲置资源，让地“活”起来，有序有效释放土地红利。

（三）在资金投入上优先保障

建立财政优先保障、金融重点支持、社会积极参与的多元投入格局，全力保障乡村振兴战略资金需求。中央财政及地方各级政府财政要把“三农”作为优先保障领域，围绕“增加总量、优化结构、提高效能”优先考量“三农”公共财政的政策目标、优先设计政策体系。同时，要量力而行，科学评估财政收支状况和“三农”发展水平，合理确定投入规模及渠道模式。

（四）在公共服务上优先安排

农村教育、医疗、养老、社保等公共服务最关乎群众获得感、幸福感和安全感。要优先在服务体系上建设完善的公共服务保障网，提升农村服务保障水平。要优先在资金供给上给予支持，新增教育、卫生、文化等事业经费主要用于农村，强化政府投资主体责任。要优先在体制机制上创新，让农民参与到公共服务供给决策中，采用同城化管理方式，加快推进城乡基本公共服务均等化。

二、新一轮农村改革步伐将全面提速

要坚持市场化改革方向和渐进性改革方式，尊重农民主体地位和首创精神，处理好稳定与放活的关系，加强制度创新和制度供给，让农村资源要素“活”起来，为乡村振兴提供强大动力。

（一）加快农村土地制度改革的实践探索

按照“产权关系明晰化、农地权能完整化、流转交易市场化、产权保护平等化和农地管理法制化”的要求，深化“三块地”改革和实践探索。

1. 强化耕地保护制度

全面落实永久基本农田特殊保护制度，大规模推进高标准农田建设，建立耕地保护奖励性补偿机制，实施省级政府耕地保护责任目标考核。建立健全耕地修复制度，扩大轮作休耕制度试点。

2. 稳定农村土地承包关系

坚持家庭经营基础性地位，保持土地承包关系长久不变，农村土地第二轮承包期到期后再延长30年；严格保护农户承包权，任何组织和个人都不能取代农民家庭的土地承包地位，都不能非法剥夺和限制农户的土地承包权。

3. 落实承包地"三权分置"制度

充分尊重农民意愿，以"落实集体所有权、稳定农户承包权、放活土地经营权"为导向，从理论层面和实践层面加快完善承包地"三权分置"改革，厘清权利主体的权力边界和相互权力关系，明确界定各类权利的内涵及适用范围、使用办法等。完善所有权、承包权权能，依法维护农民集体对承包地发包、调整、监督、收回的权利，维护承包农户使用、流转、抵押、退出承包地等权利。平等保护经营权，依法维护经营主体从事农业生产所需的各项权利。推进完善土地经营权抵押贷款，允许经营主体以承包地的经营权依法向金融机构融资担保、入股从事农业产业化经营。

4. 推进宅基地制度改革

以"落实宅基地集体所有权、保障宅基地农户资格权、放活宅基地使用权"为农村宅基地改革的核心和重点，积极探索农村宅基地"三权分置"的具体实现形式，厘清村集体经济与农户的产权界定，细化村集体经济组织、农户等相关利益主体之间的权能。继续健全放活宅基地使用权的权益保障机制，结合乡村旅游、下乡返乡创业创新等先行先试，研究农民通过合法渠道自愿有偿多种方式处置宅基地及附属设施用地的可行方式，探索盘活利用闲置的宅基地和农房，赋予农房财产权流转、抵押等权能，增加农民财产性收入。

5. 完善农村集体经营性建设用地入市制度

加快推进集体建设用地使用权确权颁证，明确产权归属，落实入市主体。继续细化明确集体经营性建设用地入市规则及监管措施，要明确要求集体建设用地使用权人严格按照土地利用总体规划确定的用途使用土地。改革完善土地出让收入使用制度及土地增值收益分配机制，规范农村集体经济组织收益分配和管理，收益重点向集体和农民倾斜，集体收益主要用于乡村振兴和脱贫攻坚。

6. 改革农村土地征收制度

通过完善法律法规进一步明确依法征地范围，逐步缩减土地征收规模，重点保障政府的基础设施、公共事业和城镇规划范围内的成片开发建设用地需要。提高征地补偿安置标准，完善对被征地农民的社会保障制度，鼓励探索“留地安置”“留物业经营”等方式。

规范土地征收程序，充分保障被征地农民的知情权、参与权、申诉权、监督权，健全矛盾纠纷化解机制。

（二）深化农村集体产权制度改革创新

以资源变资产、资金变股金、农民变股东“三变”方式，探索引领农村集体产权制度改革深化，大力发展农村集体经济。

1. 全面完成农村集体资产清产核资工作

全面完成农村集体经济组织全部资金、资产、资源的清产核资工作，依法依规进行权属界定，办理或完善有关产权手续，建立健全管理台账。

2. 全面确认农村集体成员身份

依据有关法律法规，统筹考虑户籍关系、农村土地承包关系等因素，因村制宜地制定成员身份确认办法，探索农村集体经济组织成员的认定程序、具体标准和管理办法。

3. 加快推进集体经营性资产股份合作制改革

继续扩大示范范围，选择有条件的农村集体经济组织，稳妥开展农村集体资产量化确权改革试点，探索各类集体资产量化确权的具体实现形式，盘活集体资产资源，增加农民财产性收入。

4. 稳妥推动农村产权流转交易

依托土地交易平台，探索推进农村集体资产、集体经济组织股权等交易机制。鼓励农村土地承包经营权规范地向专业大户、家庭农场、农民合作社、农业企业等新型经营主体流转。积极推进农村承包地的经营权资本化改革，让农业转移人口按股享受其收益。探索建立土地承包权依法、自愿、有偿退出机制。

（三）完善农业支持保护制度

以提升农业质量效益和竞争力为目标，强化绿色生态导向，创新完善政策工具和手段，加快建立新型农业支持保护政策体系。

1. 加大支农投入力度

建立健全国家农业投入增长机制，政府固定资产投资继续向农业倾斜。

2. 完善农业补贴政策体系

增强补贴的指向性和精准性，加强对粮食主产区、粮食适度规模经营、绿色生态农业等的补贴力度。

3. 深化重要农产品收储制度改革

以增强政策灵活性和弹性为导向，建立健全稻谷、小麦最低收购价支持保护政策。

4. 完善农业保险政策体系

积极开发适应新型农业经营主体需求的保险品种，探索开展水稻、小麦、玉米完全成本保险和收入保险试点。健全农业保险大灾风险分散机制。扩大“保险 + 期货”试点，探索“订单农业 + 保险 + 期货（权）”试点。

三、乡村振兴法律法规将加快出台和完善

乡村振兴战略的实施需要体系化的法律法规来引领和支撑，要坚持规范化和实践化互为支撑，加快立法修法工作，通过法律的形式保障乡村振兴的投入及农民的相关权益，以保障乡村振兴战略的推进实施。既要在推进实施乡村振兴战略中严格执行现行的涉农法律法规，比如在规划编制、项目安排、资金使用、监督管理等方面，推动各类组织和个人依法依规实施和参与乡村振兴，提高规范化、制度化、法治化水平，也要把乡村振兴工作中经过实践检验的有效可行的政策法定化，补充完善乡村振兴相关法律法规和标准体系，充分发挥法律的推动作用。

（一）出台《乡村振兴促进法》

要把乡村振兴战略的目标任务转为社会共识，需要法治的保障，抓紧研究制定《乡村振兴促进法》，把行之有效的乡村振兴政策法定化，成为一种直接的权利、义务或者责任，以充分发挥立法在乡村振兴战略实施中的推动作用。通过制定《乡村振兴促进法》，保障乡村振兴战略推进实施制定《乡村振兴促进法》的重点是要突出促进，形成促进乡村振兴的法律政策、体制机制，同时也要有相应的约束。首先，要把党中央和国家关于实施乡村振兴战略的总目标、总方针、总要求及原则、任务体现好。其次，要在推进农业

农村现代化的目标指引下，通过立法处理好新时代的城乡关系，把乡村振兴战略落到实处的一些重大原则、指导思想和方针政策贯彻好。同时，还要把各地贯彻落实国家乡村振兴战略及推进乡村振兴规划实施中所创造的新鲜经验吸纳到法律中，逐步把经过实践证明的行之有效的经验上升为法律。最后，对违法违规占用耕地、擅自破坏生态红线和永久基本农田保护红线的行为，引进严重污染农村环境的产业，有毒有害农业投入品的使用等，必须进行立法层面的限制和管理。

（二）完善《土地管理法》等涉农法律法规

推动实施乡村振兴战略，要在总结农村土地征收、集体经营建设用地入市、宅基地制度改革试点经验基础上，加快修改完善以《土地管理法》为核心的涉农法律法规，逐步形成共促乡村振兴的法律支撑体系。

1. 修订《土地管理法》

首先，农村土地制度改革必须坚持农村土地集体所有、坚守耕地保护红线、符合规划和用途管制、赋予农民更多财产权等。要按照此要求修改《土地管理法》，不断完善农村土地的退出机制和市场化的交易机制，探索宅基地流转、收益管理办法，推动农村承包地和建设用地使用权加快流转，规范农村土地流转行为，推动承包地、林地、宅基地抵押贷款管理办法实施，完善土地征收、退出等补偿办法，保障农民的后续就业、社保等配套权益。

其次，要根据乡村振兴中相关用地政策的改革需要，把全国各地推进乡村振兴土地制度改革试点中积累的成熟经验和政策举措，适时上升为法律法规纳入《土地管理法》。同时，需要进一步修改《物权法》《担保法》等法律法规中与修订的《土地管理法》相冲突的条款。

2. 制定《农村集体经济组织法》等新的涉农法律法规

研究制定《农村集体经济组织法》，深入研究集体成员确认和责任、财产确定等重点难点问题，对组织登记制度、成员确认和管理制度、组织机构设置和运行制度、资产财务管理制度、法律责任制度、监管制度等作出全面的规定，做实农村集体经济产权权能，完善农民对集体资产股份的占有、收益、有偿退出以及抵押、担保、继承等权能。此外，要围绕乡村振兴战略推进实施需要，加快制定出台一批新的涉农法律法规。

（三）强化相关法律法规的衔接

乡村振兴战略是一个系统性工程，其他相关法律法规要围绕《乡村振兴促进法》，不断强化法律法规之间的衔接。

1. 强化户籍制度与土地利用制度相关法律法规的衔接

重点强化《户口登记条例》《居住证管理办法》等相关户籍制度与《土地管理法》《农村土地承包法》《物权法》等相关土地利用制度之间在执行上的衔接，在户籍改革政策中必须尊重农民意愿，切实保障转户居民合法权益，在土地利用政策中弱化户籍门槛，由市场主导资源分配。

2. 强化土地利用制度与就业制度相关法律法规的衔接

重点强化《土地管理法》《农村土地承包法》《物权法》等相关土地利用制度与《就业促进法》《劳动法》《劳动合同法》等相关就业制度之间在执行上的衔接，在土地利用的政策中规定城乡居民均可通过合法的流转方式获得承包地、林地及集体经营性建设用地等农村土地的使用权，在就业政策中允许城市居民选择农业就业，并创造合法途径获得农村土地使用权（但不包括流转、处置权），并逐步实现根据区域间接纳的就业落户人数跨区域配置建设用地指标。

参考文献

[1] 刘汉成，夏亚华 . 乡村振兴战略的理论与实践 [M]. 北京：中国经济出版社，2019.

[2] 温铁军，张孝德 . 乡村振兴十人谈——乡村振兴战略深度解读 [M]. 南昌：江西教育出版社，2018.

[3] 刘奇 . 乡村振兴，三农走进新时代 [M]. 北京：中国发展出版社，2019.

[4] 苟文峰等 . 乡村振兴的理论、政策与实践研究 [M]. 北京：中国经济出版社，2019.

[5] 蔡竞 . 产业兴旺与乡村振兴战略研究 [M]. 成都：四川人民出版社，2018.

[6] 胡登峰，潘燕等 . 安徽乡村振兴战略研究报告（2018 版）[M]. 合肥：合肥工业大学出版社，2018.

[7] 陈俊红 . 北京推进实施乡村振兴战略的对策研究 [M]. 北京：中国经济出版社，2019.

[8] 张禧，毛平，赵晓霞 . 乡村振兴战略背景下的农村社会发展研究 [M]. 成都：西南交通大学出版社，2018.

[9] 史文静 . 乡村振兴宁波农村文明示范线创建记录 [M]. 杭州：浙江大学出版社，2018.

[10] 巢洋，范凯业，王悦 . 乡村振兴战略：重构新农业——重构适合中国国情的农业“产融五阶”体系 [M]. 北京：中国经济出版社，2019.

[11] 倪锦丽 . 吉林省农村一、二、三产业融合发展研究 [M]. 长春：吉林

人民出版社，2019.

[12] 刘奇 . 乡村振兴 [M]. 北京：中国农业出版社，2020.

[13] 桂拉旦 . 旅游扶贫与乡村振兴研究 [M]. 北京：经济科学出版社，2019.

[14] 张晓山 . 乡村振兴战略 [M]. 广州：广东经济出版社，2020.

[15] 林树恒 . 赵刚责 . 广西乡村振兴报告 [M]. 北京：中国农业出版社，2020.

[16] 万俊毅 . 中心城市的乡村振兴 [M]. 北京：中国农业出版社，2020.

[17] 梁爽 . 体验乡村振兴 [M]. 北京：经济科学出版社，2020.

[18] 张孝德 . 与官员谈乡村振兴 [M]. 北京：中共中央党校出版社，2019.

[19] 王有强 . 协同推进乡村振兴 [M]. 北京：清华大学出版社，2019.

[20] 马欣 . 乡村治理与乡村振兴研究 [M]. 北京：现代出版社，2020.

[21] 张顺喜 . 扎实推进乡村振兴 [M]. 北京：中国言实出版社，2019.

[22] 陈放，韩纪升 . 乡村振兴创意田园 [M]. 北京：中国农业出版社，2019.

[23] 沈欣 . 乡村振兴农道方案 [M]. 合肥：中国科学技术大学出版社，2019.

[24] 胡振兴，李永强，张丹丹 . 乡村振兴战略简明读本 [M]. 北京：中国农业科学技术出版社，2020.

[25] 肖金成 . 中国乡村振兴新动力 [M]. 北京：中国农业出版社，2020.

[26] 王红霞 . 文化扶贫与乡村振兴 [M]. 哈尔滨：黑龙江教育出版社，2018.

[27] 沈晔冰 . 文化产业与乡村振兴 [M]. 杭州：浙江教育出版社，2018.

[28] 陈勇，唐洪兵，毛久银 . 乡村振兴战略 [M]. 北京：中国农业科学技术出版社，2018.

[29] 姜长云等 . 乡村振兴战略 [M]. 北京：中国财政经济出版社出版社，2018.

[30] 王鑫 . 乡村振兴与农村一、二、三产业融合发展 [M]. 北京：中国农业科学技术出版社，2020.